航天科工出版基金资助出版

航天型号可编程逻辑器件软件工程

王 栋 李丽华 张津荣 刘 军 等 主编

中国宇航出版社

·北 京·

图书在版编目(CIP)数据

航天型号可编程逻辑器件软件工程／王栋等主编
. -- 北京: 中国宇航出版社, 2020.5
ISBN 978 - 7 - 5159 - 1761 - 0

Ⅰ. ①航… Ⅱ. ①王… Ⅲ. ①航天—可编程序逻辑阵
列—应用软件工程—教材 Ⅳ. ①V4-39

中国版本图书馆 CIP 数据核字(2020)第 034851 号

责任编辑 张丹丹　　　　**封面设计** 宇星文化

出 版
发 行　　中国宇航出版社

社 址　北京市阜成路 8 号　　邮 编　100830
　　　　(010)60286808　　　(010)68768548
网 址　www.caphbook.com
经 销　新华书店
发行部　(010)60286888　　　(010)68371900
　　　　(010)60286887　　　(010)60286804(传真)
零售店　读者服务部
　　　　(010)68371105
承 印　天津画中画印刷有限公司

版 次　2020 年 5 月第 1 版
　　　　2020 年 5 月第 1 次印刷
规 格　787×1092
开 本　1/16
印 张　18.25
字 数　444 千字
书 号　ISBN 978 - 7 - 5159 - 1761 - 0
定 价　128.00 元

本书如有印装质量问题，可与发行部联系调换

前　言

随着可编程逻辑器件在航天型号等领域应用越来越广，其相应的标准体系逐步完善，其中包括 4 项航天行业标准（QJ 20355—2014《航天型号可编程逻辑器件软件开发通用要求》、QJ 20352—2014《航天型号可编程逻辑器件软件设计要求》、QJ 20353—2014《航天型号可编程逻辑器件软件测试要求》、QJ 20356—2014《航天型号可编程逻辑器件软件编码要求》），5 项国家标准（GB/T 33781—2017《可编程逻辑器件软件开发通用要求》、GB/T 33783—2017《可编程逻辑器件软件测试指南》、GB/T 33784—2017《可编程逻辑器件软件文档编制规范》、GB/T 37979—2019《可编程逻辑器件软件 VHDL 编程安全要求》、GB/T 37691—2019《可编程逻辑器件软件安全性设计指南》），2 项国家军用标准（GJB 9432—2018《军用可编程逻辑器件软件开发通用要求》、GJB 9433—2018《军用可编程逻辑器件软件测试要求》），为可编程逻辑器件软件研制人员提供了顶层依据和行动指南。

为进一步提高航天型号可编程逻辑器件软件工程化水平，提升型号可编程逻辑器件软件的设计、开发以及测试质量，本书在标准体系基础上力求为可编程逻辑器件软件管理人员、开发人员和测试人员提供一套针对性强、简明实用的实践教材，适用对象为航天型号可编程逻辑器件软件研制中的设计、生产、测试和管理人员。

本书主编单位是中国航天科工集团有限公司第三〇四研究所，作为空间科学卫星工程等多项航天工程可编程逻辑器件软件工程技术支撑单位，在航天可编程逻辑器件软件工程领域积累了丰富的理论基础和工程经验。在本书编写过程中，主编单位还联合了探月与航天工程中心、中国科学院国家空间科学中心、中国科学院高能物理研究所、中国科学院上海技术物理研究所、中广核研究院有限公司等单位编写本书。编写团队充分结合航天工程经验，同时兼顾不同岗位人员需求，力求扩大教材的适用范围，增加教材的针对性、实用性，重点突出经验的总结及在实际中的应用，以期对读者提供更大帮助。

本书共分为 10 章，内容及主要编者如下：

第 1 章　航天型号可编程逻辑器件软件工程概述，简要介绍了可编程逻辑器件的发展历程、工作原理及应用现状，可编程逻辑器件软件工程化的国内外发展形势及可编程逻辑器件软件全寿命周期的技术要求。主要编者为张津荣、刘军、王栋、周晴。

第 2 章　可编程逻辑器件软件系统需求分析，从可编程逻辑器件软件系统层面介绍了系统需求分析阶段的目的、任务和重要性，描述了系统需求分析的具体要求，详细介绍了开展系统需求分析时的要点，包括功能需求、非功能需求、风险识别及管控等，同时介绍了需求获取、分析、建模及管控的技术方法。主要编者为张清、王栋、张恕明。

第 3 章　可编程逻辑器件软件需求分析，介绍了需求分析阶段的目的、任务和重要性，描述了需求分析的工作过程，详细介绍了《可编程逻辑器件软件需求规格说明》的主要内容、编写格式和特征，给出了可编程逻辑器件软件需求的编写要点和示例，阐述了可编程逻辑器件软件需求规格说明的几种主要检查方法。主要编者为彭鸣、朱琳、徐海涛、高程。

第 4 章　可编程逻辑器件软件结构设计，介绍了可编程逻辑器件软件结构设计阶段的工作要点，结构设计的一般准则、技术要求及工作过程，详细介绍了结构设计方法和技术，给出了结构设计说明文档的格式及编写示例。主要编者为李丽华、王晶。

第 5 章　可编程逻辑器件软件详细设计，介绍了可编程逻辑器件软件详细设计阶段的工作要点，以及一般准则、技术要求及工作过程，详细介绍了设计方法和设计技巧，给出了详细设计文档的格式。主要编者为王栋、李丽华、张志刚。

第 6 章　可编程逻辑器件软件实现，介绍了可编程逻辑器件软件实现阶段的技术要求，并通过应用举例的方式对可编程逻辑器件实现阶段工作过程进行了描述，同时归纳总结了航天型号可编程逻辑器件设计及编码的 13 类基本要求，以供读者在工程实践中参考。主要编者为高媛、李丽华、刘雅清。

第 7 章　可编程逻辑器件软件测试，介绍了可编程逻辑器件软件的测试流程与管理。测试流程中，介绍了测试策划阶段、测试设计和实现阶段、测试执行阶段及测试总结阶段的相关内容。测试管理中，介绍了需求管理、策划管理、配置管理、质量保证及风险管理。主要编者为陈朋、季微微、张国宇。

第 8 章　可编程逻辑器件软件可靠性与安全性，介绍了软件可靠性和安全性的基本概念，描述了软件的失效机理，阐述了软件可靠性和安全性措施，按照可编程逻辑器件软件研制各阶段给出了相应的可靠性和安全性要求，并详细介绍了可编程逻辑器件软件可靠性和安全性方法。主要编者为赵静、周琦。

第 9 章　可编程逻辑器件软件工程环境，介绍了可编程逻辑器件软件工程环境的基本概念、可编程逻辑器件软件工程环境的组成以及可编程逻辑器件软件工程环境的集成和应用。主要编者为陈朋、张硕。

第 10 章　可编程逻辑器件应用与展望，介绍了我国航天可编程逻辑器件软件工程的发展动态。主要编者为王栋、张津荣、王倩、李超。

本书的成功出版是大家共同努力的结果，谢谢所有给予支持和帮助的人。

编　者

目　录

第1章 航天型号可编程逻辑器件软件工程概述

1.1 可编程逻辑器件概述

1.1.1 可编程逻辑器件发展历程

可编程逻辑器件起源于 20 世纪 70 年代，当时的专用集成电路（Application Specific Integrated Circuit，ASIC）已经得到了较好的发展。由于专用芯片的不灵活性，电路设计中经常需要采用胶合逻辑（Glue Logic）将多个 ASIC 芯片连接起来，因此一种可由用户通过软件形式配置的逻辑器件——可编程逻辑器件（Programmable Logic Device，PLD）应运而生。由于 PLD 可在不更改电路板的情况下使用软件反复更改内部逻辑，大大增加了电路设计的灵活性，因此直到现在，硬件电路的设计者还是将现场可编程门阵列（Field Programmable Gate Array，FPGA）外部通用引脚直接连接到 ASIC 芯片上，在 FPGA 逻辑设计时，将引脚重新配置即可实现想要的功能。这不仅降低了系统设计的周期，提高了一次制板成功的概率，也降低了开发的成本，因此后来的 PLD 得到了快速的发展。

可编程逻辑器件从 20 世纪 70 年代发展到现在，已形成了许多类型的产品，其结构、工艺等都在不断改进，集成度、速度和性能得到很大提高。最早出现的可编程逻辑器件是 1970 年制成的可编程只读存储器（Programmable Read-Only Memory，PROM），它由全译码的与阵列和可编程的或阵列组成。由于阵列规模大，速度低，因此它的主要用途还是存储器。

20 世纪 70 年代末，美国单片存储器公司（Monolithic Memories Inc，MMI）率先推出了可编程阵列逻辑（Programmable Array Logic，PAL）器件，它由可编程的与阵列和固定的或阵列组成，采用熔丝编程方式、双极型工艺制造，器件的工作速度很高。由于它的输出结构种类很多，设计很灵活，因而在 20 世纪 80 年代初 Lattice 公司发明了通用阵列逻辑（Generic Array Logic，GAL）器件，它在 PAL 器件的基础上进一步改进，采用输出逻辑宏单元（OLMC）的形式和 EECMOS 工艺结构，因而具有可擦除、可重复编程、数据可长期保存和可重新组合结构等优点。GAL 器件比 PAL 器件使用更加灵活，它可以取代大部分 PAL 器件，所以在 20 世纪 80 年代得到广泛应用。

PAL 器件和 GAL 器件都属于低密度 PLD，其结构简单，设计灵活，但规模小，难以实现复杂的逻辑功能。20 世纪 80 年代末，随着集成电路工艺水平的不断提高，PLD 突破了传统的单一结构，向着高密度、高速度、低功耗以及结构体系更灵活、适用范围更广的方向发展，因而相继出现了各种结构的高密度 PLD。20 世纪 80 年代中期 Altera（于 2015

年被 Intel 收购，根据业界习惯，以下仍称作 Altera）公司推出了一种新型的可擦除可编程逻辑器件（Erasable Programmable Logic Device，EPLD），它采用 CMOS 和 UVEPROM 工艺制作，集成度比 PAL 器件和 GAL 器件高得多，设计也更加灵活，但内部互连能力比较弱。1985 年，Xilinx 公司首次推出了现场可编程门阵列器件，它是一种新型的高密度 PLD，采用 CMOS-SRAM 工艺制作，其结构和阵列型 PLD 不同，内部由许多独立的可编程逻辑模块组成，逻辑模块之间可以灵活地连接，具有密度高、编程速度快、设计灵活和可再配置设计能力等许多优点。FPGA 出现后立即受到世界范围内电子设计工程师的普遍欢迎，并得到迅速的发展。

20 世纪 80 年代末，Lattice 公司提出了"在系统可编程技术"以后，相继出现了一系列具备在系统可编程能力的复杂可编程逻辑器件（Complex PLD，CPLD）。CPLD 是在 EPLD 的基础上发展起来的，它采用 EECMOS 工艺制作，增加了内部连线，改进了内部结构体系，因而比 EPLD 性能更好，设计更加灵活，其发展也更加迅速。

20 世纪 90 年代，随着深亚微米、低电压、低功耗集成电路工艺的不断发展和应用，高密度 PLD 在器件规模和性能等方面飞速发展。在系统可编程技术、边界扫描技术的发展和应用也使该类器件在编程和测试技术、系统可重构技术等方面发展迅速。

21 世纪初，FPGA 已成为数字系统中的通用组件。由于其容量和设计尺寸快速增大，因此在数据通信领域开辟了巨大市场。随着 21 世纪初互联网泡沫破灭，研发团队迫切需要降低成本，这也减少了很多"临时"ASIC 用户。定制芯片对小的研发团队来说风险太大。当他们发现 FPGA 可以解决他们的问题时，自然就变成了 FPGA 用户。

FPGA 问题不局限于典型问题，单纯提高容量不足以保证市场增长。FPGA 厂商通过以下两种方式解决了这一问题：针对低端市场，厂商再度关注效率问题，并生产低容量、低性能、低成本的 FPGA 系列，例如 Xilinx 公司 Spartan ® FPGA 系列；针对高端市场，FPGA 厂商通过开发针对重要功能的软逻辑（IP）库，努力让客户更方便地填充比较大的 FPGA。这些软逻辑功能中最值得注意的是存储控制器、各种通信协议模块（包括以太网 MAC），甚至软微处理器（如 Xilinx 公司 MicroBlaze™ 处理器）。

2008 年以后，为解决系统设计问题，FPGA 越来越多地整合系统模块：高速收发器、存储器、DSP 处理单元和完整处理器，同时还进一步集成了重要控制功能，如比特流加密与验证、混合信号处理、电源与温度监控以及电源管理等。这些特性在 Zynq All-Programmable 器件中得到了充分体现。同时，器件也推动了工具的发展。系统 FPGA 需要高效的系统编程语言，现可利用 OpenGL 和 C 语言以类似软件的流程来编程。

回顾来看内部资源方面，1985 年 Xilinx 公司推出的全球第一款 FPGA 产品 XC2064 只包含 64 个逻辑模块和 85 000 个晶体管，门数量在 1 200 个左右。如今 Xilinx 公司最新推出的 Virtex Ultrascale 系列 FPGA 内部逻辑模块数量已经达到了百万级，不仅如此，FPGA 内部还集成了大量的 Flip-Flops、LUT、RAM、DLL、DSP Slices、PCIe、GTH 和 GTY 高速收发器。

工艺方面，FPGA 也在不断地紧跟并推动着半导体工艺的进步——1985 年第一款

FPGA 采用 2μm 工艺，2001 年采用 150nm 工艺，2003 年 FPGA 广泛应用 90nm 工艺，2006 年 FPGA 采用了 65nm 工艺，2014 年 FPGA 采用 20nm 工艺并实现量产，目前 16nm 工艺的 FPGA 已经成熟商用，基于 14nm 工艺的 FPGA 高端芯片也已推出。

目前世界上著名的半导体器件公司，如 Xilinx、Altera、Lattice 和 Actel 等公司，均可提供不同类型的 CPLD、FPGA 产品，众多公司的竞争促进了可编程集成电路技术的提高，使可编程逻辑器件性能不断完善，产品日益丰富。可以预计，可编程逻辑器件将在结构、密度、功能、速度和性能等各方面得到进一步发展，并在现代电子系统设计中得到更广泛的应用。

本书中提及的可编程逻辑器件软件包含了 FPGA、CPLD 等以硬件描述语言为设计方法的可编程逻辑器件设计。

1.1.2　可编程逻辑器件的工作原理和内部结构

1.1.2.1　CPLD 工作原理

根据数字电路知识，与或门为可分解的最底层的逻辑运算，因此只要具有大量的三种基本逻辑门，再通过导线将输入和逻辑门正确连接，就可以得到想要的逻辑运算了。CPLD 就是基于此原理发展出来的。其内部集成了基本的逻辑门，通常称作乘积项（Product-Term）结构。片内还有可编程的连线资源（Programmable Interconnect Array，PIA），通过烧写的方式连接内部信号和乘积项。再加上可控的输入输出控制块（I/O Control Blocks），CPLD 可方便地通过编程的方式实现用户想要的功能。

1.1.2.2　CPLD 内部结构

下面以 Altera 公司 MAX 系列 CPLD 为例，简要介绍其内部结构。CPLD 内部结构框图如图 1-1 所示，主要分为三大结构：逻辑阵列块（Logic Array Blocks，LAB）、可编程连线资源（PIA）和输入输出控制块。

（1）LAB

LAB 是 CPLD 的基本结构，由它来实现基本的逻辑功能。图 1-1 中 CPLD 由 4 个 LAB 构成，每个 LAB 包含 16 个宏单元（Macrocells）。图 1-2 所示为宏单元结构图。

宏单元中左侧是乘积项阵列，实际就是一个与或阵列，每一个交叉点都是一个可编程熔丝，如果导通，则实现了"与"逻辑。后面的乘积项选择矩阵是一个"或"阵列。两者一起完成组合逻辑。图 1-2 右侧是一个可编程 D 触发器，它的时钟、清零输入都可以编程选择，可以使用专用的全局时钟和全局清零，也可以使用内部逻辑（乘积项阵列）产生的时钟和清零。如果不需要触发器，可以将此触发器旁路，信号直接输送给 PIA 或输出到 I/O 引脚。

（2）PIA

CPLD 内部所有的宏单元连接都要通过 PIA。PIA 可以看作是 CPLD 内部的全局总线，

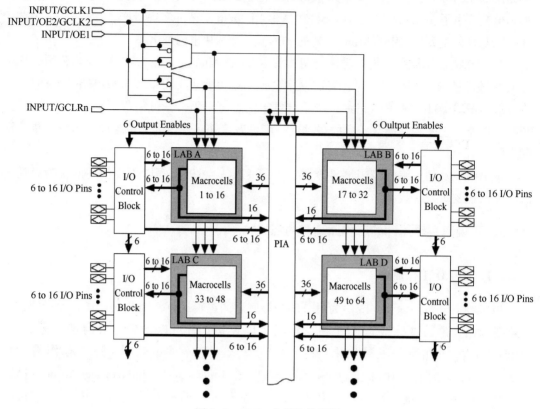

图 1-1　CPLD 内部结构框图

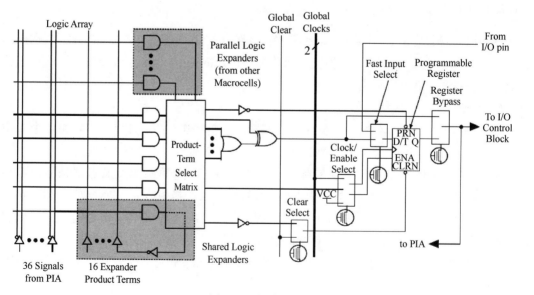

图 1-2　宏单元结构图

通过编程可以实现内部任意两个资源位置的连接。开发完成并将文件烧写到 CPLD 后，PIA 就完成了编程连接的任务。

（3）输入输出控制块

输入输出控制块负责输入输出的电气特性控制。CPLD 可以对每个引脚单独进行配置，根据实际应用情况，可配置引脚为输入口、输出口或双向口。输出口可以设置为集电极开路输出、三态输出等。

1.1.2.3　FPGA 工作原理

根据数字电路的基础知识可知，对于一个 n 输入的逻辑运算，不管是与、或、非运算还是异或运算等，最多只可能存在 $2n$ 种结果。所以如果事先将相应的结果存放于一个存储单元，就相当于实现了与非门电路的功能。FPGA 的工作原理也是如此，它通过烧写文件配置查找表的内容，从而在相同的电路情况下实现了不同的逻辑功能。

查找表（Look-Up-Table）简称为 LUT，LUT 本质上就是一个 RAM。目前 FPGA 中多使用 4 输入的 LUT，所以每一个 LUT 都可以看成是一个有 4 位地址线的 RAM。当用户通过原理图或硬件描述语言（Hardware Description Language，HDL）描述了一个逻辑电路以后，FPGA 开发软件会自动计算逻辑电路的所有可能结果，并把真值表（即结果）事先写入 RAM，这样，每输入一个信号进行逻辑运算就等于输入一个地址进行查表，找出地址对应的内容，然后输出即可。下面给出一个 4 输入与门电路的例子来说明 LUT 实现逻辑功能的原理。

从表 1-1 可以看出，只要 LUT 和实际逻辑电路所对应的输入输出一致，LUT 就实现了和逻辑电路相同的功能。

表 1-1　4 输入与门的真值表

实际逻辑电器		LUT 的实现方式	
a，b，c，d 输入	逻辑输出	RAM 地址	RAM 中存储的内容
0000	0	0000	0
0001	0	0001	0
…	…	…	…
1111	1	1111	1

图 1-3 所示为 Intel 公司的 Cyclone Ⅳ 系列 FPGA 的内部逻辑单元结构。其结构就是 4 输入的 LUT 和 D 触发器。若要实现 4 输入与门的逻辑功能，只需要将 data1～data4 连接输入数据，内部 LUT 存储表 1-1 的逻辑结果，通过地址查找到相应的数据然后输出，这样组合逻辑就实现了。真值表结果都是 EDA 软件编译时软件自动操作完成的，无须人工干预。用户只需要编写程序，通过仿真验证确认无误后，将编译好的文件下载到外部配置芯片中即可。

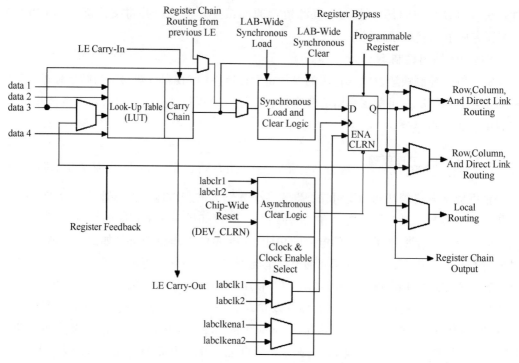

图 1-3　Cyclone Ⅳ 系列 FPGA 的内部逻辑单元结构

1.1.2.4　FPGA 内部结构

目前主流的 FPGA 是基于查找表技术的 SRAM 型 FPGA，下面以 Xilinx 公司产品为例，介绍 FPGA 的内部芯片结构。FPGA 的内部芯片通常包括可编程输入输出单元(IOB)、可配置逻辑单元(CLB)、数字时钟管理(DCM)模块、嵌入式块 RAM(BRAM)、丰富的布线资源、内嵌的底层功能单元和内嵌专用硬件模块等，图 1-4 所示为 FPGA 的内部芯片结构。

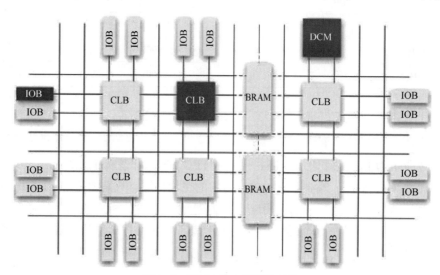

图 1-4　FPGA 的内部芯片结构

（1）输入输出单元（IOB）

输入输出单元（Input/Output Blocks，IOB）是 FPGA 引脚与外部芯片连接的接口控制部分，图 1-5 所示为 IOB 结构示意图，通过 IOB 可设置引脚属性为单端信号端口或者差分信号端口，某一对差分信号端口的 N 端和 P 端已经在芯片内部固定，设计时需要注意信号的连接。IOB 可设置引脚为输入、输出或者双向端口。通过设置 IOB，FPGA 可以完成与外部不同电平标准接口的连接，这与 CPLD 中的输入输出控制块的控制内容是一致的，相比于 CPLD，FPGA 支持更多的接口电平标准，单端信号有 LVTTL、LVCMOS、SSTL、HSTL、PCI 等，差分信号有 LVDS、RSDS、TMDS 等。用户可以通过芯片手册查看实际使用的 FPGA 支持的电平标准。需要注意的是，FPGA 的 IOB 被划分为若干个组（Bank），每个 Bank 的接口标准由其接口电压 VCCO 决定，一个 Bank 只能有一种 VCCO，但不同 Bank 的 VCCO 可以不同。只有相同电气标准的端口才能连接在一起，VCCO 电压相同是接口标准的基本条件。除此之外，通过 IOB 用户还可以设置引脚的驱动电流、压摆率或者上下拉电阻，改变串联端接电阻、改善信号完整性等。

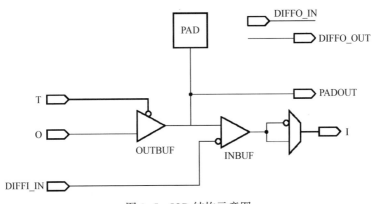

图 1-5　IOB 结构示意图

（2）可配置逻辑单元（CLB）

可配置逻辑单元 CLB 是 FPGA 内的基本逻辑单元。CLB 的实际数量和特性会依据器件的不同而不同，但是每个 CLB 都包含一个可配置开关矩阵，此矩阵由 4 个或 6 个输入、一些选型电路（多路复用器等）和触发器组成。开关矩阵是高度灵活的，可以对其进行配置，以便处理组合逻辑、移位寄存器或 RAM。在 Xilinx 公司的 FPGA 器件中，CLB 由多个（一般为 4 个或 2 个）相同的 Slice 和附加逻辑构成，如图 1-6 所示。每个 CLB 模块不仅可以用于实现组合逻辑、时序逻辑，还可以配置为分布式 RAM 和分布式 ROM。

Slice 是 Xilinx 公司定义的基本逻辑单位，其内部结构如图 1-7 所示，一个 Slice 由两个 4 输入的函数、进位逻辑、算术逻辑、存储逻辑和函数复用器组成。算术逻辑包括一个异或门（XORG）和一个专用与门（MULTAND），一个异或门可以使一个 Slice 实现 2bit 全加操作，专用与门用于提高乘法器的效率；进位逻辑由专用进位信号和函数复用器（MUXC）组成，用于实现快速的算术加减法操作；4 输入函数发生器用于实现 4 输入 LUT、分布式

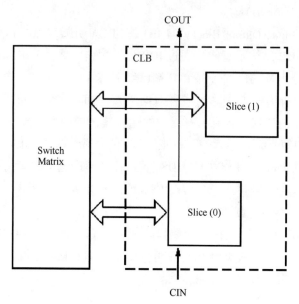

图 1-6　CLB 结构示意图

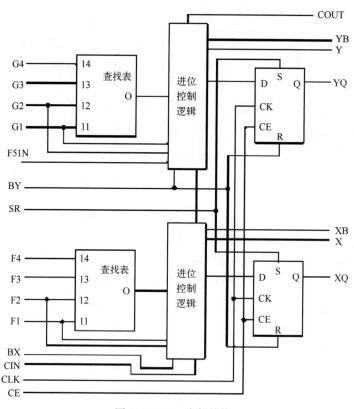

图 1-7　Slice 内部结构

RAM 或 16bit 移位寄存器(Virtex-5 系列芯片的 Slice 中的两个输入函数为 6 输入,可以实现 6 输入 LUT 或 64bit 移位寄存器);进位逻辑包括两条快速进位链,用于提高 CLB 模块的处理速度。

(3)数字时钟管理(DCM)模块

数字时钟管理(Digital Clock Managers, DCM)模块是 FPGA 的重要组成部分,它采用完全数字延迟线技术,允许高精度地控制时钟的相位和频率。由于使用了数字反馈系统,可以动态补偿由于温度和电压偏移引起的时钟相位和频率偏移。通过调用专用的 IP 核可以方便地对输入时钟进行倍频、分频、移相,建立可靠的系统时钟,DCM 结构如图 1-8 所示。

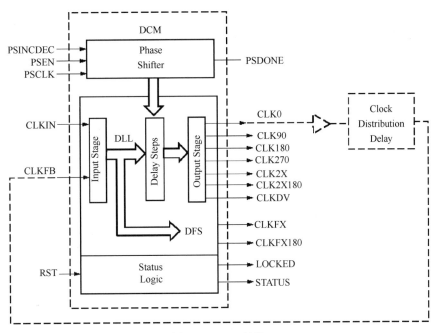

图 1-8　DCM 结构

(4)嵌入式块 RAM(BRAM)

大多数 FPGA 都具有内嵌的块 RAM,这大大拓展了 FPGA 的应用范围和灵活性。块 RAM 可被配置为单端口 RAM、双端口 RAM、内容地址存储器(CAM)以及 FIFO 等常用存储结构。RAM、FIFO 是比较普及的概念,在此不冗述。CAM 在其内部的每个存储单元中都有一个比较逻辑,写入 CAM 中的数据会和内部的每一个数据进行比较,并返回与端口数据相同的所有数据的地址,因而在路由的地址交换器中有广泛的应用。除了块 RAM,还可以将 FPGA 中的 LUT 灵活地配置成 RAM、ROM 和 FIFO 等结构。在实际应用中,芯片内部块 RAM 的数量也是选择芯片的一个重要因素。

单片块 RAM 的容量为 18kbit,即位宽为 18bit,深度为 1024bit,可以根据需要改变其位宽和深度,但要满足两个原则:首先,修改后的容量(位宽×深度)不能大于 18kbit;其次，位宽最大不能超过 36bit。当然，可以将多片块 RAM 级联起来形成更大的 RAM，此时只受限于芯片内部块 RAM 的数量，而不再受上面两条原则约束。

（5）布线资源

布线资源连通 FPGA 内部的所有单元，而连线的长度和工艺决定着信号在连线上的驱动能力和传输速度。FPGA 芯片内部有着丰富的布线资源，根据工艺、长度、宽度和分布位置的不同而划分为 4 类不同的类别。第一类是全局布线资源，用于芯片内部全局时钟和全局复位/置位的布线；第二类是长线资源，用以完成芯片 Bank 间的高速信号和第二全局时钟信号的布线；第三类是短线资源，用于完成基本逻辑单元之间的逻辑互连和布线；第四类是分布式的布线资源，用于专有时钟、复位等控制信号的布线。

在实际中设计者不需要直接选择布线资源，布局布线器可自动地根据输入逻辑网表的拓扑结构和约束条件选择布线资源来连通各个模块单元。从本质上讲，布线资源的使用方法和设计的结果有密切、直接的关系。

（6）底层内嵌功能单元

内嵌功能单元主要指 DLL（Delay Locked Loop）、PLL（Phase Locked Loop）、DSP 和 CPU 等软处理核（Soft Core）。现在越来越丰富的内嵌功能单元，使单片 FPGA 成为系统级的设计工具，使其具备软硬件联合设计的能力，逐步向 SoC 平台过渡。

DLL 和 PLL 类似，可以完成时钟高精度、低抖动的倍频和分频，以及占空比调整和移相等功能。PLL 和 DLL 都可以通过 IP 核生成的工具方便地进行管理和配置。DLL 的结构如图 1-9 所示。

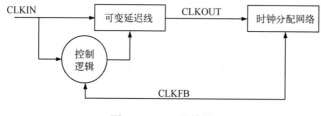

图 1-9　DLL 的结构

（7）内嵌专用硬核

内嵌专用硬核是相对底层嵌入的软核而言的，指 FPGA 处理能力强大的硬核（Hard Core），等效于 ASIC。为了提高 FPGA 性能，芯片生产商在芯片内部集成了一些专用的硬核。例如，为了提高 FPGA 的乘法速度，主流的 FPGA 中都集成了专用乘法器；为了适用于通信总线与接口标准，很多高端的 FPGA 内部都集成了串并收发器（SERDES），可以达到数十 Gbps（bps 即 bit/s）的收发速度。

Xilinx 公司的高端产品不仅集成了 PowerPC 系列 CPU，还内嵌了 DSP Core 模块，其相应的系统级设计工具是 EDK 和 Platform Studio，并以此提出了片上系统（System on Chip）的概念。通过 PowerPC、Miroblaze、Picoblaze 等平台，能够开发标准的 DSP 处理器及其相关应用，达到 SoC 的开发目的。

1.1.3　可编程逻辑器件软件与传统软件的区别

在可编程逻辑器件软件设计过程中，通过使用硬件描述语言进行功能实现，其编程行为与传统软件设计比较类似。可编程逻辑器件软件与传统软件的主要区别如下：

（1）设计对象不同

可编程逻辑器件软件设计的对象为底层逻辑门电路，最终产品为具有某种特定功能的数字电路；传统软件开发的主要对象为数据结构、操作系统，最终产品为具有特定逻辑的机器码，运行在特定的处理器上（包括可编程逻辑器件）。

（2）编程语言不同

传统软件通常使用面向过程或面向对象的高级编程语言实现，可编程逻辑器件软件使用 VHDL 等硬件描述语言实现。

（3）执行机制不同

传统软件执行过程为 CPU 平台将编译生成的机器码指令加载到存储器中，然后根据时钟节拍逐条取出、分析和执行，执行过程为串行执行，直至程序结束，无延时特性。可编程逻辑器件软件的设计输入可以直接映射到底层硬件逻辑上执行，可以并行执行，并具有延时特性（由于分立电子元器件的特点）。

（4）测试、验证方法不同

由于可编程逻辑器件和传统软件设计对象不同、执行机制不同，所以可编程逻辑器件软件测试与传统软件测试在测试目标（既验证功能又验证时序）、测试流程、测试方法、测试手段（需要专用的 EDA 工具开展测试）等方面同样具有较大的区别。可编程逻辑器件软件在测试和验证过程中，代码审查和静态分析必须使用专用的工具进行，动态测试也需要使用专用工具进行前仿真、后仿真、时序测试、功耗分析、逻辑测试等工作。

①实现方式不同，所以测试内容不同

传统软件的开发与测试主要以数据结构、操作系统原理、编译原理为理论基础，可编程逻辑器件软件的开发与测试主要以模拟电路、数字电路、电子设计自动化为理论基础，两者的运行平台和执行机制均不同，所以可编程逻辑器件软件和传统软件测试的内容有较大区别。

②传统的测试方式不能保证可编程逻辑器件的正确性和可靠性

可编程逻辑器件软件若要能够稳定、可靠地工作，不但要验证功能满足要求，还要验证电路描述语言时序指标满足要求。测试人员不仅需要了解编程语言知识，还必须对时序、特定功能电路等具有验证能力。传统软件测试手段无法保证可编程逻辑器件软件功能的正确性和设计的可靠性。

③可编程逻辑器件软件必须使用专门的测试工具开展测试

可编程逻辑器件不仅对测试人员有较高的要求，还需要运用专用的可编程逻辑器件测试工具开展功能仿真测试、门级仿真测试、时序仿真测试、静态时序分析、逻辑等效性检查等有别于传统软件测试的手段和方法对可编程逻辑器件软件进行全面的验证。可编程逻辑器件软件与传统软件差异对比详见表1-2。

表1-2　可编程逻辑器件软件与传统软件差异对比

软件类别 对比的项目	可编程逻辑器件软件	传统软件
编程语言	VHDL/Verilog HDL 等	C/C++/JAVA 等
运行环境	FPGA/CPLD 等	PC/DSP/SoC/单片机等
开发环境	ISE/Quartus Ⅱ 等	VC/VB/CCS 等
代码执行方式	并行执行	串行执行
设计对象	数字电路	指令和数据
最终形式	硬件电路网表	处理器机器码

1.1.4　可编程逻辑器件产品介绍及应用现状

1.1.4.1　产品工艺介绍

Xilinx 和 Altera 公司是目前 FPGA 全球市场占有率较高的两家公司，他们生产的 FPGA 均为 SRAM 工艺。SRAM 工艺发展相对成熟，集成度高，成本低，但掉电后数据会丢失，因此 FPGA 外部会配置专用的存储器存储 FPGA 配置文件，上电后，将配置文件读取到片内运行。

Microsemi 公司部分 FPGA 为 Flash 型工艺，Flash 型 FPGA 具有掉电不丢失、上电直接运行的特性，无须片外存储器存储配置文件。但 Flash 型 FPGA 也存在自身的局限性，除去价格昂贵、擦除次数有限外，Flash 型工艺相对落后，器件规模和密度也远低于 SRAM 型 FPGA，因此市场占有率不如 SRAM 型 FPGA，但在军工和航天领域有一定的应用。

除去 Flash 型 FPGA，Microsemi、QuickLogic 等公司还提供反熔丝工艺的 FPGA，由于只能下载烧写一次，不可以反复更改程序，芯片十分昂贵，开发过程十分烦琐。但其出色的抗辐射和耐高低温特性，十分适合在航天领域的正式飞行产品中应用。

1.1.4.2　可编程逻辑器件产品介绍

（1）Xilinx 公司

Xilinx 公司成立于 1984 年，总部位于加利福尼亚州圣何塞市，是全球领先的可编程逻辑完整解决方案的供应商。Xilinx 公司是 FPGA、可编程 SoC 及自适应计算加速平台（ACAP）的发明者，提供高度灵活的可编程芯片和一系列先进的软件及工具支持，不断驱动着行业和技术创新。从消费电子到汽车电子再到云端，Xilinx 公司为业界提供了灵活的处理器技术，通过灵活应变、万物智能的计算技术实现着行业的快速创新。

Xilinx 公司产品在汽车、5G 无线、数据中心、广播、消费电子、工业、医疗科学、测试计量、有线通信、无线基础设施方面都有着广泛的应用。通信业务是 Xilinx 公司实现营收的重要支持，Xilinx 公司在无线通信，特别是 5G 市场的表现，将继续推动 Xilinx 公司的高速发展。Xilinx 公司在数据中心技术方面也取得了重要的进展，为机器视觉、视频和图像处理、数据分析、基因组学方面提供技术支持。

Xilinx 公司率先推出了业界首款自适应计算加速平台（ACAP），在大数据与人工智能迅速兴起的时代，ACAP 适用于加速广泛的应用，其中包括视频转码、数据库、数据压缩、搜索、AI 推断、基因组学、机器视觉、计算存储及网络加速等。软硬件开发人员将能够针对断点、边缘及云应用设计基于 ACAP 的产品。

Xilinx 公司提供综合而全面的多节点产品系列以充分满足各种应用需求。从大容量、大带宽和高性能的新型网络应用，到低成本、小尺寸 FPGA 应用，Xilinx FPGA 都可提供系统集成，并优化性能功耗比。图 1-10 所示为 Xilinx 公司的主要 FPGA 系列。用户可以根据自己的实际需求进行选择。

图 1-10　各个 FPGA 系列的应用领域

①CPLD 产品介绍

CoolRunner™-II 与 XA CoolRunner-II 是 Xilinx 公司 1.8V CPLD，具有支持单芯片、即时启动、非易失性存储等高性能，采用快速零功耗工艺技术的 1.8V 全数字内核，具有双沿触发器功能，以及超低功耗（28.8μW）的特点，支持多种 LVCMOS、HSTL、SSTL I/O 接口。CoolRunner-II CPLD 还具有 DataGATE、高级 I/O 技术、业界尺寸最小的封装等突破性特点，为应对当今的设计挑战提供了终极的系统解决方案。其官网显示，可持续提供芯片至 2024 年。

②FPGA 产品介绍

Spartan 系列是 Xilinx 公司低成本的 FPGA，目前最新器件为 Spartan-7，其采用小型封装并具有很高的性能功耗比。内部包含 MicroBlaze 软核处理器，运行速率超过 200 DMIPS，具有基于 28nm 技术的 800Mbps 的 DDR3 支持，适合于工业、消费类应用以及汽车应用，包括"任意"互联、传感器融合以及嵌入式视觉等应用。

Artix-7 器件在单个成本优化的 FPGA 中提供了最高性能功耗比结构、收发器线速、DSP 处理能力以及 AMS 集成，包含 MicroBlaze™ 软核处理器和 1 066Mbps 的 DDR3 技术支持。此系列为各类成本功耗敏感型应用提供实现手段，包括软件定义无线电、机器视觉照相以及低端无线回传。

Zynq SoC 系列 FPGA 集成了 ARM 处理器软件可编程与 FPGA 硬件可编程的特性，可实现重要分析与硬件加速，同时还在单个器件上高度集成了 CPU、DSP、ASSP 以及混合信号功能。Zynq-7000 系列包括单核 Zynq-7000S 器件和双核 Zynq-7000 器件，是单位功耗性价比最高的全面可扩展的 SoC 平台。

根据以上三个系列 FPGA 内部资源的不同，Xilinx 公司将其 FPGA 的应用领域进行了划分，如图 1-10 所示。

（2）Altera 公司

Altera 公司是世界上老牌的可编程逻辑器件厂家，是创新定制逻辑解决方案的领先者，是可编程芯片系统（SOPC）解决方案的倡导者。Intel 于 2015 年以 167 亿美元完成对 Altera 的收购，随后成立了 Intel 可编程解决方案事业部。

Intel FPGA 的应用覆盖了汽车、广播、计算机和存储、消费电子、机器视觉、医疗、军事、航空、测试和测量、无线有线等领域。

①CPLD 产品介绍

MAX 系列 CPLD 是其主流的 CPLD 产品，目前最新器件为 MAX V。MAX V 采用了 0.18μm 低成本制造工艺和低成本制造技术，内部集成了闪存、RAM、振荡器和锁相环等模块。MAX V CPLD 在单位空间中提供大量 I/O 和逻辑块，静态功耗低至 45 μW，可以实现电路最高 500μs 快速开机和复位。MAX V CPLD 支持 LVTTL、LVCMOS、PCITM 和 LVDS 等多种电平接口标准。需要指出的是，从 MAX II 系列以后的 CPLD，采用的是查找表（LUT）结构，在本质上它就是一种在内部集成了配置芯片的 FPGA，但由于配置时间极短，上电就可以工作，所以对用户来说，感觉不到配置过程，可以像传统的 CPLD 一样使用，加上容量和传统 CPLD 类似，所以 Altera 把它归作 CPLD。

②FPGA 产品介绍

Cyclone 系列是面向低功耗、低成本的 FPGA，目前最新的产品是 Cyclone V 和 Cyclone 10，Cyclone V SoC FPGA 提供最低的系统成本和功耗。SoC FPGA 的高性能水平非常适合差异化高容量应用，例如，工业电机控制驱动器、协议桥接、视频转换器和采集卡，以及手持式设备。SoC FPGA 提供多种可编程逻辑密度，并且芯片内具有多种系统级硬核功能：双核 ARM Cortex-A9 硬核处理器系统（HPS）、嵌入式外部设备、多端口内存控制器、串行收发器和 PCI Express（PCIe）端口等。Cyclone10 GX FPGA 提供基于 12.5 Gbps 收发器的功能、1.4 Gbps LVDS 和高达 72 位宽且速度高达 1 866 Mbps 的 DDR3 SDRAM 接口。Intel Cyclone10 GX FPGA 最适合高带宽性能应用，例如机器视觉、视频连接和智能视觉相机。

Arria 系列是面向中端水平性能的 FPGA，目前最新的产品是 Arria V 和 Arria10。Arria

设备家族拥有丰富的内存、逻辑和数字信号处理模块特性，收发器传输速度高达 25.78 Gbps 且信号完整性卓越，支持集成更多功能并最大程度地提高系统带宽。Arria V 可提供基于 ARM 的硬核处理器系统（HPS），Arria 10 FPGA 具有硬核浮点数字信号处理（DSP）模块，速度高达 1.5 万亿次浮点运算/秒（1.5 TFLOPS），支持 2 400Mbps DDR4 SDRAM 内存接口。

Stratix 系列是面向高端水平性能的 FPGA，目前最新产品是 Stratix Ⅴ 和 Stratix 10。Stratix 系列 FPGA 结合了高密度、高性能和丰富的特性，Stratix Ⅴ FPGA 采用 28nm 工艺，面向高端应用的高带宽，具有超高的灵活性。Stratix10 FPGA 采用 14nm 三栅极工艺，在性能、能效、密度和系统集成度方面拥有业界领先的突破性优势。Stratix 10 解决了下一代高性能系统的设计挑战，涵盖有线和无线通信、计算、存储、军事、广播、医疗和测试与测量终端市场。最大的单片 FPGA 设备，配有 550 万个 LE，最高可提供每秒 10 万亿次的浮点运算性能，其收发器可支持高达 28.3 Gbps 的传输速度。

（3）Lattice 公司

Lattice 公司于 1983 年在俄勒冈州成立，Lattice 半导体公司提供现场可编程门阵列（FPGA）、复杂的可编程逻辑器件（CPLD），还提供业界领先的 SERDES 产品。

①CPLD 产品介绍

MACH 系列 CPLD 是其主流的 CPLD 产品，ispMACH4000ZE 具备超低功耗，特别适合大批量的便携式应用，最低可提供 10μA 的待机电流和超小型封装。isp4000V/Z 集成了 512 个宏单元，支持单个时钟复位，设置时钟使能控制，最高运行频率为 400MHz。MACHXO3 具有瞬时接通、非易失、小尺寸（2.5mm×2.5mm）的特点，提供胶合逻辑、增强型的桥接性能，如 MIPI DSI/CSI-2 接口等。

②FPGA 产品介绍

ECP 系列 FPGA 主要包括 ECP2、ECP3、ECP5 等型号。ECP2 内部包含了 95K 的 LUT，5.3Mbit 的 RAM。ECP3 是可提供 SERDES、PCIe、HDMI、CPRI、JESD204 接口的高效 FPGA。ECP5 具有低成本、小尺寸和低功耗的特点，专注于紧凑型的应用。

ICE 系列是面向小尺寸可编程方面的 FPGA，主要包括 ICE40 UltraPlus、ICE40 Ultra/UltraLite、ICE40LP/HX/LM 等型号。ICE 系列结合了灵活的 I/O 接口，提供高性能的协处理器，能够实现高度并行计算，同时为各种 I/O 标准和协议增加高级别连接和支持。

（4）Microsemi 公司

2010 年，FPGA 行业发生了第一次并购，以航天、军工为主要领域的 Microsemi 公司并购了 Actel 公司。Actel 公司的 FPGA 型号多以 Flash 型和反熔丝型为主，相比于 SRAM 型 FPGA，Microsemi 基于 Flash 型的 FPGA 抗辐射，具有单粒子翻转（SEU）的免疫能力，因而无须电路板级别的减缓方案。合并后的 Actel 公司以 Microsemi 的 SoC 产品部门出现，彼此也将对之前的应用领域覆盖率做一些相应的微调，航天、安全与国防、工业、企业与商业将四分天下，可以看到 Actel 之前的 36% 的工业领域将会缩减到 23%，而之前已经占 43% 的航天军工将会有所增加。

　　之前的 20 多年里，Actel 一直效力于美国军工和航空领域，并禁止对外出售。中国国内一些特殊领域的企业都采用其他途径购买军工级型号。目前 Actel 开始逐渐转向民用和商用，除了反熔丝系列外，还推出可重复擦除的 ProASIC3 系列、SmartFushion 系列（针对汽车、工业控制、军事航空行业）。

　　ProASIC3 系列是基于闪存的可重复编程、非易失、抗辐射的 FPGA，适合低功耗的空间应用，内部时钟最高可达 350MHz，是具有 QML Q 级的芯片型号。

　　SmartFushion 2 SoC FPGA 非常适合通用功能，如千兆以太网或双 PCI Express 控制平面、桥接功能、输入/输出（I / O）扩展和转换、视频/图像处理、系统管理和安全连接，适合应用于通信、工业控制、医疗、国防和航空市场。

　　RTG4 抗辐射 FPGA 在单芯片上集成了 Microsemi 公司的第四代基于闪存的 FPGA 架构和高性能接口，内部主时钟可达 300MHz，高达 15 万个 LE，5Mbit SRAM，462 个乘法器，串行/解串 SERDES 可达 75Gbps 带宽，同时在最恶劣的辐射环境（如太空飞行）中保持对辐射引起的配置干扰的抵抗力，适合应用于航空航天、医疗电子和核电站控制。

1.1.4.3　国外应用现状

　　国外方面，美国、欧洲及日本等已广泛使用可编程逻辑器件开发航天航空产品。在航天领域，可编程逻辑器件已广泛应用在空间探测卫星、机遇号火星车、标准 3 导弹、X－37B 空天飞机、阿里安火箭及 H－ⅡA 火箭等中。在航空领域，FPGA 更是成为大多数服役和在研型号的重要组成部分，如阵风战机、鹰狮战斗机、B2 隐身战略轰炸机、F22A、F35 隐身战斗机等。国内方面，可编程逻辑器件具有集成度高、体积小、功耗低、速度快等诸多优点，在航空、航天、民用领域获得广泛应用。图 1-11 和图 1-12 分别为可编程逻辑器件在美国航天、航空领域的应用举例。

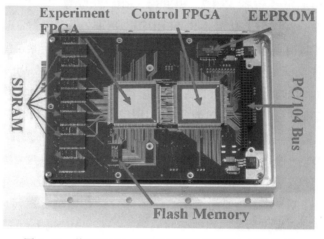

图 1-11　美国 NASA 研制的宇宙射线探测与试验装置

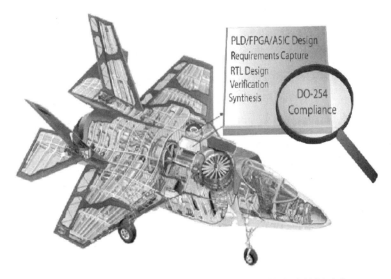

图 1-12　美国 F35B 中由大量可编程逻辑器件完成关键功能

1.2　可编程逻辑器件应用领域

1.2.1　高速通信

　　高速通信是 FPGA 的传统应用方向，FPGA 主要用于通信设备的高速接口电路中，这一方向主要是用 FPGA 处理高速接口的协议，并完成高速的数据接收和交换。得益于 FPGA 前期应用的低成本和高度灵活性，FPGA 于通信基站中得到广泛的应用。据不完全统计，全球存量基站有数千万(5G 部署后，可能会破亿)，每个基站里面有数块到数十块板子(根据配置不同而不同)，除了电源和风扇板子没有 FPGA 芯片外，几乎每块板子都有 FPGA 芯片，有的还不止一片。其次，基站里面用的 FPGA 型号也不会太低端，因为要处理复杂的物理协议、部分算法和逻辑控制，接口速度更是一个重要的问题。一般来讲，基站中的芯片价格在百元到数千元人民币不等。价格过高(如几千元甚至上万元)的芯片，最多在初期用于原型验证，不会大规模配备。最后，基站主要负责实现通信协议中物理层、逻辑链路层的协议部分，这部分内容每年都在升级，而且也比较适合 FPGA 来实现，尤其是协议未完全冻结时，最适合 FPGA 来处理，因为可以通过升级 FPGA 版本来应对协议变动。这类应用中主要采用具备高速收发接口的 FPGA，同时要求设计者懂得高速接口电路设计和高速数字电路板级设计，具备 EMC/EMI 设计知识，以及较好的模拟电路基础，需要解决在高速收发过程中产生的信号完整性问题。FPGA 到目前为止最广泛的应用领域就是通信：一方面通信领域需要高速的通信协议处理方式；另一方面通信协议随时在修改，非常不适合做成专用的芯片。因此能够灵活改变功能的 FPGA 就成为首选。到目前为止，FPGA 一半以上的应用也是在通信行业。

1.2.2　电子对抗

电子对抗是活跃在现代化战争舞台的新型作战手段。电子对抗技术指以专用电子设备、仪器和电子打击武器系统降低或破坏地方电子设备的工作效能，同时保护己方电子设备效能的正常发挥。电子对抗的基本手段是电子侦察与反侦察，电子干扰与反干扰，反辐射摧毁与反摧毁，电子欺骗与反欺骗。典型的雷达、干扰机等都是电子对抗战场上不可或缺的战斗设备。

在电子对抗系统中，持续强化的关键驱动因素是电子反干扰措施（ECCM）、隐形技术、紧密互联的智能传感器网络和智能制导武器。这些系统必须能够在很短的时间内快速分析和应对多种威胁。在宽带噪声中试图寻找目标的过程中，工程师们正在寻求复杂的处理算法，如快速傅里叶变换（FFT）、楚列斯基（Cholesky）分解和矩阵乘法等。然后，多个软件生成波形进行传输，以提供虚假目标，强大的宽带信号可提供全面覆盖能力。这些移动式战术响应需要敏捷、高性能的处理能力。欺骗式干扰机接收敌方的侦察电磁信号，内部加工后输出干扰信号，欺骗敌方电子设备。为了具备欺骗性，从接收识别到发送干扰具有严格的时间限制，FPGA 对数据的高速并行流水线处理能力使得高复杂度的数字处理算法可以在短时间内计算完成，干扰计算完成后输出加工好的电磁干扰信号来达到干扰敌方侦察设备的效果。

FPGA 一直是雷达信号处理系统不可分割的组成部分。雷达系统通常需要完成大量具有高度重复性的实时计算，而 FPGA 可以利用硬件乘法器、片内存储器、逻辑单元等特有的硬件结构及流水处理技术，高速完成 FFT、FIR、复数运算、三角函数运算、矩阵运算等，在完成这些任务方面，FPGA 是理想选择。FPGA 通常用于雷达信号的前端定点数字信号处理，而 GPU 用于后端的浮点数字信号处理。随着雷达系统的处理能力越来越强，对信息的处理需求急剧增长，FPGA 也在不断提高处理能力和吞吐量，目前高性能 FPGA 已经具备每秒 1 万亿次浮点运算能力，即 1TFLOPS，在很多情况下，FPGA 在算法和数据规模上超过了 GPU 的吞吐量，足以竞争完成浮点处理功能，成为后端雷达处理加速的有力竞争者。

1.2.3　数字图像处理

数字图像处理技术一般是通过对像素进行运算来提高图像质量，对实时性的要求较高，而图像处理又往往是系统中最为耗时的环节，对整个系统的运算速度影响较大。

在传统的数字图像处理电路中通常采用 FPGA+DSP 的架构，利用 FPGA 的灵活性完成图像的数字采集和预处理，DSP 则负责整体指令调度、功能控制和数字运算等。

随着 FPGA 的性能发展，情况正逐渐发生变化，FPGA 在图像压缩、拼接、分割、融合以及视频影像的实时处理等方面有了较大的发展，特别是在提高计算速度上，FPGA 正成为数字图像处理的核心芯片。在当前图像处理算法研究比较成熟的背景下，提高图像处理的时效性具有很大的应用前景。由于图像中的所有元素均可施以同样的操作，存在固有的并行属性，非常适合映射到 FPGA 架构中由硬件算法实现，这样做可以使图像的处理速度大大加快。对于数字图像处理，底层图像处理的数据量很大，要求处理速度快，但运算结果相对简单，以 FPGA 作为主要处理芯片的图像处理系统非常适合于对图像进行处理。

1.2.4　自动控制

FPGA 在工业自动化领域具有很广泛的应用。为了满足市场的需求差异，新的自动控制系统需要具备高性能、高灵活度、高可靠性的特点。与此同时成本也是关键性的问题。为了解决这些问题，必须缩短上市时间，降低控制器设备的价格，减少系统的能源消耗。然而降低成本非常具有挑战性，为了降低成本，新的控制系统必须有更好的控制算法，这就需要更多的计算资源。

Xilinx 公司提供异构嵌入式处理、I/O 高灵活性、基于硬件的确定性控制以及实现最低总体拥有成本的综合解决方案，是可扩展工业物联网平台的领导者。Xilinx 公司在工业寿命周期的恶劣环境中为智能自适应资产提供了强大支持。

Altera FPGA 在工业自动化、机器视觉、工业物联网方面同样得到了广泛的应用。其加速智能自动化，解决方案支持：借助工业以太网和 IEEE802.1 TSN 协议灵活完成多协议工业网络连接；实现基于安全云连接的可编程逻辑控制器；使用基于英特尔 SoC 的片上驱动器和低成本英特尔® MAX® 10 FPGA 打造差异化电动机。基于英特尔® FPGA 的工业以太网和 TSN 解决方案为工业 4.0 工厂提供连接功能，使其成为智能、灵活并接近全自动化的工厂。

1.2.5　信息安全

在信息安全方面，有线和无线通信系统除了要满足大数据带宽，还要面临安全加密算法的挑战，强大的加密是在不断增加的数据吞吐率中确保通信和数据安全的关键。在 FPGA 中实施安全设计的强大加密算法可以为信息的安全提供技术基础。

1.3　可编程逻辑器件软件工程化管理

随着可编程逻辑器件在航天型号中的应用越来越广，可编程逻辑器件软件质量成为影响航天型号质量的重要因素。为了更好地提高可编程逻辑器件软件质量，国内外各大航天工程积极推进工程化管理。

1.3.1　国外方面

（1）成立了专门的保障机构

2003 年，美国在新墨西哥的 Kirtland 空军基地成立了现场可编程门阵列任务保证中心（FPGA Mission Assurance Center），主要负责可编程逻辑器件产品质量保证、设计验证、技术培训及咨询和工程化管理工作。

（2）制定了相关的标准规范

多个国际组织和空间大国在技术研究与应用、标准制定与推广等方面都取得了重要成果，制定了一系列标准和规范。

①DO-254《机载电子器件设计指南》

与软件项目的 RTCA/DO-178B《航空机载系统和设备软件保证》相对应，针对可编程逻辑器件项目，美国借鉴 20 世纪 90 年代早期波音（Boeing）公司和美国联邦航空管理局（Federal Aviation Administration，FAA）在 777 飞机项目上合作的经验，于 2000 年制定了航空标准 RTCA/DO-254《机载电子器件设计指南》。

DO-254 标准描述了机载电子器件全寿命周期的目标要求，规定了全寿命周期定义和阶段的划分，针对器件全寿命周期提出机构职责、计划、每个阶段的目标及技术要求，尤其注重对于器件的设计验证的要求。该标准已成为 FAA、EASA（European Aviation Safety Agency，欧洲航空安全局）、CAAC（Civil Aviation Administration of China，中国民用航空局）与世界其他航空认证机构在航空行业内强制执行的电子设备设计标准。目前空军装备中所有硬件均已参考该标准执行。

②IEC61508《电气/电子/可编程电子安全相关系统的功能安全》

IEC61508，即《电气/电子/可编程电子安全相关系统的功能安全》，共分为 7 个部分，在 2000 年成为正式的国际标准公之于世。该标准将电气设备、电子设备、可编程电子设备的安全性贯穿于系统的整个周期，是安全相关系统的理论概括和技术总结。这一标准是安全相关系统总的通用标准，对安全相关系统具有重大意义，各个领域的安全相关系统都必须遵循这个标准。

③ECSS-Q-ST-60-02C《空间产品保证——ASIC 与 FPGA 开发》

在航天标准规范领域，欧洲空间局于 2008 年发布了标准号为 ECSS-Q-ST-60-02C 的《空间产品保证——ASIC 与 FPGA 开发》，对可编程逻辑器件软件的全寿命周期进行管理。

1.3.2　国内方面

（1）国家重大科技工程——探月工程

为提升探月工程可编程逻辑器件软件质量，2009 年，探月与航天工程中心组织制定和发布了《探月工程可编程逻辑器件项目开发实施细则》，这是国内重大工程第一份可编程逻辑器件开发技术指南文件。该指南文件 2019 年升版为《月球与深空探测工程可编程逻辑器件软件开发要求》和《月球与深空探测工程可编程逻辑器件软件测试要求》。

（2）国家重大科技工程——载人航天工程

为整体推动载人航天工程软件研制水平，工程总体 2014 年组织制定并发布了软件管理顶层文件《载人航天工程软件研制工作管理规定》，并细化分解出软件开发过程、软件文档编制、软件评审、软件测试、软件验收/移交/保障、软件配置管理、软件设计与编程、软件安全性、软件安全保密、外购软件选用、FPGA 软件研制技术要求等 11 项支撑细则，其中 FPGA 软件研制技术要求明确了 FPGA 研制全流程技术要求，为工程中 FPGA 软件研制提供了顶层规范和指导。

(3)国家重大科技工程——空间科学卫星工程

为加强对中国科学院空间科学战略性先导科技专项卫星工程可编程逻辑器件软件研制管理，中国科学院国家空间科学中心 2012 年组织编制了《空间科学卫星工程 ASIC 和 FPGA 开发指南》，对该工程 ASIC/FPGA 开发过程及技术要求进行了详细规范，为该工程 ASIC/FPGA 开发与测试提供了指南。

(4)航天军用等领域

经过多年发展，我国航天军工民用领域建立了全面、系统的可编程逻辑器件软件工程标准体系。2014 年，以 QJ 20355—2014《航天型号可编程逻辑器件软件开发通用要求》、QJ 20356—2014《航天型号可编程逻辑器件软件编码要求》等为代表的航天可编程逻辑器件软件行业标准体系发布；2017 年发布了 GB/T 33781—2017《可编程逻辑器件软件开发通用要求》、GB/T 33783—2017《可编程逻辑器件软件测试指南》、GB/T 33784—2017《可编程逻辑器件软件文档编制规范》；2018 年发布了 GJB 9432—2018《军用可编程逻辑器件软件开发通用要求》和 GJB 9433—2018《军用可编程逻辑器件软件测试要求》；2019 年发布了 GB/T 37691—2019《可编程逻辑器件软件安全性设计指南》、GB/T 37979—2019《可编程逻辑器件软件 VHDL 编程安全要求》。

1.3.3　可编程逻辑器件软件全寿命周期

航天型号可编程逻辑器件软件全寿命周期过程基本活动包括系统需求分析、需求分析、结构设计、详细设计、实现、设计确认、验收与交付、运行与维护阶段。支持和管理活动包括配置管理、质量保证、纠正措施、验证、风险管理、保密性有关活动、分承制方管理、与独立验证和确认机构的联系、与相关开发方的协调。本书主要为读者介绍航天型号可编程逻辑器件软件开发的技术内容，因此主要对基本活动进行说明和定义，支持和管理活动定义及技术要求可参照一般软件，也可参照 GJB 9432-2018《军用可编程逻辑器件软件开发通用要求》执行。

航天可编程逻辑器件软件开发单位应针对型号的特点，策划并实施可编程逻辑器件软件开发活动。加强与可编程逻辑器件软件相关的过程控制和质量保证，开展工程化管理，确保产品质量。

1.3.3.1　可编程逻辑器件软件系统需求分析

系统需求分析阶段，要分析系统和设备对可编程逻辑器件软件的要求，开展必要性与可行性分析，开展风险分析。提出功能、性能、接口等技术指标，明确安全性和可靠性要求，明确算法、约束、余量要求，明确实时性、IP 核使用等要求，明确重用、进度、验收与交付、运行与维护、配置管理、质量保证等要求，明确测试级别、测试内容等要求，编制《可编程逻辑器件软件研制任务书》(以下简称《软件研制任务书》)。

1.3.3.2　可编程逻辑器件软件需求分析

需求分析阶段，应根据《软件研制任务书》要求，对功能、性能等要求逐项细化，确定功能、性能、接口、引脚分配及约束等需求，确定安全性和可靠性技术方法，确定开发环境、工具及版本，描述芯片、语言等约束，确定余量需求，确定固化、工作环境需求，确定实时性、可测试性需求，确定 IP 核使用需求，确定安全保密性、重用、进度、配置管理、质量保证、测试等需求，编制《可编程逻辑器件软件需求规格说明》（以下简称《软件需求规格说明》）。

1.3.3.3　可编程逻辑器件软件设计

可编程逻辑器件软件设计包含结构设计和详细设计，在结构设计过程中，应定义和记录可编程逻辑器件软件结构，标识组成可编程逻辑器件软件的单元及接口，建立与需求的追溯关系。结构设计主要包括确定可编程逻辑器件软件结构及单元划分，描述单元间的数据流和控制流，确定时钟及复位方案，开展安全性和可靠性设计，开展验证方案设计等内容；在详细设计过程中，应依据结构设计详细描述可编程逻辑器件软件配置项的单元，建立与结构设计的追溯关系，详细设计主要包括对各单元进行详细说明，描述各单元的设计原理和所采用的技术方法，描述 IP 核属性，完善安全性和可靠性设计，完善验证方案、设计等内容，编制《可编程逻辑器件软件结构设计说明》《可编程逻辑器件软件详细设计说明》。

1.3.3.4　可编程逻辑器件软件实现

在可编程逻辑器件软件实现阶段，依据设计开展编码活动，形成源代码或原理图，编制《仿真测试计划》和《仿真测试说明》，进行仿真测试环境设计与实现，开展功能仿真，开展逻辑综合与布局布线，并开展时序仿真和静态时序分析，进行网表验证，对逻辑综合和布局布线后的文件与源文件的一致性进行确认，在测试报告中分析和记录上述验证结果，在修改和回归测试后进行固化。

1.3.3.5　设计确认

在设计确认阶段，开发单位应加强可编程逻辑器件软件设计确认工作。开发单位应在真实的目标板、系统或在任务委托方批准的替代环境上开展配置项级或系统级确认测试。开发单位应编制确认测试计划、确认测试说明，识别被确认的每项需求，设计测试用例。应通过确认测试对每项可编程逻辑器件软件需求进行确认，分析实际结果与期望结果的差异，明确需求与确认行为及结果之间的可追溯性。对于某些无法通过测试实施确认的特性或需求，可采用分析、审查、评审等方式开展确认并将结论纳入确认测试报告。开发方应根据确认测试的结果对可编程逻辑器件软件进行修改并开展回归测试，根据需要更新文档和其他产品，并在确认测试报告中记录测试及分析的结果。

1.3.3.6　验收与交付

可编程逻辑器件软件研制完成后，开发方应按照合同规定向需方提出申请，为需方开展验收测试、评审提供支持并记录结果，编写《用户手册》，按研制任务书或合同要求准备研制总结报告、版本说明等文档用于验收与交付。

1.3.3.7　运行与维护

交付与验收后，开发方应按照合同规定实施维护，以消除缺陷或满足需求变更，并做好技术状态控制、配置管理、回归测试和评审等工作。

1.4　本章小结

本章简要介绍了可编程逻辑器件的发展历程、工作原理及应用现状，同时结合其特点介绍了可编程逻辑器件在高速通信、电子对抗和数字图像处理等应用领域的优势，阐述了可编程逻辑器件软件工程化的国内外发展形势，简要介绍了可编程逻辑器件软件全寿命周期各个阶段的技术要求。

第 2 章　可编程逻辑器件软件系统需求分析

2.1　目的及任务

在可编程逻辑器件软件系统需求分析阶段，主要的目的及任务包括分析系统和设备对可编程逻辑器件软件的要求，开展必要性与可行性分析，开展风险分析，提出功能、性能、接口等技术指标，明确安全性和可靠性要求，明确算法、约束、余量要求，明确实时性、IP 核使用等要求，明确重用、进度、验收与交付、运行与维护、配置管理、质量保证等要求，明确测试级别、测试内容等要求。本阶段输出文档包括《可编程逻辑器件软件可行性和风险分析报告》和《可编程逻辑器件软件研制任务书》。

2.2　系统需求分析要求

2.2.1　分析系统和设备的要求

可编程逻辑器件软件所在系统通常包含硬件及软件。在系统分析过程中，在考虑系统中硬件划分、软件划分的同时，还应考虑系统的安全性，以及系统分配给硬件的安全性、分配给软件的安全性。系统分析架构如图 2-1 所示。

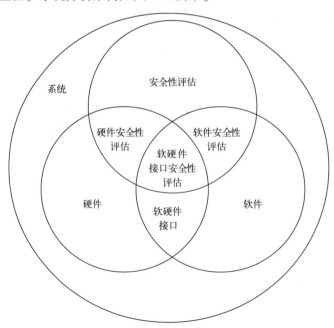

图 2-1　系统分析架构

图 2-1 中，系统包含硬件、软件、安全性评估，三者两两之间、三者之间均有接口，包含软硬件接口、硬件安全性评估、软件安全性评估、软硬件接口安全性评估。其中，安全性评估贯穿于系统研发全寿命周期过程中。系统和设备分配给可编程逻辑器件软件的要求，通常涵盖系统中的硬件部分职能、软件部分职能、安全性要求等。在系统研发过程中，系统和设备对可编程逻辑器件软件的要求，取决于系统中软硬件划分、安全性要求等信息。系统研发过程中软硬件部件信息流如图 2-2 所示。

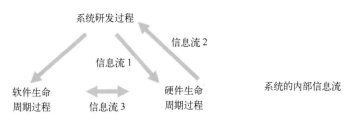

图 2-2　系统研发过程中软硬件部件信息流

图 2-2 摘自 DO-254《机载电子器件设计指南》中对系统研发过程中信息流的论述。DO-254 中，将可编程逻辑器件所行使的职能（无论是算法、控制逻辑还是接口通信等功能），与 ASIC 一起纳入硬件中。因此，DO-254 将系统研发过程分为软件寿命周期过程和硬件寿命周期过程。与硬件寿命周期过程（包含可编程逻辑器件）相关的信息流分为三种，分别是系统研发过程传递给硬件寿命周期过程的信息流 1、硬件寿命周期过程反馈给系统研发过程的信息流 2、硬件寿命周期过程与软件寿命周期过程的双向信息流 3。系统研发过程中三种信息流包含的内容如下。

1）信息流 1 包含的内容为：

a）分配给硬件的设计需求和安全性需求。

b）分配给硬件的安装、改造和环境需求。

2）信息流 2 包含的内容为：

a）硬件寿命周期过程中输出的文件。

b）硬件产生的需求。

c）在硬件设计寿命周期中完成的系统验证和确认活动需要的依据。

d）产品的安全性分析数据。

e）通过系统级验证完成的硬件验证活动的需求。

f）可能会影响系统、软件或已确定的硬件需求的问题报告或更改报告。

3）信息流 3 包含的内容为：

a）在硬件和软件综合时必须产生的需求。

b）硬件和软件验证活动要求协调的情况。

c）被标识出的硬件和软件之间的冲突。

d）在系统过程中用到的安全性评估数据。

2.2.2　系统需求分析技术要求

1) 分析系统体系结构，确定系统分配给可编程逻辑器件软件的任务要求。可编程逻辑器件软件的任务要求主要来自系统的三个方面(见图 2-3)：a) 硬件分配给可编程逻辑器件的设计要求；b) 软件分配给可编程逻辑器件的设计要求；c) 安全性要求。

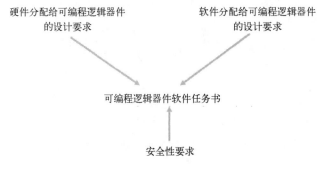

图 2-3　任务书信息来源

2) 针对器件可获得性、开发便利性、功耗、时钟频率、芯片资源、抗辐照方法、器件等级、封装方式、工作温度、存储温度、辐照总剂量等系统要求开展必要性与可行性分析；开展风险分析，确认风险项并制定对应的预防措施和应急响应，形成《可编程逻辑器件软件可行性和风险分析报告》。

《可编程逻辑器件软件可行性和风险分析报告》的参考格式如下：

1　范围

1.1　标识

本节应描述本文档所适用的系统和可编程逻辑器件软件的完整标识，包括其标识号、名称、缩略名、版本号和发布号。

1.2　系统概述

简述系统的用途、标识和描述本文档适用的可编程逻辑器件软件在系统中的作用。

1.3　文档概述

概述本文档的用途和内容，并描述与它的使用有关的保密性方面的要求。

2　引用文档

列出本文档引用的所有文档，应包含文档号、标题、编写单位(或作者)、版本号和出版日期等。

3　需求分析

3.1　功能需求

本节分若干小节描述可编程逻辑器件软件的功能需求。

3.2　性能需求

本节分若干小节描述可编程逻辑器件软件的性能需求。

3.3　接口需求

本节分若干小节描述可编程逻辑器件软件的接口需求。

3.4　工作条件

本节描述可编程逻辑器件软件所要求的工作条件。

4　可行性分析

本节应针对以下技术要求的各方面开展可行性分析，并给出分析结果。可行性分析技术要求应包括如下内容：

1) 设计资源评估；

2) 功耗评估；

3) 在系统时序分析基础上工作频率的评估；

4) 选择满足辐照要求的防辐照方法，评估所选择的防辐照方法对芯片资源和工作频率的影响；

5) 对所有需求的可测试性进行评估，包括降额要求等所有功能及非功能的需求；

6) 确定适用芯片，并分析芯片属性对任务要求的可行性，如最大工作频率、封装方式(可编程逻辑器件芯片的封装)、资源规模、工作温度、存储温度、辐照总剂量、峰值功耗等；

7) 确保基线上的技术要素有足够的寿命，如设备、技术支持、设计及测试工具(硬件和软件)等在要求的时间内有效；

8) 确定必要的人力资源的可用性；

9) 确保无侵权行为，如当使用第三方 IP 核时，应确定其可用性、许可性、支持性、合法性及经济的可行性。

5　必要性分析

本节应描述必要性分析，分析是否应采用可编程逻辑器件，有无其他实现方案，确认采用可编程逻辑器件的必要性，并给出分析结果。

6　继承性分析

本节应描述继承性分析，通过继承性分析确认可编程逻辑器件软件继承性设计的可行性和风险，并给出分析结果。

7　风险分析

本节应描述风险分析，确认潜在的风险项及对应的预防措施和意外计划，包括采购风险、软件工具短缺风险、开发人员短缺风险、任务需求频繁更改风险、供货周期和备件风险等，并给出分析结果。

3) 确定可编程逻辑器件软件的功能、性能、接口、功耗、降额、工作条件等技术指标。其中性能指标主要指功耗、处理速度、数据精度、处理时间等方面的要求。

【示例】

x.×性能要求

x.×.×功耗

峰值功耗≤1.8W。

x.×.×处理速度

某 FPGA 外部输入晶振频率为 48MHz。

某 FPGA 能对帧频 5fps 的图像以 12:1 的压缩比进行实时压缩，压缩后的图像下传码率为 200kbps。

某 FPGA 能在 4s 内完成一帧图像的 2 倍压缩，压缩后的图像下传码率为 5Mbps。

4）描述与可编程逻辑器件软件相关的软件/硬件接口，如外部接口的通信协议、电气特性、时序特性等。

5）确定可编程逻辑器件软件的关键等级。依据相关的要求和失效条件，如果必要，为每一个功能确定安全性关键等级。根据 FPGA 的应用关键等级，确定 FPGA 或其每一个子模块的关键等级。

【示例】根据要求，某 FPGA 的关键等级为 A 级。

6）确定可编程逻辑器件软件的可靠性和安全性要求。

注：可靠性和安全性要求包括结构、算法、容错、冗余、防辐照、抗噪声电压、抗状态翻转等。

7）描述器件等级及防辐照、抗噪声电压性能要求，抗动态单粒子翻转（SEU）设计及验证要求。

注：针对 SEU 的缓解措施要通过故障注入或地面模拟试验评估其效果。

8）对于关键算法，应给出算法和技术指标。

9）描述所选用芯片的型号及芯片的等级约束。

10）描述设计的语言约束、设计方法约束。

11）明确 IP 核的使用要求。

12）确定余量要求，如资源余量要求和时序余量要求。余量要求主要包括资源、时序余量。

【示例】FPGA 逻辑资源占用率不超过 80%，运行时钟降额 80%。

13）明确固化、工作环境要求。

14）提出实时性、可测试性的要求，提出运行环境、设计约束（如时序约束）及重用性要求。

15）确定进度和控制节点、安全保密性、重用性、验收与交付、运行与维护、配置管理、质量保证等要求。

16）提出质量保证、运行、维护等要求。

17）提出确认、验证阶段的要求，如测试级别、测试内容、测试充分性等要求，以及确认、验证要求等。

18)编制《可编程逻辑器件软件研制任务书》。《可编程逻辑器件软件研制任务书》是可编程逻辑器件软件验收和交付的依据，其内容应全面、可检查。

《可编程逻辑器件软件研制任务书》的参考格式如下：

1　范围

1.1　标识

本节应描述本文档所适用的系统和可编程逻辑器件软件的完整标识，包括其标识号、名称、缩略名、版本号和发布号。

1.2　系统概述

本节应简要描述可编程逻辑器件软件任务的来源、目的和用途等，简述系统的用途与组成，标识和描述本文档适用的可编程逻辑器件软件在系统中的作用与组成。

1.3　文档概述

本节应概述本文档的用途和内容。

2　引用文档

本章应列出引用的所有文档，包含文档号、标题、编写单位(或作者)、版本号和出版日期等。

3　运行环境要求

本章应描述可编程逻辑器件软件运行环境要求，如温度、电压、功耗、抗辐照、芯片型号等。

4　任务要求

4.1　功能要求

本节可分条描述系统分配给可编程逻辑器件软件的所有功能要求。

4.2　性能要求

本节应描述可编程逻辑器件软件的性能要求。如外部接口的建立时间和保持时间、外部接口的时序指标、处理时间、数据精度、处理速度等。

4.3　算法要求

本节应描述可编程逻辑器件软件的算法要求。

5　接口关系

本章应描述可编程逻辑器件软件的所有外部接口关系，如外部接口关系图、接口信号关系、接口时序特性等。

6　关键性要求

6.1　可靠性

本节应描述可编程逻辑器件软件的可靠性指标及可靠性要求，一般应包括如下内容：

1)可编程逻辑器件软件的可靠性要求，如为增加数据通信的可靠性，对串口通信数据进行校验；

2) 可编程逻辑器件软件的容错、冗余要求及建议，如：

a) 为了防止单粒子翻转造成可编程逻辑器件软件故障，应对关键模块或整体采用三模冗余设计；

b) 设计中必须将状态机中无效状态的下一个转移状态定义为复位初始状态等。

3) 可编程逻辑器件软件的鲁棒性要求，如确认时序(处理时间、建立保持时间)有足够的余量；时钟频率降额余量不低于20%。

6.2　安全性

本节应描述可编程逻辑器件软件的安全性要求，一般应包括如下内容：

1) 可编程逻辑器件软件的安全关键等级；

2) 可编程逻辑器件软件的安全性要求，如对跨时钟域信号进行同步化处理，对外部接口进行初始化配置，确保上电后有一个确定的初始状态；

3) 安全性关键功能软件的标识、控制、检测和故障识别要求；

4) 关于系统的某些故障模式和软件的故障对策要求，若适用，描述不允许出现的故障模式。

6.3　软件可编程要求

本节应描述软件可编程要求，针对与软件配合工作的可编程逻辑器件，描述可编程逻辑器件与软件或其他可编程逻辑器件软件的交互流程，明确软件对可编程逻辑器件的操作要求、操作时序以及接口协议。

6.4　保密性

本节应描述与维护保密性有关的可编程逻辑器件软件配置项需求(若有)。(若适用)应包括可编程逻辑器件软件配置项运行的保密性环境、提供的保密性类型和级别、必须经受的保密性风险、减少此类风险所需的安全措施、必须遵循的保密性策略、必须具备的保密性责任、保密性认证/认可必须满足的准则等。

6.5　其他要求

本节应描述其他要求(如实时性、可观察性和易测试性等)。

7　设计约束

本章应描述约束可编程逻辑器件软件设计的要求，一般应包括如下内容：

1) 设计指导原则；

2) 可编程逻辑器件芯片型号；

3) 可编程逻辑器件软件的数学模型和算法公式等；

4) 可编程逻辑器件软件的设计输入方法和遵循的设计规则，如IP核复用要求；

5) 余量要求，如资源余量和时序余量要求；

6) 芯片引脚分配要求，如时钟由专用时钟引脚输入，未使用的输出引脚采用接地处理等；

7) 可编程逻辑器件软件的重用性和可移植性要求。

8　管理要求

本章应描述可编程逻辑器件软件的管理机构、管理办法、项目开发进度、相关评审、控制节点等要求。

9　质量保证

9.1　标准

本节应描述可编程逻辑器件软件开发、测试必须遵循的标准。

9.2　文档

本节应描述应有的开发、测试文档清单以及相应的评审要求。

9.3　配置管理

本节应描述可编程逻辑器件软件的配置管理要求。

9.4　测试要求

本节应描述可编程逻辑器件软件开展测试的要求，如验证计划、验证说明、验证报告、第三方评测相关要求等。

9.5　对分承制方的要求

当存在可编程逻辑器件软件分承制方时，本节应描述对分承制方的要求。

10　验收与交付

本章应描述可编程逻辑器件验收与交付的要求，一般应包括如下内容：

1) 可编程逻辑器件软件的验收准则，包括验收程序和验收环境；

2) 可编程逻辑器件软件的交付形式、数量、装载媒体等，规定必须交付的文档清单；

3) 可编程逻辑器件软件的版权保护要求(需要时)。

11　维护

本章应描述验收后出现问题的处理原则，说明可编程逻辑器件软件的改正性、适应性和完善性维护工作的要求。

2.3　本章小结

本章介绍了系统需求分析阶段的目的、任务及分析技术要求，技术要求涵盖系统和设备的要求分析和系统需求分析，并给出了可编程逻辑器件软件可行性和风险分析报告、研制任务书文档的模板。

第3章 可编程逻辑器件软件需求分析

3.1 目的与任务

(1)需求分析的目的

需求分析是需求分析人员为了编写《可编程逻辑器件软件需求规格说明》而开展的工作，它的直接目的是完成《可编程逻辑器件软件需求规格说明》的编写工作。通过分析可编程逻辑器件软件的组成和功能实现等，深入、全面地理解可编程逻辑器件软件要求，并将这些要求用规范化的格式、准确无误的文字或其他方式记录下来。

(2)需求分析阶段的主要任务

QJ 20355—2014《航天型号可编程逻辑器件软件开发通用要求》规定，需求分析过程包括标识和记录可编程逻辑器件软件的需求，针对已确定的可编程逻辑器件软件需求制订开发计划。需求分析阶段的主要任务是开发单位根据《可编程逻辑器件软件研制任务书》要求，对功能、性能等要求逐项细化，确定功能、性能、接口、引脚分配及约束等需求；确定安全性和可靠性技术方法；确定开发环境、工具及版本；描述芯片、语言等约束；确定余量需求；确定固化、工作环境需求；确定实时性、可测试性需求；确定 IP 核使用需求；确定安全保密性、重用、进度、配置管理、质量保证、测试等需求，编制《可编程逻辑器件软件需求规格说明》。

在可编程逻辑器件软件需求分析阶段，主要开展可编程逻辑器件软件需求分析工作，完成《可编程逻辑器件软件需求规格说明》文档，与此同时还要完成其他几项文档的编写工作。通常在可编程逻辑器件软件需求分析阶段要完成的文档包括：

1)《可编程逻辑器件软件需求规格说明》(简称《软件需求规格说明》)；

2)《可编程逻辑器件软件开发计划》(简称《软件开发计划》)；

3)《可编程逻辑器件软件配置管理计划》(简称《软件配置管理计划》)；

4)《可编程逻辑器件软件质量保证计划》(简称《软件质量保证计划》)。

其中《软件配置管理计划》和《软件质量保证计划》可合入《软件开发计划》中，本章主要介绍与《软件需求规格说明》的编写有关的技术内容。

3.2 需求分析的重要性

(1)从需求分析在可编程逻辑器件软件开发过程中的作用来看它的重要性

需求分析是可编程逻辑器件软件开发过程的初始阶段。它在可编程逻辑器件软件全寿命周期中和其他阶段的关系如图 3-1 所示。

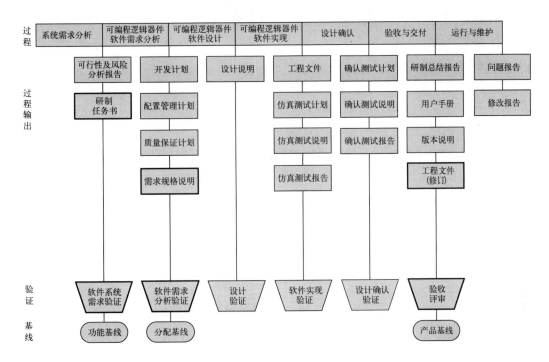

注1：必要时开展第三方评测，在开发单位完成内部仿真测试和确认测试后、内部验收之前开展。
注2：在软件需求分析阶段开展策划和需求分析工作。

图 3-1　可编程逻辑器件软件全寿命周期

《软件需求规格说明》可供承制方、交办方和测试人员使用。

承制方使用：通过《软件需求规格说明》的编制，承制方可以清楚地理解交办方对可编程逻辑器件软件开发的要求。

交办方使用：《软件需求规格说明》是对《软件研制任务书》的具体化，是《软件研制任务书》的解释。它是交办方与承制方对可编程逻辑器件软件开发任务的共识。

设计人员使用：在承制方内部，《软件需求规格说明》是设计和实现人员最重要的开发依据。它是承制方下达给设计人员的设计任务书。

测试人员使用：《软件需求规格说明》是可编程逻辑器件软件测试，尤其是仿真测试和确认测试的重要依据。

（2）需求分析工作的特点

需求分析工作与软件开发其他阶段的工作相比，支持需求分析的工具是最少的，它的工作及工作结果的检查主要依靠人工完成，所以也是比较容易产生错误的阶段。根据国外的资料，在软件引起的与空间飞行器安全性有关的故障中，软件需求阶段的错误是其主要来源。

需求分析工作的另一个特点是，它的错误如果不能及时发现，给最终产品造成的返工和经济损失都是最大的。而且需求文档中的有些错误可能是十分隐蔽的，采用人工检查和一般的检查方法都无法发现，即使这些错误的数量不多，但是可能会给系统带来危险。这个问题对于比较复杂的 A、B 级软件是十分重要的。

（3）从《软件需求规格说明》质量问题的后果来看它的重要性

可编程逻辑器件设计的对象为与、或、非门及触发器等组成的数字电路系统。因此可编程逻辑器件应能够正确、可靠地工作，既要满足功能要求，还要满足不同工况下时序指标要求、状态机安全性要求等方面。编写《软件需求规格说明》较为复杂，应详细说明接口、时序关系等需求，《软件需求规格说明》中的质量问题往往会对航天任务的成败产生重要作用。著名的航天软件专家 Nancy Leveson 在总结软件在航天任务事故中的作用时说："几乎所有与软件有关的航天事故都与软件需求缺陷以及对软件需求的错误理解有关。"

1999 年美国火星气候轨道器在进入环绕火星的运行轨道时，偏出预定的环形轨道，进入火星的大气层并坠毁。事故的直接原因是在软件需求中，缺少了一个将数据在公制单位和英制单位之间进行转换的内容。这次事故的直接经济损失为 3.27 亿美元。

3.3　需求分析的工作过程

在可编程逻辑器件软件需求分析阶段，《软件需求规格说明》的编写工作是一项复杂的任务。为了完成这项任务，一般都需要将编写过程划分成几个工作步骤，每一个步骤完成一个相对简单和独立的任务。需求分析工作过程要明确整个任务由哪几个步骤组成、实施这些步骤的先后顺序以及各个步骤的具体工作内容。需求分析阶段的工作过程有其通用的规律，即它必须包括可编程逻辑器件软件需求的准备、编写、检查和管理等工作，但在工作步骤的划分以及顺序的安排上有不同的模式。下面介绍一种基本的需求分析工作过程。

这种工作过程由以下四个基本工作步骤和一项任务组成。图 3-2 描述了它们之间的关系。

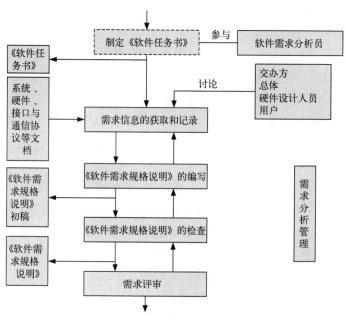

图 3-2　需求分析阶段的工作过程

1）需求信息的获取和记录；

2）《软件需求规格说明》的编写；

3）《软件需求规格说明》的检查；

4）需求评审。

这四个基本步骤的执行原则上是顺次进行的，但是后面步骤发现的问题往往要反馈到前面的步骤中。其中前三个步骤相互之间的关系更加密切，我们也可以把它们当作一个大的步骤，即"需求定义"步骤。

需求分析的工作过程所包含的一项任务是需求分析管理。它是跨越软件需求分析阶段和软件开发其他阶段的任务。

在开展需求分析的具体工作之前，我们还需要具备一些工作条件，否则需求分析工作会遇到许多困难。这些条件是：

1）需求分析人员参与任务书的制定活动，对于需求文档的要求有基本的理解；

2）已经有了一个符合有关规定的任务书或用户需求；

3）对于需求文档的格式已经有了明确的规定或选择；

4）需求分析人员对于有关的应用领域已经有所了解。

3.3.1　需求信息的获取和记录

此步骤的主要目的是搜集、理解和记录与需求有关的信息。开始执行这个步骤的首要条件是需求分析人员得到了《软件研制任务书》以及其他有关文档（如系统设计文档、硬件设计文档、接口要求与通信协议等）。《软件研制任务书》就是可编程逻辑器件软件的用户需求。当这一文档不完善、不清晰或者不容易被需求分析人员所理解时，需求分析人员在阅读的过程中要通过各种方式不断地与系统设计人员进行交流。特别需要强调的是，对于分析人员自己认为已经理解的需求，还需要得到系统设计人员的确认。如果分析人员缺乏关于这个应用领域的背景知识，那么对分析人员提前进行培训是不可缺少的工作。

型号系统在分配软硬件的功能和性能指标、定义计算机软件配置项、形成《软件研制任务书》时，承制方应组织软件设计人员参与和软件有关的系统分析与设计工作。这个要求对于可编程逻辑器件软件人员了解和理解《软件研制任务书》也是同样重要的。

需求信息的获取主要依靠需求分析人员的经验来完成，很少有成套的方法和工具支持。对于缺乏工作经验的需求分析人员，我们给出以下具体建议：

1）了解该软件任务的背景，软件所在大系统的组成，与该软件有关的其他分系统的主要功能，这些分系统与该软件的关系，相互交流的信息；

2）根据《软件研制任务书》以及与任务委托方的交流，理解该软件完成的主要功能；

3）对各个主要功能进行详细了解和记录；

4）考虑是否要对主要功能及其具体功能进行调整；

5）将各个主要功能的具体内容分解成若干个子功能；

6）搜集和记录性能和其他非功能需求；

7)搜集和记录设计约束。

3.3.2 《软件需求规格说明》的编写

这个步骤的工作是按照有关管理部门的规定或者该型号软件开发计划的要求，编写《软件需求规格说明》的草稿。编写的格式、内容以及质量均应符合这些规定和要求。这份草稿很可能有一些不完善之处，需要通过检查进行相应的修改后才可作为正式文档输出。

这个步骤实施的具体技术，将在3.6节讲述。

3.3.3 《软件需求规格说明》的检查

软件需求确认是对软件需求分析阶段的产品——《软件需求规格说明》进行检查，以确保其质量。这种检查主要包括以下三个方面：

1)检查《软件需求规格说明》是否包含任务书规定的所有需求；

2)检查《软件需求规格说明》在正确性、无歧义性、完整性和一致性等方面是否符合要求；

3)检查《软件需求规格说明》的文档是否与规定的文档要求一致。

这个步骤实施的具体技术，将在3.8节中进行介绍。

3.3.4 需求评审

QJ 20355—2014《航天型号可编程逻辑器件软件开发通用要求》的"可编程逻辑器件软件全寿命周期过程、输出、验证及基线关系示意图"指出，与可编程逻辑器件软件相关的系统要求、需求分析和交付与验收三个阶段的产品分别定义为功能基线、分配基线和产品基线。而基线产品均应经过正式评审，可编程逻辑器件软件需求对应分配基线，所以《软件需求规格说明》完成后要进行正式评审。可编程逻辑器件软件的评审要求如下：全寿命周期中的系统要求评审、软件需求评审、验收评审应开展联合评审。

需求正式评审的目的是检查《软件需求规格说明》是否满足《软件研制任务书》的各项要求，并确定能否转入结构设计阶段。

需求评审对象包括《软件需求规格说明》《软件开发计划》《软件质量保证计划》《软件配置管理计划》。对《软件需求规格说明》的评审包括功能需求、性能需求、接口需求、数据需求、可靠性和安全性需求、环境需求等是否与《软件研制任务书》一致，以及定义是否明确。

3.3.5 需求分析管理

需求分析管理是对需求分析阶段的活动以及该阶段以后对于《软件需求规格说明》的修改活动的管理。它并不局限于需求分析阶段，而是贯穿于整个可编程逻辑器件软件的寿命周期中。需求分析管理的许多活动都包括在《软件配置管理计划》中。

3.4　需求分析阶段的工作要点

对《软件研制任务书》中的需求进行分解，形成《软件需求规格说明》，需求应完全分解《软件研制任务书》或其他等效文件的各项要求，具有一致性和可追溯性，并保证对功能、性能、接口、安全性要求的100%追溯，尤其是对非功能性需求的追溯和覆盖。另外，在需求分析阶段同时形成开发计划、配置项测试计划，对人员、进度进行明确规定，预测可能的风险并提出风险预防措施。

开展软件安全性/可靠性需求分析，确定安全关键功能并进行标识；且需进一步分析系统危险事件及失效模式，明确应完成的规避失效风险的技术措施，落实任务书给出的检错、纠错和容错的可靠性要求，并完全覆盖任务书中描述的安全性和可靠性要求。

针对《软件研制任务书》《需求规格说明》的正式评审，评审意见记录完整并跟踪落实情况。

对软件接口进行需求分析并文档化，明确软件系统与外部设备的接口、与其他系统的接口以及人机界面。另外，软件接口应描述具体的接口时序图和时序参数。

3.5　需求分析阶段的技术要求

1) 对系统分配给可编程逻辑器件软件的需求进行详细定义，如功能、性能、接口、引脚分配及约束等需求。

注：接口应将本芯片与外部的接口描述清楚，如通信协议、时序要求。

2) 开展安全性和可靠性分析，确定安全性和可靠性需求，明确抗状态翻转等技术方法。

注：应对功能失效的风险进行分析，并提出在功能失效时的应对措施。

3) 确定可编程逻辑器件软件所在系统的结构设计是否影响了可编程逻辑软件的安全性。

4) 确定适用于产品的标准、程序、技术、设计环境和设计指导原则的设计约束。

5) 确定所使用的开发环境、工具及版本。

6) 描述芯片型号、等级约束和封装形式。

7) 确定语言和设计方法约束。

8) 确定资源、时序等余量需求，如资源余量需求和时序余量需求。

注：资源余量需求通常指芯片内查找表、时序器件等的占有率；时序余量需求通常指各时钟域时序富裕度。

9) 确定固化、工作环境需求。

10) 确定实时性、可测试性需求。

11) 确定 IP 核使用需求。

12）开展系统原型仿真分析，针对算法需进一步开展算法原型分析。

注：算法原型分析可使用高级语言或建模语言开展，并给出分析结论。

13）细化与可编程逻辑器件软件相关的地址分配。

注：如与 CPU 间的地址分配，包括读写寄存器的地址分配。

14）确定可编程逻辑器件软件抗辐射、抗噪声电压的技术方法。

注：常用的抗辐射设计方法包括加固、器件选型、冗余设计、抗干扰设计等。

15）确定安全保密性、重用、进度、配置管理、质量保证、测试等需求。

16）定义实现系统要求所必需的派生需求和可编程逻辑器件软件安全性评估派生出的需求，隐含的安全性需求应该单独标识。

隐含需求如下：

a）在设置项目的设计约束时，应设置明确的约束，以便保证在高安全关键等级设计和低安全关键等级设计的接口处，高安全关键等级设计能够抵御低安全关键等级设计的功能异常情况。

b）确定数据输入的范围，包含典型的、全面的数据值和对数据值或控制寄存器中的高、低状态位的说明。

c）指出通电复位或者其他复位状态。

d）说明与时序相关的性能，例如延时、频率要求。

e）说明信号的时序关系或者有关电气方面的特性，在常规场合或非常规场合所需要的条件。

f）识别项目中的异步电路，并提出明确的处理要求。

g）对不应发生的事件进行明确的约束。

17）应 100%覆盖任务书中的要求。

注：应建立《软件需求规格说明》与《软件研制任务书》的可追溯性表，每一条需求都必须映射到《软件研制任务书》中，找到其对应的说明，明确追溯到功能、性能、余量、接口、可靠性和安全性等说明。

18）需求数据应以定量方式进行描述。

19）派生需求应能够反馈到与可编程逻辑器件软件相关的系统要求分析过程中，以便评估派生需求对系统要求的影响。

20）编制《软件需求规格说明》。

3.6　编写《软件需求规格说明》的要求

3.6.1　《软件需求规格说明》的主要内容

需求分析阶段完成的任务以《软件需求规格说明》来体现，同时也是连接需求分析与系统设计的桥梁。《软件需求规格说明》是用户和开发人员双方在对软件需求取得共同理解的基础上达成的协议，也是实施开发工作的基础。

《软件需求规格说明》主要包括可编程逻辑器件软件配置项的功能需求、性能需求、外部接口需求、内部接口需求，以及确保满足每个需求所使用的方法等，具体的软件需求描述内容如下：

1) 功能需求：描述可编程逻辑器件软件的所有功能需求；

2) 性能需求：描述可编程逻辑器件软件的所有性能需求；

3) 外部接口需求：描述可编程逻辑器件软件的所有外部接口需求，如外部接口关系图、接口信号关系、接口时序特性、时序余量要求等；

4) 内部接口需求：描述可编程逻辑器件软件内部模块之间的接口需求，如内部模块的接口关系图、接口信号关系；

5) 软件可编程要求：针对与软件配合工作的可编程逻辑器件，描述可编程逻辑器件与软件或其他可编程逻辑器件软件的交互流程，明确软件对可编程逻辑器件的操作要求、操作时序以及接口协议；

6) 数据需求：描述可编程逻辑器件软件的数据名称、大小、地址分配、读写等要求；

7) 容量和时间要求：预估芯片内资源利用情况，规定资源余量需求、时序余量需求和处理时间(时序延时)要求，如逻辑资源使用降额要求、最大时钟降额要求等；

8) 安全性需求：描述可编程逻辑器件软件的安全性要求设计，根据任务书提出的对安全的具体要求，分解出安全性要求，如应对关键模块或整体采用三模冗余的设计方法，对输入接口进行滤波和抗干扰设计等；

9) 保密性需求：描述与维护保密性有关的可编程逻辑器件软件配置项需求；

10) 质量因素：描述可编程逻辑器件软件功能完备性、可靠性、可维护性、可移植性、可重用性等方面的要求；

11) 设计约束：约束可编程逻辑器件软件设计的要求，包括数学模型和算法公式、芯片型号及等级约束、设计开发工具环境及版本、设计的语言约束、设计方法约束；

12) 可追溯性：描述每一个需求与《软件研制任务书》的可追溯性。

3.6.2 《软件需求规格说明》的格式

《软件需求规格说明》一般由封面、修改页、目录、正文和附录组成。

一、封面

　封面应该包括：

　1) 文档标识及版本号；

　2) 密级；

　3) 编制/修订日期；

　4) 文档名称；

　5) 编制单位；

---

　　6)编写;

　　7)审核;

　　8)批准。

二、修改页

　　建议在需求文档正文前,建立一个说明需求文档修改情况的记录。需求文档正式评审后,每一个可编程逻辑器件软件需求文档的版本中都执行此记录。修改页应包括修改时间、修改内容以及修改人等。

　　【描述方式】:表格

　　【描述示例】:

版本修订说明

版本	修改时间	修改内容	修改人
V0.1			
…			

三、目录

　　目录一般包括章、节、条、图表、注释和附录的编号、标题及其所在页码。

四、正文

1　范围

1.1　标识

　　本节应描述本文档所适用的系统和可编程逻辑器件软件的完整标识,包括其标识号、名称、缩略名、版本号和发布号。

【描述内容】:

　　1)已批准的标识号;

　　2)标题;

　　3)术语和缩略语;

　　4)本文档适用的系统。

1.2　系统概述

　　本节应简述系统的用途、标识和描述本文档适用的可编程逻辑器件软件在系统中的作用。

【描述方式】:

　　采用自然语言与系统环境图相结合的方法对可编程逻辑器件软件的系统用途以及其在系统中的作用进行阐述。

【描述内容】:

　　1)可编程逻辑器件软件所在系统的用途、标识。

2) 可编程逻辑器件软件在整个系统中的位置、作用以及与系统中其他软件之间主要的输入输出数据。通常需要绘制一个以该可编程逻辑器件软件为核心的系统环境图(图1-1)。

3) 可编程逻辑器件软件的主要功能: 给出该可编程逻辑器件软件功能的顶层分解, 并对这些主要功能进行简要描述。

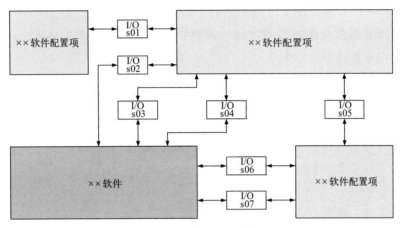

图 1-1　软件系统环境图

1.3　文档概述

本节应概述本文档的用途和内容, 并描述与它的使用有关的保密性方面的要求。

【描述示例】:

本文档是某 FPGA 需求规格说明, 主要描述了软件的功能、性能、接口等需求, 并对其运行环境、安全保密性、质量、可靠性以及交付的软件配置项等方面进行规定。

本文档用于指导软件设计、编码、测试等活动, 是结构设计、用户手册等文档编写的依据, 同时也是软件测试、验收的重要依据。

本文档为××密级文档, 严格控制阅读使用范围, 注意安全保密。

2　引用文档

本章应列出本文档引用的所有文档, 应包含文档号、标题、编写单位(或作者)、版本号和出版日期等。

3　工程需求

3.1　要求的状态和方式

如果要求可编程逻辑器件软件配置项在多种状态或方式下运行, 并且不同的状态或方式具有不同的需求, 则应标识和定义每一种状态和方式。状态和方式的例子包括空闲、就绪、活动、事后分析、训练、降级、紧急情况、后备、战时和平时等。可以仅用状态描述可编程逻辑器件软件配置项, 也可以仅用方式或其他有效的方式描述可编程逻辑器件软件配置项。如果不需要多种状态和方式, 应如实陈述, 而不需要进行人为的区分；如果需要多种状态和方式，应使本规格说明中的每个需求或每组需求与这些状态和方式相对应，对应关系可以在本节或本节所引用的附录中，通过表格或其他方式加以指明，也可以在该需求出现的章节中加以说明。

3.2　功能需求

本节按需要可分成若干小节标识可编程逻辑器件软件必须满足的所有功能需求。

【描述示例】：

某 FPGA 功能包括驱动控制功能、光度控制功能、工作模式功能、SRAM 控制功能、并转串功能和串行通信功能。

3.2.×　（功能名）

本节从 3.2.1 开始编号。用名字标识该可编程逻辑器件软件的功能，陈述此功能的用途。各节应标识和陈述与该功能有关的关键输入输出的用途，标识该功能全部满足或部分满足的已分配的或派生出的各项需求。如果该项功能可分解为若干子功能，则用一个或多个小节描述每个子功能的需求。

【编写的主要要求】：

1)无歧义性：描述内容的解释和理解是唯一的，不存在歧义。

2)充分性：可编程逻辑器件软件具有的所有功能都需明确描述，不可有遗漏。

3)一致性：描述的功能之间、描述功能与需求文档的其他部分以及参考文档的内容要保持一致。

4)易于理解：描述的内容和方式要容易理解。

5)可测试性：描述的内容要方便测试人员作为测试依据进行测试。

【描述示例】：

3.2.1　驱动控制功能

产生图像传感器 IA-G3 时序控制信号，获取图像数据，帧频为 5fps。通过 SPI 口配置其内部寄存器。IA-G3 输出图像大小为 2352×1730 像素。

3.2.1.1　输入

系统时钟信号 CLK_CYS，系统复位信号 RESET，SPI 发送信号 spi_send，APS 参数 aps_para，曝光时间 integ_time，曝光档位 exp_grade。

3.2.1.2　输出

复位信号 CHIP_RSTB，输出控制信号 OE，主时钟信号 MCLK，曝光读取控制信号 EXSYNC，SPI 串行时钟信号 SCLK，SPI 数据控制信号 SEN_B，SPI 数据信号 SD_RX，SPI 触发信号 SPI_TRIG，帧同步信号 vsync。

3.2.1.3　处理

驱动模块主要控制图像传感器 IA-G3 的时序。向 IA-G3 提供时钟信号，时钟频率为 48 MHz。上电后，对图像传感器内部寄存器全局复位，然后依次配置传感器内部 76 个 32 位宽的寄存器，最后开始曝光和读取操作。分别从两个通道输出奇偶行图像，保证动态摄像时帧频为 5fps，曝光时间可调整。在正常工作后，IA-G3 向相机控制 FPGA 连续输入图像数据，并可以修改 IA-G3 内部寄存器，图像大小为 2352×1730 像素。

3.3　性能需求

本节应描述可编程逻辑器件软件的性能要求，如外部接口的建立时间和保持时间、外部接口的关键时序指标、处理时间、数据精度、处理速度等。

【描述示例】：

（1）外部接口的关键时序指标

数据输出端的钟码关系：钟的上升沿对齐码字跳变沿，偏移绝对值不大于时钟周期的 10%，时钟由数据发送端给出。

（2）处理时间

配置程序的刷新周期需小于 400ms。

（3）数据精度

异步通信协议的数据帧格式如图 3-1 所示，包括 1 位起始位、8 位数据位和 1 位停止位，8 位数据为低位先出高位后出，传输的波特率为 115200×（1+5%）bps，并用各自本地的时钟对数据进行采样。

图 3-1　异步通信协议的数据帧格式

（4）处理速度

数传数据输入输出码速率为 360Mbps，时钟频率为 45MHz，数据为 8bit 并行。

（5）数据的存储速度

数据的产生速度最大达到 66kHz。若 FPGA 软件当前为原始数据模式，则数据的存储速度大于 66kHz；若 FPGA 软件当前为坐标模式，则数据接收、计算坐标并存储的整个处理流程的速度大于 66kHz。

3.4　软件可编程要求

本节应描述软件可编程要求，针对与软件配合工作的可编程逻辑器件，描述可编程逻辑器件与软件或其他可编程逻辑器件软件的交互流程，明确软件对可编程逻辑器件的操作要求、操作时序以及接口协议，包括可编程寄存器名称、地址、复位状态、读/写操作、工作参数设置、工作状态读取等。

【描述示例】：

1）FPGA 软件无在轨可编程要求。

2）可以通过重新上电复位使 FPGA 内部寄存器清零。

3）能够对外部复位信号做出正确响应，且复位后各触发器状态应和上电复位状态相同，复位后进入初始化工作状态。

4）软件调试过程中，采用 Xilinx 公司的 SRAM 型 FPGA 芯片 XQR2V3000 进行开发调试，可重复更改程序。

5）验证正确的软件烧入 Xilinx 的 FPGA 配置芯片 XQR17V16 后落焊，软件为一次性烧入，不可更改。

6）FPGA 软件加电后自动运行。

3.5　外部接口需求

本节分为若干个小节描述可编程逻辑器件软件的接口需求，也可引用包含这些需求的其他文档。

3.5.1　接口图

本节应通过一张或多张接口图来描述所需要的可编程逻辑器件软件接口关系。

【描述示例】：

某可编程逻辑器件软件外部接口图如图 3-2 所示。

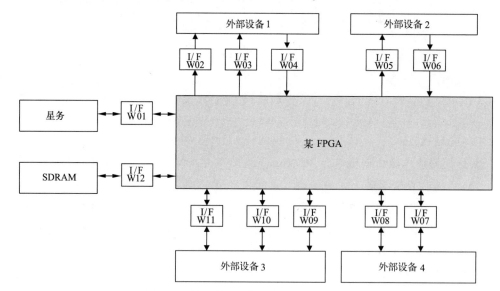

图 3-2　某可编程逻辑器件软件外部接口图

3.5.×　（接口功能）

本节（从 3.5.2 节开始）描述各接口功能模块，可根据需要分小节描述。本节可引用其他文档（如通信协议、用户接口等）代替此处所描述的信息。需求一般包括如下内容：

1) 对要实现的接口类型的需求, 如总线接口(独立/复用)、输入接口、输出接口等;

2) 给出各种接口信号关系、接口信号的时序特性及时序余量要求;

3) 给出与可编程逻辑器件软件相关的地址分配, 如果可以适用, 为每一个功能提供对应的地址分配;

4) 可编程逻辑器件软件接口通信特性。

【描述示例】:

3.5.2　TLK2711 总线接口

××FPGA 中的高速串行总线接口主要是对高速串行总线 TLK2711 芯片进行控制与管理, 实现传输速率为 1.6~2.7Gbps 的高速串行通信的功能。编码方式为 8B/10B, 传输电平模式为差分 VML。其接口信号特性见表 3-1。

表 3-1　TLK2711 总线接口列表

序号	信号标识	方向	位宽	接口信号描述	复位值
1	tlk_fpga_rxclk	I	1	接收时钟	clk
2	tlk_fpga_rklsb	I	1	K-code 状态指示 0: RXD0~RXD7, K 编码接收; 1: RXD0~RXD7, D 编码接收	0
3	...				

某 FPGA 与 TLK2711 芯片的收发接口时序如图 3-3 和图 3-4 所示。

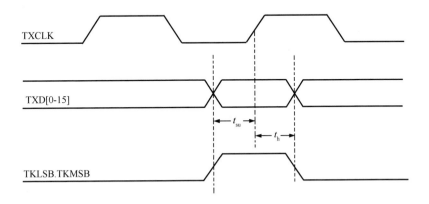

图 3-3　某 FPGA 与 TLK2711 的数据发送时序

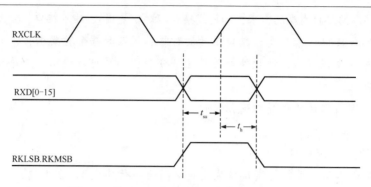

图 3-4　某 FPGA 与 TLK2711 的数据接收时序

注：图 3-3 和图 3-4 中的 $t_{su} \geq 2.5$ ns、$t_h \geq 1.5$ ns。

存储板 FPGA 高速串行总线接口能够检测主控板输出的收发使能信号，并且能够根据该使能信号的状态快速响应数据的收发操作。

3.6　内部接口需求

本节分为若干个小节来指定关于可编程逻辑器件软件的内部接口需求。

【描述示例】：

某可编程逻辑器件内部功能接口主要有：驱动接口、光度控制接口、工作模式控制接口、SRAM 控制接口、并转串接口、串行通信接口、复位接口和时钟接口。内部功能接口关系如图 3-5 所示。

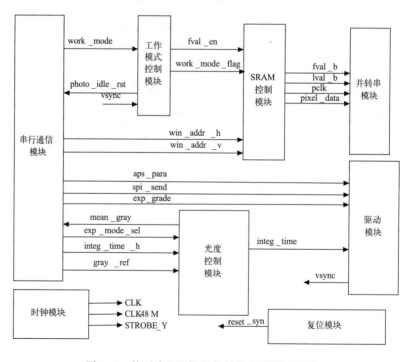

图 3-5　某可编程逻辑器件软件内部接口关系

3.6.1　光度控制接口

光度控制功能的实现主要有自动控制和手动控制两种模式。手动控制时，通过串行通信接口，设置曝光时间；自动控制时，相机控制 FPGA 通过自动检测当前帧图像亮度，并与设定的参考亮度比较，计算出所需曝光时间应用于下一帧图像，如此循环直到达到参考亮度。参考亮度默认值为 0x80H，并可通过串行通信接口修改。光度控制模块接口示例见表 3-2。

表 3-2　控制模块接口示例

信号标识	方向	名称	位宽	说明
CLK	I	系统时钟	1	24MHz，占空比为 1:1
reset_syn	I	系统复位	1	低有效
exp_mode_sel	I	光度控制模式选择	1	0：自动控制；1：手动控制；初始为 0
integ_time	O	当前曝光时间	16	范围为 0x0001H~0x88B8H 初始为 0x0FA0H
mean_gray	O	当前图像平均亮度	8	初始为 0x80H

……

3.7　数据需求

本节描述可编程逻辑器件软件的数据需求。可以用表格的形式列出所有数据内容，并说明每个数据的名称、地址分配、读写等要求。

3.8　适应性要求

本节应描述可编程逻辑器件软件对不同厂家开发环境的适应性要求。

【描述示例】：

1）总辐照剂量 TID≤20 krad；

2）工作温度：−20~+45℃；

3）FPGA 接口电源电压 3.3V；

4）FPGA 内核电源电压 2.5V。

3.9　容量和时间要求

本节应预估芯片内资源利用情况，规定资源余量需求、时序余量需求和处理时间（时序延时）要求，如逻辑资源使用降额要求、最大时钟降额要求等。

【描述示例】：

FPGA 资源占用率不超过 80%，时序余量不低于 20%。

3.10　安全性需求

本节应描述为避免人员、财产和物理环境等被危害所进行的安全要求设计。根据任务书提出的对安全性的具体要求，明确对哪些模块进行安全性需求分析，并描述安全性设计上的处理措施。如为防止某些外来因素的干扰使系统不稳定而不易执行指令操作，必须采取安全措施，等系统稳定后再执行指令操作。

【描述示例】：

1)采用冗余设计，避免单点故障。

2)上电复位后 FPGA 重新初始化。

3)判断输入数据帧的有效性，并将结果通过遥测遥控状态字输出。

4)与终端机数传数据接口的安全性：终端机按照时序要求进行数据发送，FPGA 需要先进行寄存后方可使用，并且需要对端口采样时序进行约束，确保采样数据的正确性。

5)抗 SEU 设计要求：对于有限状态机的设计，所有未用状态均应转换至初始态。禁止采用寄存器复制方式减少信号扇出。对工作模式状态、曝光时间和窗口起始地址寄存器进行三模冗余设计。

3.11 保密性需求

本节应描述与维护保密性有关的可编程逻辑器件软件配置项需求(若有)。(若适用)这些需求应包括：可编程逻辑器件软件配置项运行所需的保密性环境、所提供的保密性的类型和级别、必须经受的保密性风险、减少此类风险所需的安全措施、必须遵循的保密性策略、必须具备的保密性责任、保密性认证/认可必须满足的准则，等等。如若系统中有特别重要和关键的数据(或代码)需要保密时，提出有哪些数据(或代码)，以及保密的措施。

3.12 质量因素

本节按需要可分成若干条，详细说明在合同中规定的或由较高级别规格说明派生出的可编程逻辑器件软件质量因素，以及规定每个质量因素应遵循的方法，陈述质量需求展开到各个功能上的特有属性，内容应包括：

1)功能完备性：是否可实现任务书中所需功能；

2)可靠性：执行中产生正确、一致的结果的能力，确定可编程逻辑器件软件所采用的可靠性设计方法，如应对关键模块或整体采用三模冗余的设计方法，对输入接口进行滤波和抗干扰设计等；

3)可维护性：易于更正的能力；

4)灵活性：易于适应需求变化的能力；

5)可移植性：易于修改以适应不同器件环境的能力；

6)可重用性：可用于多个应用的能力；

7)可测试性：易于充分测试的能力。

3.13 设计约束

本节应描述约束可编程逻辑器件软件设计的要求，一般应包括如下内容：

1)设计指导原则；

2)数学模型和算法公式；

3)芯片型号及等级约束；

4)设计开发工具环境及版本；

5)芯片引脚分配要求，如时钟由专用时钟引脚输入，未使用的输出引脚采用接地处理等；

6)设计的语言约束，如使用 VHDL、Verilog HDL、原理图等；

7)设计方法约束，如使用的 IP 核应使用厂家提供或经过验证的 IP。

【描述示例】：

1)可编程逻辑器件的编程语言采用 HDL 进行编写。

2)测试验证阶段选用两款 FPGA 芯片进行验证，分别为 Xilinx 基于 SRAM 工艺的芯片 XC2V3000-4FG676I 和 Actel 的反熔丝工艺的工业级芯片 AX2000-1FGG896。Xilinx 芯片软件开发工具为 ISE8.1 以上，软件形式为"＊.mcs"文件。Actel 芯片软件开发工具为 Libero V8.6，软件形式为"＊.afm"格式文件。

3)正式烧录时选用 Actel 的反熔丝工艺的军级芯片，型号为 AX2000-1CQ352M，软件开发工具为 Libero V8.6，软件形式为"＊.afm"格式文件。

3.14　人的特性/人的工程需求

本节应描述可编程逻辑器件软件对人员因素的工程需求，包括人员的数量、技术水平等。

3.15　可追溯性

本节应建立《软件需求规格说明》与《软件研制任务书》的可追溯性表，每一个需求都必须映射到任务书中，找到其对应的说明。可以采用表格的形式反映需求与任务书之间的对应关系。需求包括功能需求、性能、接口、安全性和可靠性、余量等，可参考表 3-3 进行填写。明确追溯到功能、性能、余量、接口、可靠性和安全性说明。

表 3-3　《软件需求规格说明》与《软件研制任务书》可追溯性一览表示例

序号	需求类型	《软件研制任务书》		《软件需求规格说明》	
		任务标识号	任务名称	需求标识号	需求名称
1	功能	…			
2					
3	接口	…			
4					
5	性能	…			
6	安全性				
7	余量				
…					

4　交付准备

　　本章应描述要交付的可编程逻辑器件软件介质的类型和特性。还应说明介质的标签、包装、处置和分类标记的要求，包括可编程逻辑器件软件的名字和项目唯一标识号。任何特殊的交付要求也要在此说明。

五、附录

　　文档的附录应提供为便于文档维护可以单独发布的信息(如图、表、分类数据等)。每个附录都应在文档的正文中被引用。为方便起见，附录可单独装订成册。

3.6.3　《软件需求规格说明》的特征

　　编写《软件需求规格说明》的目的在于：1)帮助用户和需求分析人员确认需求的正确性和完整性；2)便于系统设计人员无二义地理解用户需求；3)易于验证需求的一致性和完整性，故合格的《软件需求规格说明》应该具有如下特征：完整性、正确性、一致性和无二义性等。

　　(1)完整性

　　每一项需求都必须将所要实现的功能描述清楚，以使开发人员获得设计和实现这些功能所需的所有必要信息。需求文档完整性具体要求有：1)文档签署完整；2)文档具有已批准的标识号；3)明确可编程逻辑器件软件的功能需求、性能需求、安全性与可靠性要求、余量指标要求、设计约束要求以及质量要求；4)明确可编程逻辑器件软件的内部接口；5)明确可编程逻辑器件软件与所有外部设备的外部接口需求及相关时序指标需求等。

　　(2)正确性

　　每一项需求都必须准确地陈述其要开发的功能且能正确地反映用户的要求。对于需求文档正确性判断的参考依据是需求的来源，即《软件研制任务书》。正确性是相对于用户的应用需求而言的，只有用户代表才能确定用户需求的正确性。若软件需求与对应的系统需求相矛盾则是不正确的。

　　(3)一致性

　　一致性是指与其他软件需求或高层(系统)需求不相矛盾，《软件需求规格说明》需要与《软件研制任务书》的内容保持一致。

　　(4)无二义性

　　所有需求说明都只有一个明确统一的解释，由于自然语言极易导致二义性，所以尽量将每项需求用简洁明了的用户性的语言表达出来。有两组测量数据可以用来评估《软件需求规格说明》的明确性：一组是不明确的需求用语，另一组是不确定的需求用语。需求的不明确性可以从不明确或不确定的需求用语中反映出来。

　　不明确用语：适当的、合适的、适用的、不限于、通常、至少、不时。

　　不确定用语：可以、也许、作为候选。

3.7　可编程逻辑器件软件需求文档中经常出现的问题

编者在参与航天型号软件的需求文档的审查过程中，依据需求文档编制内容的完备性、准确性、一致性以及详细性要求，发现许多文档中存在着各种各样的问题，这里将常见的一些问题归纳出来。

3.7.1　一般问题

1)《软件需求规格说明》描述有遗漏，未覆盖全部《软件研制任务书》的要求。

2) 需求文档更改，版本号没有升级。

3) 需求文档中软件的开发环境与实际使用的开发环境不一致。例如，需求文档中"软件开发环境：Libero IDE9.0"，但实际使用开发环境为 Libero IDE9.1.0.18，需求文档与实际程序实现不一致。

4) 需求文档中缺少抗 SEU(单粒子翻转)安全性设计要求的描述。在太空应用环境中，可编程逻辑器件容易受到高能粒子冲击的影响，导致内部的逻辑单元及 BRAM 单元发生单粒子翻转现象。为了保证电路可靠工作，需对这些芯片采取工作时重加载等抗单粒子翻转的措施。因此在需求文档中需要对抗单粒子翻转措施进行具体描述。例如，为防止干扰引起的位翻转，在资源允许的情况下，对关键信号、数据进行三模冗余的设计方法。为防止单粒子翻转，采用定时刷新机制，对关键变量进行周期性刷新。

3.7.2　功能需求方面的问题

1) 功能内容有遗漏。系统所需要的功能有遗漏(即需求和程序中都缺少某些功能)；软件中实现的功能在功能需求中没有体现(即程序中出现的功能在需求中没有描述)。

2) 功能描述的内容不够具体。对某些功能的描述过于简单，导致设计者无法进行设计。例如，需求文档中没有对遥控端口的控制命令帧格式进行详细的说明，导致开发者无法对数据帧处理流程进行设计。

3) 数学表达式中缺少对参数的具体说明。例如："通过速度环 PI 运算，生成电流参考值给电流环 PID 运算模块使用。具体 PI 算法为，控制周期 31.25ms，参考值输出为 $I_{ref}=K_1\sum_{i=1}^{m}(V_i-20V_o)$，其中 K_1 为比例系数，I_{ref} 为电流输出参考值，并对 I_{ref} 做限幅，限幅的绝对值为 3480A。"文档中缺少比例系数 K_1 的具体数值，并且缺少对公式中 V_i 和 V_o 的描述。

4) 功能描述存在歧义。例如："速度保持功能：在飞轮上电复位时，如果在开始的 8 个测速周期(31.25ms)内没有接收到上位机的速度指令，则在下一拍采集当前转速。"描述存在两种理解，第一种理解为 8 个测速周期一共为 31.25ms，第二种理解为测速周期为 31.25ms，8 个测速周期为 31.25ms×8。

3.7.3　接口需求方面的问题

为了保证在采样点附近的接口信号是稳定的，避免存在亚稳态的情况，在需求文档中需通过接口时序图对接口信号的建立和保持时间进行要求，但以下需求文档存在接口描述不完整的问题。

1）接口需求中缺少对接口时序关系图的描述。

2）时序要求文字描述与接口时序图不对应。

3）接口时序图中缺少时序参数要求。

3.7.4　性能需求方面的问题

1）性能需求中未明确参数误差范围。如"同步串行通信接口中波特率为 115200bps"描述中缺少对串口波特率误差范围的说明。

2）性能指标描述不明确。如"组号大约每月递增 1 次"描述中未给出组号变更的具体天数。

3.7.5　安全性、可靠性方面的问题

1）没有给出或者没有充分给出软件的安全性需求，或者给出的不是软件的安全性需求；

2）没有给出或者没有充分给出软件的可靠性需求，或者给出的不是软件的可靠性需求。

3.8　《软件需求规格说明》的检查方法

需求文档的检查是一项十分重要的工作，也是一项难度很大的任务。国外在这方面开展了大量的研究，也提出了许多方法和工具。但是如何在技术基础比较薄弱的环境中，实施需求文档的检查工作，还要通过实践不断地探索和提高。我们把检查方法分成需求评审和通过分析验证进行检查两大类。

需求文档的检查验证是需求分析人员自己必须做的一项工作。随着可编程逻辑器件软件工程化的进步，重要可编程逻辑器件软件的需求文档还应该交给第三方进行检查验证。检查验证的技术和工具越来越先进，其严格的程度越来越高。

3.8.1　采用需求评审方法检查

（1）评审检查的内容

1）编制依据。是否给出了该文档所依据的标准、规定和其他文档。如果对所采用的标准或规定进行了裁剪和增添，是否给出了必要的说明。

2）编制过程。该文档是否得到了交办方、测试方等各方的检查和同意。检查的具体

内容包括：

　　a) 交办方认为该需求符合他们的要求；

　　b) 测试方认为可以依据该文档制订仿真测试计划和确认测试计划，并实施仿真测试和确认测试；

　　c) 设计者认为该文档所提供的内容齐全，可以据此进行软件设计和实现；

　　d) 校对、审核和标审人员的责任是否明确，他们是否认真地履行了自己的责任；

　　e) 编写和修改过程是否按要求进行管理；

　　f) 需求文档是否有版本号，对所有的修改是否有详细的记录；

　　g) 是否将需求文档及其编写、修改过程纳入到配置管理中；

　　h) 编写过程中采取了哪些质量保证措施，确保功能的完备性、可靠性、可维护性、灵活性、可移植性、可重用性、可测试性。

　　3) 在整个文档中名词、术语和数据项等的称呼是否都一致(即对同一个事物应该采用相同的称呼)。

　　4) CSCI 的工作模式(状态)。是否进行了描述，描述是否正确(状态划分、状态定义及功能、状态转移的条件、状态的描述与文档中其他部分的描述之间的一致性)。

　　5) 文档中对功能需求的描述。文档的概述部分以及逻辑模型(数据流图——如果文档中有数据流图的描述)对功能的描述与文档中功能需求的具体描述是否一致，概述中的功能应该比较抽象、全面和概括，功能需求中的描述应该具体、全面，三者的内容应该一致。

　　a) 是否对工作模式做了正确的、充分的描述。

　　b) 对功能是否做了层次化的分解。

　　c) 功能分解是否充分，最底层的功能是否是一个单一的简单功能。

　　d) 各级分解中各个功能的描述是否正确、充分。每个功能是否都有明确的输入、输出、处理和发生的条件；每个输入和输出是否都有明确的定义、来源和去处；各个输入和输出是否都在处理中被使用。

　　e) 整个 CSCI、各个功能之间的输入和输出数据是否保持一致。

　　6) 非功能需求。

　　a) 是否给出了性能需求，是否有遗漏。

　　b) 是否给出了意外事件处理和故障处理等需求，是否有遗漏。

　　c) 安全性需求。安全关键性需求是否标识出(应建立在分析的基础上)，是否给出了安全性约束，是否足够。

　　d) 可靠性需求。是否给出了定性的可靠性需求，这些需求是否足够。如果给出了定量的可靠性需求，这些需求是否建立在科学分析的基础上，是否可以被验证。

　　7) 任务书的所有要求是否都在可编程逻辑器件软件需求中得到了落实。

　　8) 如果在文档中采用了数据流图、状态转移图和数据字典，那么它们的表达方式应该符合工业界的习惯，其内容应该是正确的、完整的和一致的。其中的数据项及处理应该与文字描述的功能需求一致。

9）文档中的需求内容是否有重复描述的现象。

（2）建议在文档中包含的内容和描述方式

1）数据流图和状态转移图是提高需求文档质量的一种有效方法，建议采用它们。采用时，这些图本身应该正确。这些图中的数据与处理应该与文字描述的功能需求一致。

2）数据字典也是提高需求文档质量的一种有效方法，建议采用它。数据字典是指对数据的数据项、数据结构、数据流、数据存储、处理逻辑等进行定义和描述，其目的是对数据流图中的各个元素做出详细的说明。数据字典是描述数据的信息集合，是对系统中使用的所有数据元素定义的集合。数据字典应该与文字描述的功能需求中的数据项一致。

3）对功能进行文字标识和编号有利于理解和使用这些功能。建议每项功能都有一个文字标识，该标识由表示动作的词组构成。例如，时钟复位、存储控制、遥测数据处理等。不要采用单纯的名词作为功能的标识。例如，遥测数据、滤波器等。除了文字标识之外，建议每项功能还有一个功能需求编号。例如，采用 FR1.2 标识第一个功能需求中的第二个功能。

4）采用可编程逻辑器件软件需求与任务书内容的追踪表，将任务书的内容与需求文档进行映射。

5）在文档最前面，建立一个需求文档更改记录单，记录文档的版本号、修改时间、修改位置、修改内容、修改原因等。

（3）需求文档中通常不应该包括的内容

1）应该放在《软件开发计划》或者《软件质量保证计划》等文档中的内容。例如，人员安排、工作计划、采用的工具和方法、配置管理、软件验证和确认的具体内容等。

2）应该放在设计文档中的内容。需求编写者要认识到设计文档与需求文档内容之间的分界线，需求文档所描述的内容是从软件外部可以观察到的功能和行为（做什么、做到什么程度——速度、精度等）；设计文档所描述的内容是实现这些需求的软件构成，其内容是从软件外部观察不到的。但是任务交办方提出的对设计的约束应该作为一个单独部分，包括在需求文档中。

3）不可测试和验证的需求。

3.8.2　采用结构化分析方法检查

结构化分析方法是一大类方法的总称。这个名称的来源与结构化设计、结构化编程有关。结构化方法的特征是采用数据流图。航天型号可编程逻辑器件软件的大多数都属于实时嵌入式软件，所以在这里主要介绍以实时嵌入式软件为主要应用对象的方法。

（1）在选用方法时要注意的几个问题

结构化方法主要是基于图形对系统进行描述的。由于计算机辅助软件工程[Computer Aided(or Assisted) Software Engineering，CASE]工具可以对某个具体的软件寿命周期的任务实现自动化，所以借助于 CASE 工具会大大提高工作效率，并可通过工具的一些自动检查功能，避免许多人为的错误。可编程逻辑器件软件任务也适用此种方法。

一些分析方法不仅可以用来描述和分析软件需求，而且可以用来描述软件设计，或者在需求与设计之间形成一种平滑的过渡。当采用同一种方法进行需求分析和软件设计时，需求与设计之间的平滑过渡可以避免一些设计错误，提高设计效率。我们在选择需求分析方法时，要同时考虑到软件设计的需要。

(2)结构化分析的主要作用

1)通过分析过程，加深对用户需求的认识和理解，发现用户需求的不足和缺陷。

2)通过对数据流图(数据流图是在结构化分析中采用的方式)的逐层分解，将软件功能需求分解成若干个层次的子功能，帮助编写软件需求文档。

3)通过图形化的直观方法和 CASE 工具的自动检查功能，帮助需求分析人员对软件需求文档进行检查，提高软件需求文档质量。

4)图形化的结构分析是一种比基于文字的需求文档更好的表达和交流工具。所以，它既可以作为软件需求图形化的表达工具，又可以帮助软件需求分析人员、软件设计与编程人员、软件任务交办方、软件测试人员、软件维护人员进行技术交流。

5)在一些典型的结构化软件设计方法中，软件结构化分析常常是设计过程中不可缺少的第一步。设计过程是在结构化分析的基础上进行的。

(3)结构化分析方法的组成

图 3-3 给出了结构化分析方法的主要组成及各个组成部分之间的关系。

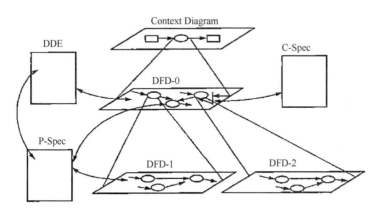

图 3-3　结构化分析方法的组成

Context Diagram：系统环境图。该图说明该系统与外部世界的关系。在该图中把软件看成一个整体。

DFD-0：第 0 级数据流和控制流图（以下简称数据流图）。该图将软件系统分解成若干个通过数据流和控制流连接起来的处理节点和控制节点(也就是说对系统进行功能/处理分解)。航天型号可编程逻辑器件软件的功能一般都比较复杂，如果把它们全部放在一个单独的 DFD 图中描述，会给使用者带来难以阅读和理解的问题。所以一般都需要采用多层 DFD 进行逐步细化的描述。

DFD-1 和 DFD-2：这是第 1 级数据流图的两个例子。它们是对 DFD-0 图中的两个处理节点进行进一步的分解。这种分解可以视需要继续下去，一直到处理节点都是一些最简单的基本处理节点为止。

P-Spec：处理规格说明。它对基本处理节点的处理进行规格说明。

C-Spec：控制规格说明。它对控制节点进行规格说明。状态转移图是它常用的手段。

DDE：数据字典或数据字典实体。对所有的数据流和控制流进行说明和定义。

（4）结构化分析的工具

结构化分析通常需要 CASE 工具支持。这是因为在 CASE 工具的支持下，可以明显提高图形化描述和修改的过程，同时可以通过自动检查的功能保证模型的质量。

除了专业化的 CASE 工具之外，也可以采用通用的作图工具（如 Smartdraw、Visio）绘制结构化分析的图形。但是由于它们是通用工具，所以不具备对图形元素之间的语法关系以及图形之间的一致性等进行检查的功能。

3.8.3　采用仿真模型方法验证检查

对于复杂的软件需求可以采用仿真方法对需求的正确性和完整性进行检查验证。在航天型号中存储控制系统是复杂的系统。这类系统如果完全依靠人工进行分析和描述，难以保证系统的正确性。如果采用建模工具对任务或者需求进行仿真，一方面可以帮助开发者更好地理解软件需求，另一方面可以检查需求文档中的问题。

3.8.4　采用形式化方法分析检查

形式化方法是基于数理逻辑和离散数学的方法。它是一大类方法的总称，包含几十种不同的方法。这些方法有不同的特点，适用于不同的系统和目的。

由于形式化方法是建立在严格的数学基础上的，它可以对需求、设计和代码本身以及它们之间是否相符合进行严格的检查，所以它给我们实现真正的可编程逻辑器件软件工程化带来了希望。

目前在形式化方法的应用中还存在两个问题：一个问题是大多数方法都需要使用者具有良好的数理逻辑和形式化方法的基础，所以对于一般软件开发人员来说是不容易学习和使用的；另一个问题是对大的复杂系统的分析能力仍然有限。例如有时会产生所谓的"空间爆炸"的问题，即形式化方法要分析的系统中状态空间的组合达到了非常大的数目，超过了计算机 CPU 和存储器的能力。

尽管形式化方法尚待成熟，但是它在国外的航空航天界的重要型号中已经有许多应用成功的例子，其中用得最多的软件开发阶段是软件需求分析阶段。通过他们采用形式化方法对一些重要型号的软件需求进行检查，可发现不少缺陷。在国外的一些软件开发标准中，形式化方法已经成为在重要软件的开发中必须采用或者强烈建议采用的分析方法。

3.9　本章小结

　　本章简要介绍了需求分析阶段的目的、任务和重要性，描述了需求分析的工作过程，详细介绍了软件需求规格说明的主要内容、编写格式和质量要求，给出了可编程逻辑器件软件需求的编写要点和示例，阐述了软件需求规格说明的几种主要检查方法。

第4章　可编程逻辑器件软件结构设计

4.1　概述

结构设计是可编程逻辑器件软件寿命周期的第三个阶段。它是基于可编程逻辑器件软件需求，实现软件需求的高层设计，把软件需求转换成软件的体系结构，对软件的功能进行分解，把软件划分为模块，确定每个模块的功能及模块之间的外部接口。作为这个过程的一部分，应将《软件需求规格说明》中所有可编程逻辑器件软件质量特性要求和安全性要求落实到结构设计中。

4.1.1　目的与任务

在软件结构设计过程中，应定义和记录可编程逻辑器件软件结构，标识组成可编程逻辑器件软件的单元及接口，建立与需求的追溯关系。结构设计过程主要包括确定可编程逻辑器件软件结构及单元划分、描述单元间的数据流和控制流、确定时钟及复位方案、开展安全性和可靠性设计、开展验证方案设计等内容。

4.1.2　结构设计阶段的工作要点

结构设计阶段的主要工作即根据《软件需求规格说明》，进行方案设计，建立可编程逻辑器件软件的体系结构，明确各功能模块间的关系，定义体系结构中各模块的功能和性能等指标。该过程输出《可编程逻辑器件软件结构设计说明》(简称《软件结构设计说明》)。《软件结构设计说明》需满足《软件需求规格说明》的各项要求，并建立《软件结构设计说明》与《软件需求规格说明》之间的可追溯性，追溯内容和标识应保持一致。

4.2　结构设计的一般准则

1)设计应准确地依据需求，并建立设计与需求间的追溯关系。

2)设计应按自顶向下的方法进行。

3)应确保设计在现行软/硬件环境条件下是可行的。

4)设计应是模块化的，模块划分以功能独立性为原则。

5)结构设计时，应详细定义模块间的所有接口数据。

6)数据一致性：按标准的表示法使用数据，按标准格式描述接口数据。

7)设计时，对配置项、单元、接口数据和信号均应按命名规则命名，并始终一致地引用它。

8）所有已定义的软件成分（配置项、单元、接口数据和信号）均应被引用；所有被引用的软件成分均应已定义。

9）应尽量采用同步设计，在必须使用异步设计时应进行同步化处理。

10）采用层次化设计方式开展可编程逻辑器件软件设计。

11）用流水线技术提高同步电路的速度。

12）设计中宜遵循面积与速度的平衡与互换原则。

13）组合逻辑模块的输出信号不应直接或通过层次关系间接连接到同一模块的输入端口。

14）应考虑软件与可编程逻辑器件、可编程逻辑器件软件之间、可编程逻辑器件软件与外部设备的时序配合，避免出现时序不匹配的情况。

15）应考虑可编程逻辑器件与外围芯片的延时。

4.3　结构设计阶段的技术要求

1）分析可编程逻辑器件软件的需求，开展电路结构设计，确定系统总体电路结构及功能模块划分。

2）定义模块及各模块间的关系，描述单元的功能、性能、接口，确保可编程逻辑器件软件的功能、性能、接口、安全性及可靠性需求都已分配到相应的电路结构中。

【解释】应划分各功能模块，描述各模块间的接口、功能及相互影响。

【示例】

×× FPGA 的结构主要由 5 个子模块构成，分别是××处理模块、××变换模块、××编码模块、××输出模块、××控制模块。

×× FPGA 总体结构如图 4-1 所示。

3）描述各模块之间的数据流和控制流。

4）确定适当的时钟、复位方案。

5）如使用算法，则完成算法由抽象层次过渡到实现层次的转换，确定出算法的输入、输出接口，描述算法的实现过程，必要时对中间参数进行描述。

6）描述结构及单元的设计决策，包含对模块的设计思路，例如，某模块自行设计，某模块引用 IP 核。

7）描述引用的 IP 核及其属性。

8）根据可编程逻辑器件软件的可靠性和安全性要求，对各模块进行可靠性和安全性设计。

9）开展验证方案设计，描述采用的验证策略和验证方法。

10）结构设计过程中产生的派生需求应反馈至需求分析过程并评估影响。

11）重新评估可行性风险。

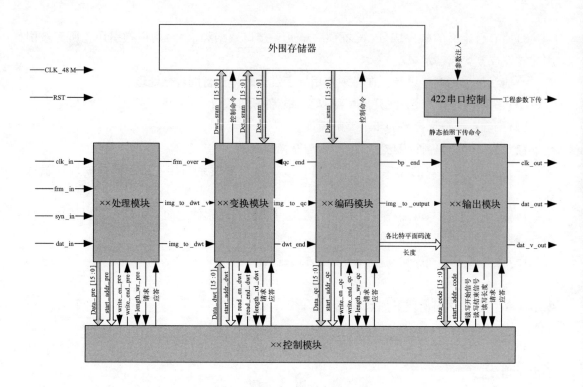

图 4-1 　×× FPGA 总体结构

12）设计方案应考虑可维护性、可测试性和数据安全保密要求。

13）设计的系统 100% 覆盖可编程逻辑器件软件需求。

14）应建立与需求过程的追溯关系。

15）对于相互矛盾的要求，找到合适的平衡点，如功耗与速度、性能，引脚数与封装尺寸。

4.4　结构设计的工作过程

4.4.1　复核并理解需求文档

准确理解需求文档是设计工作最重要的起点。通过评审的《软件需求规格说明》文档是结构设计的输入。结构设计的目标是分析可编程逻辑器件软件的需求，开展电路结构设计，确定系统总体电路结构及功能模块划分，并将其文档化。

通常开发人员应该参加《软件需求规格说明》文档的评审。如果未能参加，开发人员应该研究复核软件需求文档，并确认这些文档是完整的、一致的、可被理解的。当《软件需求规格说明》中使用了专门的算法时，开发组织应聘请熟悉这些专门算法的人员参与对需求文档的研究审查。

4.4.2　确定系统总体电路结构，划分各功能模块

分析可编程逻辑器件软件需求，开展电路结构设计，确定系统总体电路结构及功能模块划分，定义模块及各模块间的关系，明确各模块之间的数据流和控制流。描述各模块单元的功能、性能、接口，确保可编程逻辑器件软件的功能、性能、接口、安全性及可靠性需求都已分配到相应的电路结构中。

4.4.3　确定适当的时钟、复位方案

根据可编程逻辑器件软件需求，确定适当的时钟方案、复位方案，时钟和复位的设计方法参照 4.5 节。

4.4.4　开展模块设计

描述结构及单元的设计决策，包含对模块的设计思路，如某模块自行设计，某模块引用 IP 核。如使用到算法，则完成算法由抽象层次过渡到实现层次的转换，确定出算法的输入、输出接口，描述算法的实现过程，必要时对中间参数进行描述。如模块设计时引用了 IP，则描述引用的 IP 核及其属性。

4.4.5　进行可靠性、安全性设计

根据可编程逻辑器件软件可靠性和安全性要求，对各模块进行可靠性和安全性设计。

4.4.6　开展验证方案设计

为确保验证设计的正确性，在结构设计阶段应同步开展验证方案设计，描述采用的验证策略和验证方法。

4.4.7　编写结构设计说明

结构设计文档的编制内容和格式可参照各种相关标准，本章的 4.6 节给出了一种可供参考的文档格式。

4.4.8　结构设计评审

通过开展结构设计评审对结构设计阶段的成果进行验证，评审对象为结构设计报告。验证结构设计是否满足结构设计阶段的技术要求（具体见 4.3 节），结构设计模块与可编程逻辑器件软件需求之间是否具有完整的可追溯性。

4.5　结构设计方法和技术

4.5.1　"自顶向下"结构化

可编程逻辑器件软件常用设计方法包括"自顶向下"和"自下而上"，目前大规模设计

一般选择"自顶向下"的设计方法，如图 4-2 所示。所谓"自顶向下"的设计方法，简单地说，就是采用可完全独立于芯片厂商及其产品结构的描述语言，在功能级对设计产品进行定义，并结合功能仿真技术，以确保设计的正确性。在功能定义完成后，利用逻辑综合技术，把功能描述转换成某一具体结构芯片的网表文件，输出给厂商的布局布线器进行布局布线。布局布线结果还可反标回同一仿真器，进行包括功能和时序的验证，以保证布局布线所带来的门延时和线延时不会影响设计的性能。

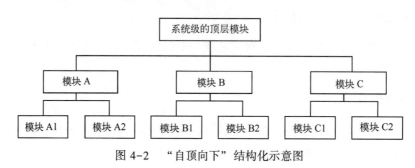

图 4-2　　"自顶向下"结构化示意图

4.5.2　层次化设计

分层次的、基于模块的设计方法将系统分为多个层次，采用模块作为基本设计单元，实现系统的开发和设计。在这种设计流程中，设计者面对的是各种层次的功能模块，这样就为复杂的几百万门级系统的设计和处理提供了更高的抽象级别以及更灵活的实现方式。

分层次的模块化设计方法具有很多优点。首先，基于模块的设计方法在设计实现中引入了最大程度的并行性，使顶层设计和单个模块设计能同时进行；其次，这种方法使设计者更容易进行设计复用，包括设计模块和 IP 核的复用。

采用层次化设计技术的系统一般由几个顶层模块组成，每个顶层模块又由几个小模块构成。层次化设计中的模块，可以是原理图描述的结构图，也可以是 HDL 描述的实体。

采用层次化设计时，对系统模块的合理划分非常重要，不合理的模块划分，导致系统设计的不合理，致使系统性能下降。

采用层次化结构设计可以增加设计的可读性，增加设计复用的可能性。

航天型号可编程逻辑器件软件应采用层次化结构设计。基本的层次由一个顶层模块和若干个子模块构成，每个子模块根据需要还可以包含自己的子模块。应用层次化设计方式需要注意：

1) 结构的层次不宜太深，一般不超过 5 层。

2) 顶层模块仅包含对其下层模块的组织和调用，不应完成比较复杂的逻辑功能。较为合理的顶层模块由输入输出引脚声明、模块的调用与实例化、全局时钟资源、全局置位/复位、三态缓冲和一些简单的组合逻辑等构成。

3) 不要建立子模块间跨层次的接口，例如图 4-3 中模块 B3 和模块 C1 之间不宜直接连接，两者需要交换的信号可以通过模块 B 和模块 C 的接口传递，以便于增加设计的可读性和可维护性。

4) 合理划分子模块, 综合考虑子模块的功能、结构、时序、复杂度等多方面因素。

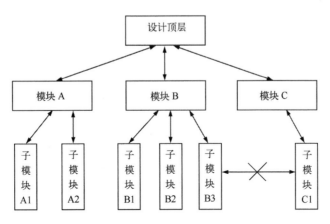

图 4-3　基本的结构化层次

4.5.3　模块划分原则

为了保证可编程逻辑器件软件设计的时序正确, 逻辑综合的效果优化, 其设计应遵循以下模块划分原则, 具体如下:

(1) 遵循用寄存器分割同步时序模块的原则

对每个同步时序设计的子模块的输出使用寄存器, 目的是便于综合工具权衡所分割的子模块中的组合电路部分和同步时序电路部分, 从而达到更好的时序优化效果。这种模块划分符合时序约束的习惯, 便于利用约束属性进行时序约束, 如图 4-4 和图 4-5 所示。

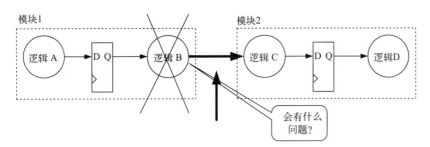

图 4-4　没有考虑寄存器分割原则的例子

(2) 将相关的逻辑或者可以复用的逻辑划分在同一模块内

该方式具有以下优点:

1) 可在最大程度上复用资源, 减少设计所消耗的面积。

2) 利于综合工具优化某个具体功能的时序关键路径。

传统的综合工具只能同时优化某一部分的逻辑, 而能同时优化的逻辑的基本单元就是模块, 所以将相关功能划分在同一模块将在时序和面积上获得更好的综合优化效果。

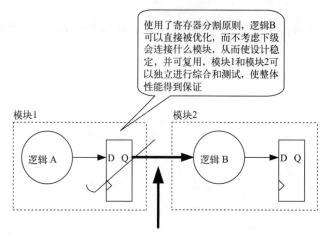

图 4-5　考虑寄存器分割原则的例子

3) 可以将不同优化目标的逻辑分开。

合理的设计目标应该综合考虑面积最小和频率最高两个指标。在设计阶段应初步规划设计的规模和时序关键路径，并对设计的优化目标有一个整体上的把握。对于时序紧张的部分，应该独立划分为一个模块，其优化目标为"speed"，这种划分方法便于设计者进行时序约束，也便于综合和实现工具进行优化。

（3）将存储逻辑独立划分成模块

RAM 和 FIFO 等存储单元应该独立划分模块，便于利用综合约束属性指定这些存储单元的结构和所使用的资源类型，也便于综合器将这些存储单元自动类推为指定器件的硬件原语。大多数仿真器对大面积的 RAM 都有独特的内存管理方式，以提高仿真效率。因此仿真时消耗的内存会少些，便于提高仿真速度。

（4）合适的模块规模

庞大的模块，要求综合器同时处理更多的逻辑结构，对综合器的处理能力和计算机的配置提出了较高的要求。庞大的模块划分，不利于发挥目前非常流行的增量综合与实现技术的优势。

4.5.4　同步设计

可编程逻辑器件软件设计中，同步设计具有更高的可靠性、可测性和确定性。应尽量采用同步设计，避免使用异步设计。如果必须使用异步设计，应该进行适当的同步化处理。

同步电路和异步电路相比，具有下列优势：

1) 同步电路可以有效避免毛刺影响，提高设计的可靠性。

2) 同步电路能在温度、电压等参数变化的情况下保持正常工作，而异步电路的性能通常受环境温度、工作电压等参数的影响较大。

3）同步电路可以简化时序分析过程。

4）同步电路能简化两个模块之间的接口，而异步电路需要握手信号才能确保信号的正确性。

4.5.4.1　数据接口的同步设计

数据接口的同步是可编程逻辑器件软件设计的一个常见问题，也是一个重点和难点，很多设计不稳定都是源于数据接口的同步有问题。在电路图设计阶段，一些工程师手工加入 BUFT 或者非门调整数据延迟，从而保证本级模块的时钟对上级模块数据的建立、保持时间要求。还有一些工程师为了有稳定的采样，生成了很多相差 90° 的时钟信号，时而用正沿打一下数据，时而用负沿打一下数据，用以调整数据的采样位置。这两种做法都十分不可取，因为一旦芯片更新换代或者移植到其他芯片组的芯片上，采样实现必须重新设计。而且，这两种做法造成电路实现的余量不够，一旦外界条件变换（如温度升高），采样时序就有可能完全紊乱，造成电路瘫痪。

下面简单介绍几种不同情况下数据接口的同步方法：

（1）输入、输出的延时（芯片间、PCB 布线、一些驱动接口元件的延时等）不可测，或者有可能变动的条件下，如何完成数据同步？

对于数据的延迟不可测或变动，需要建立同步机制，可以用一个同步使能或同步指示信号。另外，使数据通过 RAM 或者 FIFO 进行存取，来达到数据同步的目的。

把数据存放在 RAM 或 FIFO 的方法如下：将上级芯片提供的数据随路时钟作为写信号，将数据写入 RAM 或者 FIFO，然后使用本级的采样时钟（一般是数据处理的主时钟）将数据读出来即可。这种做法的关键是数据写入 RAM 或者 FIFO 要可靠，如果使用同步 RAM 或者 FIFO，就要求应该有一个与数据相对延迟关系固定的随路指示信号，这个信号可以是数据的有效指示，也可以是上级模块将数据打出来的时钟。

数据是有固定格式安排的，很多重要信息在数据的起始位置，这种情况在通信系统中非常普遍。通信系统中，很多数据是按照"帧"组织的。由于整个系统对时钟要求很高，常常专门设计一块时钟板完成高精度时钟的产生与驱动。而数据又是有起始位置的，如何完成数据的同步，并发现数据的"头"呢？

数据的同步方法完全可以采用上面的方法，采用同步指示信号，或者使用 RAM、FIFO 缓存一下。

找到数据头的方法有两种：第一种很简单，随路传输一个数据起始位置的指示信号即可；对于有些系统，特别是异步系统，则常常在数据中插入一段同步码（比如训练序列），接收端通过状态机检测到同步码后就能发现数据的"头"了，这种做法称为"盲检测"。

上级数据和本级时钟是异步的，也就是说上级芯片或模块和本级芯片或模块的时钟是异步时钟域的。

前面在输入数据同步化中已经简单介绍了一个原则：如果输入数据的节拍和本级芯片的处理时钟同步，可以直接用本级芯片的主时钟对输入数据寄存器采样，完成输入数据的同步化；如果输入数据和本级芯片的处理时钟是异步的，特别是频率不匹配的时候，则只有用处理时钟对输入数据做两次寄存器采样，才能完成输入数据的同步化。需要说明的是，用寄存器对异步时钟域的数据进行两次采样的作用是有效防止亚稳态（数据状态不稳定）的传播，使后级电路处理的数据都是有效电平。但是这种做法并不能保证两级寄存器采样后的数据是正确的电平，这种处理方式一般都会产生一定数量的错误电平数据，所以仅仅适用于对少量错误不敏感的功能单元。

为了避免异步时钟域产生错误的采样电平，一般使用 RAM、FIFO 缓存的方法完成异步时钟域的数据转换。最常用的缓存单元是 DPRAM，在输入端口使用上级时钟写数据，在输出端口使用本级时钟读数据，这样就非常方便地完成了异步时钟域之间的数据交换。

（2）添加约束设计数据接口同步

特别是对于高速设计，一定要对周期、建立时间、保持时间等添加相应的约束。附加约束的作用有两点：

1）提高设计的工作频率，满足接口数据同步要求。通过附加周期、建立时间、保持时间等约束可以控制逻辑的综合、映射、布局和布线，以减小逻辑和布线延时，从而提高工作频率，满足接口数据同步要求。

2）获得正确的时序分析报告。几乎所有的 FPGA 设计平台都包含静态时序分析工具，利用这类工具可以获得映射或布局布线后的时序分析报告，从而对设计的性能做出评估。静态时序分析工具以约束作为判断时序是否满足设计要求的标准，因此要求设计者正确输入约束，以便静态时序分析工具输出正确的时序分析报告。

Xilinx 公司产品和数据接口相关的常用约束有 Period、OFFSET_IN_BEFORE、OFFSET_IN_AFTER、OFFSET_OUT_BEFORE 和 OFFSET_OUT_AFTER 等；Altera 公司产品与数据接口相关的常用约束有 Period、tsu、th、tco 等。

4.5.4.2　提高同步系统的运行速度

（1）流水线处理方法

流水线处理是高速设计中的一个常用设计手段。如果某个设计的处理流程分为若干步骤，而且整个数据处理是"单流向"的，即没有反馈或者迭代运算，前一个步骤的输出是下一个步骤的输入，则可以考虑采用流水线设计方法来提高系统的工作频率。

流水线设计的结构示意图如图 4-6 所示。其基本结构为：将适当划分的 n 个操作步骤单流向串联起来。流水线操作的最大特点和要求是，数据流在各个步骤的处理从时间上看是连续的，如果将每个操作步骤简化假设为通过一个 D 触发器（就是用寄存器打一个节拍），那么流水线操作就类似一个移位寄存器组，数据流依次流经 D 触发器，完成每个步骤的操作。流水线设计时序如图 4-7 所示。

流水线设计的一个关键在于整个设计时序的合理安排，要求每个操作步骤的划分合理。如果前级操作时间恰好等于后级的操作时间，设计最为简单，前级的输出直接汇入后

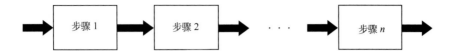

图 4-6　流水线设计的结构示意图

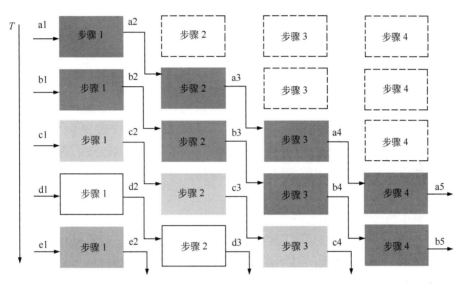

图 4-7　流水线设计时序

级的输入即可；如果前级操作时间大于后级的操作时间，则需要对前级的输出数据适当缓存才能汇入到后级输入端；如果前级操作时间恰好小于后级的操作时间，则必须通过复制逻辑，将数据流分流，或者在前级对数据采用存储、后处理方式，否则会造成后级数据溢出。流水线处理方式之所以频率较高，是因为复制了处理模块，它是面积换取速度思想的又一种具体体现。

（2）提高同步系统运行速度的其他方法

同步电路的速度是指同步系统时钟的速度，同步时钟越快，电路处理数据的时间间隔越短，电路在单位时间内处理的数据量就越大。常见的电路数据传输模型如图 4-8 所示。

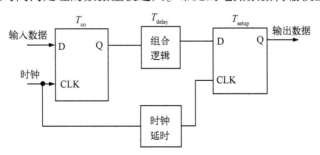

图 4-8　电路数据传输模型

在图 4-8 中，T_{co} 是触发器的输入数据被时钟打入到触发器到数据到达触发器输出端的延时；T_{delay} 是组合逻辑的延时；T_{setup} 是 D 触发器的建立时间。假设数据已被时钟打入 D 触发器，那么数据到达第一个触发器的 Q 输出端需要的延时是 T_{co}，经过组合逻辑的延时为 T_{delay}，然后到达第二个触发器的 D 端，若希望数据能在第二个触发器再次被稳定地打入触发器，则时钟的延迟必须大于 $T_{co}+T_{delay}+T_{setup}$，也就是说最小的时钟周期 $T_{min} = T_{co}+T_{delay}+T_{setup}$，即最快的时钟频率 $F_{max} = 1/T_{min}$。下面分析提高 F_{max} 的方法：

1）因为 T_{co} 和 T_{setup} 由具体的器件工艺决定，而延时由器件物理特性决定，无法改变，故设计电路时只能改变组合逻辑的延时 T_{delay}，所以说缩短触发器间组合逻辑的延时是提高同步电路速度的关键。

2）通过改变走线方式提高工作频率。通过改变走线的方式减少延时。以 Altera 公司的器件为例，在 quartus 里面的 timing closure floorplan 可以看到有很多条条块块，可以将条条块块按行和列分，每一个条块代表 1 个 LAB，每个 LAB 里有 8 个或者 10 个 LE。它们走线延时的关系如下：同一个 LAB 中（最快）< 同列或者同行 < 不同行且不同列。

通过给综合器加适当的约束，且增大综合时间，可以将相关的逻辑在布线时尽量布置得靠近一点，从而减少走线的延时。

3）通过减少组合逻辑的方法提高工作频率。由于一般同步电路都大于一级锁存，而要使电路稳定工作，时钟周期必须满足最大延时要求，故只有缩短最长延时路径，才能提高电路的工作频率。可以将较大的组合逻辑分解为较小的 N 块，通过适当的方法平均分配组合逻辑，然后在中间插入触发器，并和原触发器使用相同的时钟，就可以避免在两个触发器之间出现过大的延时，消除速度瓶颈，这样可以提高电路的工作频率。这就是所谓"流水线"技术的基本设计思想，即原设计速度受限部分用一个时钟周期实现，采用流水线技术插入触发器后，可用 N 个时钟周期实现，因此系统的工作速度可以加快，吞吐量加大。注意，流水线设计会在原数据通路上加入延时，硬件面积也会稍有增加。

以上介绍了典型的电路数据传输模型的时钟频率提高方法，对于状态机并不适用，不能往状态译码组合逻辑中加入"流水"。如果设计中有一个几十个状态的状态机，它的状态译码逻辑将非常大，毫无疑问，这极有可能是设计中的关键路径。那如何减少组合逻辑呢？可以对状态的输出进行分析，对它们重新进行分类，并根据这个分类重新定义成一组组小状态机，通过对输入进行选择（case 语句）并触发相应的小状态机，来实现将大的状态机切割成小的状态机。

总结：提高工作频率的本质就是要减少寄存器到寄存器的延时，最有效的方法就是避免出现大的组合逻辑，也就是要尽量满足四输入的条件，减少 LUT 级联的数量。可以通过加约束、流水、切割状态的方法提高工作频率。

4.5.5　跨时钟域设计

信号的跨时钟域传输是指一个信号由一个时钟域传输到另外一个时钟域。跨时钟域信号容易出现不满足建立、保持时间要求的情况，导致亚稳态现象。

　　信号正确地被触发器采样的前提条件是信号应在时钟信号的采样沿前后的一段时间（分别为建立时间和保持时间）内保持稳定，如果不满足，触发器的输出会出现一个既不是逻辑 0 也不是逻辑 1 的无效电压，发生亚稳态现象。

　　由于信号在跨时钟域传输时，两个时钟域的信号为异步信号，容易发生不满足采样时钟建立时间和保持时间要求的情况，出现亚稳态现象。如果对发生亚稳态现象的信号进行使用和采样，可能得到非正确结果，引起信号传输错误，因此在对跨时钟域传输的信号进行使用前，应消除亚稳态现象对 FPGA 的不良影响。

　　在结构设计阶段应考虑外部信号接口及内部模块接口间信号的跨时钟域传输，跨时钟域设计方法一般包括双采样、FIFO、双口 RAM 等，具体的跨时钟域设计实现将在详细设计阶段进行介绍。

4.5.6　冗余设计

　　冗余设计又称余度设计技术，是指在系统或设备中对完成任务起关键作用的地方，增加一套以上完成相同功能的功能通道、工作元件或部件，以保证当该部分出现故障时，系统或设备仍能正常工作，减少系统或者设备的故障概率，提高系统可靠性。

　　可编程逻辑器件软件易因电磁、辐射等干扰引起 FPGA 位翻转，从而影响软件功能，在结构设计阶段，应根据可编程逻辑器件软件关键等级、需求阶段识别的安全关键功能，进行冗余设计。在资源允许的情况下，可以是关键功能的冗余，也可以是关键信号、数据等的冗余，一般采取三模冗余的设计方法，具体的设计实现将在详细设计阶段进行介绍。

4.5.7　面积和速度的平衡与互换

　　可编程逻辑器件软件设计中，应遵循面积和速度的平衡与互换原则。根据实际需要，在面积和速度指标中进行权衡，以面积换取速度或者以速度换取面积。

　　"面积"主要指设计所占用的 FPGA 逻辑资源数目，"速度"是指芯片稳定运行时所能够达到的最高频率。面积和速度是一对矛盾体。既要提高速度，又要减少面积，是不可能同时实现的。

　　面积和速度互换的操作很多，如串并转换、流水线操作等。

　　流水线处理方式在 4.5.4.2 节中已经介绍过了，这里不再重复。

　　串并转换是可编程逻辑器件软件设计的一个重要技巧，它是数据流处理的常用手段，也是面积与速度互换思想的直接体现。串并转换的实现方法多种多样，根据数据的排序和数量的要求，可以选用寄存器、RAM 等实现。

4.5.8　时钟设计方法

　　数字电路中，时钟是整个电路中最重要、最特殊的信号。第一，系统内大部分器件的动作都是在时钟的跳变沿上进行的，这就要求时钟信号延时差非常小，否则可能造成时序逻辑状态出错；第二，时钟信号通常是系统中频率最高的信号；第三，时钟信号通常是负载最重的信号，所以要合理分配负载。可编程逻辑器件软件内部一般都设有数量不等的专门用于系统时钟驱动的全局时钟网络。这类网络的特点是：1)负载能力特别强，任何一个全局时钟驱动线都可以驱动芯片内部的触发器；2)延时差特别小；3)时钟信号波形畸变小，工作可靠性好。

因此，在可编程逻辑器件软件设计中最好的时钟方案是：由专用的全局时钟输入引脚驱动单个主时钟控制设计项目中的每一个触发器，即使用由可编程逻辑器件全局时钟输入引脚驱动的全局时钟。对于需要多时钟的时序电路，应合理使用 PLL 和 DCM 分频器来实现。

4.5.9　复位设计方法

在开展可编程逻辑器件软件复位设计之前，先来了解以下几种复位方式。

根据与系统时钟域的关系，复位电路可以分为同步复位和异步复位。同步复位是指复位信号只有在时钟沿到来时，才能有效；否则，无法完成对系统的复位工作。异步复位是指无论时钟沿是否到来，只要复位信号有效，就对系统进行复位。

根据是否存在外部复位端口，复位电路又可分为外部复位和内部复位。外部复位，复位信号主要来自外部引脚的输入，如复位按钮、电源模块输出等；内部复位，复位信号主要由可编程逻辑器件内部电路产生。

（1）同步复位

所谓同步复位，是指当复位信号发生变化时，并不立刻生效，只有当有效时钟沿采样到已变化的复位信号后，才对寄存器复位。

如果目标器件或可用库中的触发器本身包含同步复位端口，则在实现同步复位电路时可以直接调用同步复位端。然而很多目标器件的触发器本身并不包含同步复位端口，这样复位信号与输入信号组成某种组合逻辑（如复位低电平有效，只需复位与输入信号相与即可），然后将其输入到寄存器的输入端。为了提高复位电路的优先级，一般在电路描述时使用带有优先级的 if…else 结构，复位电路在第一个 if 下描述，其他电路在 else 或 else…if 分支中描述。同步复位电路综合后的 RTL 图如图 4-9 所示。

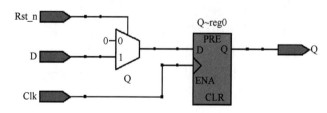

图 4-9　同步复位电路综合后的 RTL 图

根据同步电路的特点，同步复位的优点如下：

1)同步复位有利于基于周期机制的仿真器进行仿真。

2）使用同步复位可以设计 100%的同步时序电路，有利于时序分析，其综合结果的频率往往较高。

3）同步复位仅在时钟的有效沿生效，可以有效地避免因复位电路毛刺造成的亚稳态和错误。同步复位在进行复位和释放复位信号时，都是仅当时钟沿采到复位信号电平变化时才进行相关操作，如果复位信号树的组合逻辑出现了某种毛刺，此时时钟沿采样到毛刺的概率非常低，这样通过时钟沿采样，可以十分有效地过滤复位电路组合逻辑产生的毛刺，增强了电路稳定性。

同步复位的缺点如下：

1）很多目标器件库的触发器本身并不包含同步复位端口，使用同步复位会增加更多逻辑资源。

2）同步复位的最大问题在于必须保证复位信号的有效时间足够长，以保证所有触发器都能有效地复位。由于同步复位仅当时钟沿采样到复位信号时才会进行复位操作，所以其信号的持续时间起码要大于设计的最长时钟周期，以保证所有时钟的有效沿都能采样到同步复位信号。事实上，仅仅保证同步复位信号的持续时间大于最慢的时钟周期还是不够的，设计中还要考虑到同步复位信号树通过所有相关组合逻辑路径时的延时，以及由于时钟布线产生的偏斜(Skew)。只有同步复位信号的持续时间大于时钟最大周期，加上同步信号穿过的组合逻辑路径延时，再加上时钟偏斜延时，才能保证同步复位可靠、彻底。

（2）异步复位

所谓异步复位，是指当复位信号有效沿到达时，无论时钟沿是否有效，都会立即对目标(如寄存器、RAM 等)复位。

大多数目标器件(如 FPGA 和 CPLD)和 ASIC 库的触发器都包含异步复位端口，异步复位会被直接接到触发器的异步复位端口。异步复位电路综合后的 RTL 图如图 4-10 所示。

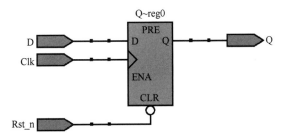

图 4-10　异步复位电路综合后的 RTL 图

根据异步电路的特点，异步复位的优点如下：

1）由于多数目标器件库的触发器都包含异步复位端口，异步复位会节约逻辑资源；

2）异步复位设计简单；

3）对于大多数 FPGA，都有专用的全局异步复位/置位(Global Set Reset，GSR)资源，使用 GSR 资源，异步复位到达所有寄存器的偏斜最小。

异步复位的缺点如下：

1)异步复位的作用和释放与时钟沿没有直接关系，异步复位生效时问题并不明显；但是当释放异步复位时，如果异步复位信号释放时间和时钟的有效沿到达时间几乎一致，则容易造成触发器输出为亚稳态，产生逻辑错误。

2)如果异步复位逻辑树的组合逻辑产生了毛刺，则毛刺的有效沿会使触发器误复位，造成逻辑错误。

(3)外部复位与内部复位

1)外部复位：复位信号主要来自外部引脚的输入。复位信号在 PCB 上可能会有来自其他线路的窜扰，因此可能产生毛刺，在不需要复位系统时，毛刺信号导致系统误复位。

2)内部复位：FPGA 上电配置完成后，由 FPGA 内部电路产生复位信号，复位信号与时钟同步。通常内部复位的设计方法是，设计一个初始值为 0X0000 的 SRL16，将其输入接高电平，输出作为复位信号。

在了解了复位方式后，在开展复位设计时应注意以下几点：

1)应结合所选用的芯片资源情况，合理选择"同步复位"或"异步复位"。

2)在需要采用异步复位时，如果复位信号需要在时钟尚未给出或不稳定的情况下传到后级，在时钟稳定之后再撤去复位信号，那么为保证异步复位的可靠性，通常采用异步复位、同步释放的方式。

3)在使用外部复位时，注意消除复位信号上的毛刺。

4)采用专用 GSR 资源。

GSR 资源的主要作用是对系统中存在的所有触发器、锁存器、查找表单元的输出寄存器进行复位，不会占用额外的布线资源。使用 GSR 资源，异步复位到达所有寄存器的偏斜最小。

5)同一复位信号应使用唯一的有效电平，保证系统模块同时复位。

(4)采用内部复位的设计方法

在不需要复位信号先于时钟信号产生的应用中，为了避免外部复位毛刺的影响、异步复位电路可能引起的亚稳态，以及减少资源的使用率，可以通过可编程逻辑器件产生内部复位，然后采用异步的方式对内部寄存器进行复位。由于该复位信号由可编程逻辑器件内部产生，不会因外部干扰产生毛刺，同时与时钟同步，不存在因异步复位导致的亚稳态现象，可以保证系统可靠复位。

4.6　结构设计说明文档格式及编写示例

1　范围

1.1　标识

列出本文档的：

1)已批准的标识号。

---

2)标题。

3)术语和缩略语。

4)本文档适用的系统。

1.2　系统概述

简述系统的用途、标识和描述本文档适用的可编程逻辑器件软件在系统中的作用。

例如，图 1-1 所示为软件系统框图。

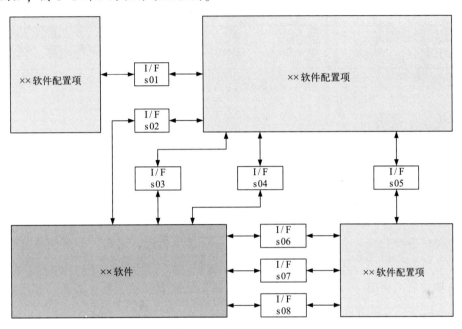

图 1-1　软件系统框图

(系统功能的描述……)

1.3　文档概述

概述本文档的用途和内容，并描述与它的使用有关的保密性方面的要求。

2　引用文档

列出本文档引用的所有文档，宜包含文档号、标题、编写单位(或作者)、版本号和出版日期等。

3　结构设计

本章应分节来描述可编程逻辑器件软件体系结构设计。

3.1　总体结构原理

本节描述可编程逻辑器件软件总体结构图，应包含可编程逻辑器件软件功能模块划分、模块功能说明、系统数据通路。

例如，图 3-1 所示为某 FPGA 软件按功能可划分为 13 个功能模块。

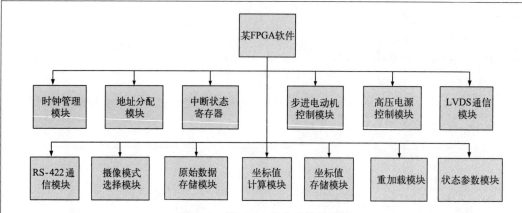

图 3-1　某 FPGA 软件总体结构图

3.2　功能模块设计

本节按需要可分成若干条来描述各功能模块设计，应包括如下内容：

1）使用标识符标识各功能模块。

2）描述各功能模块的用途、开发状态/类型、输入数据、输出数据、资源占用情况等内容。

3）描述各功能模块采用的设计方法，包含对模块的设计思路，如某模块自行设计、某模块引用 IP 核。

4）描述引用的 IP 核及其属性，如源代码级核或网表级核、接口属性和时序属性等，并描述其逻辑综合及布局布线要求。

5）对于算法的设计，应完成算法由抽象层次过渡到实现层次的转换，确定出算法的输入、输出接口，描述算法的实现过程，必要时对中间参数进行描述。分析和统计出实现算法所需的资源，如估计出可配置逻辑模块、输入输出接口、内部存储器、乘法器等资源的占用情况。

6）描述各功能模块采用的时钟域情况。

7）描述各功能模块中采用的可靠性、安全性、可维护性、可测试性和数据安全保密的设计方法。

例如：

3.2.1　时钟管理模块

标识符：CSC_DCM

3.2.1.1　模块功能

时钟管理模块通过接收外部 80MHz 时钟信号，采用内部计数器产生 FPGA 软件的全局复位信号和 40MHz 系统时钟。同时，对 40MHz 系统时钟进行多级分频处理，产生 200Hz 步进电动机控制时钟使能信号、100Hz 高压电源控制时钟使能信号。

3.2.1.2　输入数据(表 3-1)

表 3-1　时钟管理模块输入数据

序号	数据名称	数据类型	位宽	说明
1	CPU_CLK_80M	STD_LOGIC	1	80MHz 时钟信号

3.2.1.3　输出数据(表 3-2)

表 3-2　时钟管理模块输出数据

序号	数据名称	数据类型	位宽	说明
1	SYS_RESET	STD_LOGIC	1	全局复位信号
2	SYS_CLK	STD_LOGIC	1	FPGA 软件 40MHz 系统时钟信号
3	HIVOL_CLK_100	STD_LOGIC	1	100Hz 高压电源控制时钟
4	MOTOR_CLK_200	STD_LOGIC	1	200Hz 步进电动机控制时钟
5	RXD_CLK_62500	STD_LOGIC	1	62500Hz RS-422 通信时钟

3.2.1.4　设计思路

时钟管理模块接收 80MHz 输入时钟信号, 经过 IBUF 和 BUFG 后, 采用内部计数器将 SYS_CLK_80M 进行 2 分频得到 40MHz 时钟信号, 并将其作为 FPGA 系统时钟信号 SYS_CLK。系统时钟 SYS_CLK 采用 BUFG 输出, 分配到全局时钟网络。

……

3.2.1.5　安全性和可靠性设计

时钟管理模块产生全局复位信号, 该信号有效时, FPGA 软件对内部寄存器、存储器、状态机进行初始化, 因此若在 FPGA 软件正常运行过程中, 全局复位信号出现异常状态, 将会影响程序的运行。为了增强全局复位信号的可靠性, 对全局复位信号进行三模冗余设计。

……

3.3　验证设计

描述系统的验证设计思路, 针对各功能模块的用途及特点, 分析对各模块进行验证的必要性, 对需要验证的模块提出总体验证设计思路。

例如:

在 FPGA 软件设计过程中, 首先对各单功能模块进行功能仿真, 以保证所有功能完全正确; 然后对复杂模块进行门级和时序仿真, 并开展在实际环境中的实物测试, 以确保整个设计能满足要求。

4　可追溯性

　　每一个模块都必须映射到《软件需求规格说明》中，找到其对应的说明，可参考表4-1进行填写。

表 4-1　《软件结构设计说明》与《软件需求规格说明》可追溯性一览表

序号	《软件需求规格说明》		《软件结构设计说明》	
	需求标识号	需求名称	模块标识号	模块名称
1				
2				
...				

4.7　本章小结

　　本章简要介绍了可编程逻辑器件软件结构设计阶段的工作要点，结构设计的一般准则、技术要求及工作过程，详细介绍了结构设计方法和技术，给出了结构设计说明文档的模板及编写示例。

第 5 章 可编程逻辑器件软件详细设计

5.1 概述

结构设计阶段确定了软件系统的总体结构，对软件的功能进行了分解，把软件划分为模块，确定了每个模块的功能及模块之间的外部接口。详细设计就是在上一阶段的基础上，考虑软件系统"怎样实现"的问题。本过程将结构设计转换成基本单元级的结构描述，为结构设计中产生的各模块提供足够详细的过程性描述。通过对软件结构进行深入细化，划分出各子模块，得到关于软件数据结构和算法实现的详细处理过程，并确定各子模块的设计方法，开展设计活动。需要指出的是，该阶段还不是具体的程序编码阶段，而是编码前的准备阶段，在这个阶段给出每个模块足够详细的过程性描述，在编码阶段可以方便地将描述直接翻译成某种程序设计语言的代码。

5.1.1 目的与任务

详细设计的任务，是对结构设计阶段划分出的每个模块进行明确的过程描述，即根据结构设计提供的说明文档，确定每一个模块的数据结构和具体算法，并选用合适的描述工具，将其清晰、准确地表达出来。详细设计阶段并不具体地编写程序的代码，而是设计出程序的"蓝图"，在实现阶段程序员将根据这个蓝图编写出实际的程序代码。因此，详细设计的结果在很大程度上决定着最终程序代码的质量。

5.1.2 详细设计阶段的工作要点

在详细设计过程中，应依据结构设计详细描述可编辑逻辑器件软件的单元，建立与结构设计的追溯关系。详细设计主要包括对各单元进行详细说明、描述各单元的设计原理和所采用的技术方法、描述 IP 核属性、完善安全性和可靠性设计、完善验证方案设计等内容。

过程输出：《可编程逻辑器件软件详细设计说明》(简称《软件详细设计说明》)。

《软件详细设计说明》可与《软件结构设计说明》文档合并编制《软件设计说明》。

5.2 详细设计的一般准则

应指出，在结构设计阶段所提出的一般软件的设计准则大部分适用于此详细设计阶段，不再赘述，下面是针对详细设计阶段的一些设计准则：

(1)完备性

1)应有充分的资料(如逻辑结构图、算法、存储分配图等)来保证设计的完整性。

2)算法、公式等应充分、准确、完善。

3)应标识出程序的每一个输入、输出和数据成分，其描述应达到可以编码的程度。

4)应说明程序的操作步骤。

5)应包含所有的处理步骤。

6)应给出每一个决策点的所有出口转向(决策的完备性)。

7)设计应考虑到所有可能的情况和条件。

8)设计应指明在出现异常情况和不正当输入情况下的行为。

(2)一致性

1)在设计文档中应上下文一致地使用标准的术语和定义，文档的风格和详细程度也应前后始终一致。

2)界面的设计应与文档所描述的界面一致。

3)设计不能包含内在的矛盾。

4)输入/输出格式应一致。

5)计算中的输入、输出和数据库成分的计量单位、计算精度和逻辑表达式应一致。

(3)正确性

1)设计逻辑应准确(即程序应完成所需的功能)。

2)设计应与模型、算法和数值方法一致。

3)对于设计者不能选择的输入、输出和数据成分的数据格式、内容和数据速率，设计应正确地做出安排。

(4)可行性

1)所设计的模型、算法和数值方法对于应用领域而言是可接受的。

2)设计应能在规定的开发成本、进度和其他限制条件下实现。

3)在可用的资源条件下，所设计的功能应是能实现的。

(5)易修改性

1)使用信息隐蔽技术，例如，模块的改变只影响较少的模块；用专门的单元完成数据的存取和I/O的存取。

2)使每个软件单元只实现一个特定的子功能，有最大的内聚和最小的耦合。

(6)模块化

1)应采用模块化的机制，使软部件由一些较小的、以层次结构相互联系的单元组成。

2)设计应使用特殊的规则来限制软件单元的规模(复杂度、代码行数)。

(7)鲁棒性

1)设计应覆盖需求定义中所要求的容错和故障弱化的需求。

2)应判定所有错误情况，并告警、记录，涉及并发进程的错误检测应做到：在等待一进程结束之前，检测该进程是否已启动、是否已超时。

3)应明确指出变量的定义域，并尽可能经常地进行检查。

（8）可追溯性

设计文档中应包含概要(结构)设计与需求定义中的需求、设计限制等内容。

（9）可验证性/易测试性

1)设计中对每一个函数的描述都应使用良好的术语和符号，应可验证它与需求定义是否一致。

2)应定量地说明使用条件、限制、处理结果等内容，并可由此产生测试用例。

5.3　详细设计的技术要求

应依据结构设计详细描述可编程逻辑器件软件的单元并作为软件实现的依据，建立与结构设计的追溯关系，一般应包括以下内容：

1)对各单元进行详细说明，包含各单元地址分配、控制方式、接口、存储器空间、时序说明、性能指标、测试要求等内容；

2)描述各单元的设计原理和所采用的技术方法及过程；

3)详细说明各单元在实现时采用的设计输入方法；

4)必要时，列出厂商、版本等 IP 核属性；

5)完善安全性、可靠性设计，并分析详细设计是否符合安全性与可靠性设计要求；

6)完善验证方案设计；

7)应标识出未被使用的功能并评估其对安全性的影响；

8)约束软件的设计、固化和操作，若存在无约束的情况，应评估其对安全性的影响并标识；

9)详细设计过程中产生的派生需求应反馈至结构设计过程或其他过程并评估影响。

5.4　详细设计的工作过程

5.4.1　理解结构设计

通过评审的可编程逻辑器件软件结构设计文档是详细设计的输入。详细设计的目标是对结构设计中产生的部件进行过程描述设计，划分软件部件及单元，设计部件的内部细节，包括程序模型算法和数据结构，为编写源代码提供必要的说明。进行详细设计的主要依据为结构设计。

5.4.2　细化系统级电路结构各模块

将结构设计产生的系统级电路结构中的各模块逐步细化，形成若干个细化后的子模块，为每一个子模块进行详细设计并将其文档化。

5.4.3　进行设计原理和技术方法及过程的描述

描述各子模块功能和性能要求，输入、输出接口要求，描述各单元的设计原理和所采用的技术方法及过程。对各子模块进行详细说明，包含各子模块实现方式、地址分配、控制方式、接口方式、存储器空间、接口引脚信号详细定义、时序说明、性能指标、测试要求等内容。说明各子模块在实现时所采用的设计输入方法，如原理图方式、状态图方式或硬件描述语言方式等。列出所使用 IP 核的厂商、版本信息。

5.4.4　进行可靠性、安全性设计

对各电路子模块考虑适当的防错、容错措施和可靠性设计。如为适当的功能设计安全监测模块，排除影响安全性的设计错误。完善安全性、可靠性设计，分析详细设计是否符合安全性与可靠性设计要求，详见第 7 章。

5.4.5　编写《软件详细设计说明》

在详细设计结束时，把结果进行整理，编写《软件详细设计说明》。详细设计文档的编制内容和格式可参照各种相关标准，本章的 5.5 节给出了一种可供参考的文档格式。

5.4.6　详细设计评审

详细设计阶段的工作以过程设计为主，工作内容具体、细致，这一阶段一般只进行内容评审。开发者应当在设计评审时，逐级验证详细设计。当发现设计与要求不符时，应返回详细设计。经过评审后，形成正式文档，作为下一阶段的工作依据。

5.5　详细设计文档格式

以下是在参考有关标准的情况下通过实践形成的一种《软件详细设计说明》文档格式。

1　范围

1.1　标识

本节应描述本文档所适用的系统和可编程逻辑器件软件的完整标识，包括其标识号、名称、缩略名、版本号和发布号。

1.2　系统概述

本节应简述系统的用途、标识和描述本文档适用的可编程逻辑器件软件在系统中的作用。

例如，图 1-1 所示为软件系统框图。

（系统功能的描述……）

1.3　文档概述

本节应概述本文档的用途和内容，并描述与它的使用有关的保密性方面的要求。

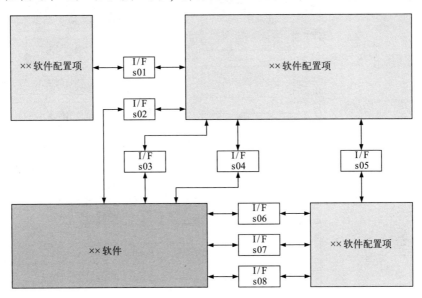

图 1-1　软件系统框图

2　引用文档

本章应列出本文档引用的所有文档，应包含文档号、标题、编写单位(或作者)、版本号和出版日期等。

3　模块设计

本章应分节描述各子模块的详细设计情况。

例如，某 FPGA 软件按功能可划分为××个一级功能子模块和××个二级功能子模块。一级功能子模块包括××功能模块，其中 RS-422 通信模块包括××模块，模块层次关系如图 3-1 所示。

3.×　模块名称和项目唯一标识号

分节标识和描述模块中的各个子模块。用子模块间的控制流图和数据流图描述子模块间的关系，并标识模块与外部连接的所有接口。对于被多个模块使用的子模块，应详细描述在一个模块下的情况，其他的模块只需要引用。每个模块的唯一标识可用程序中使用的名称，便于设计文档与实现代码的追溯。

例如：

3.1　RS-422 通信模块

标识号：CSC_RS422

RS-422 通信模块具有根据接收到的高压幅值数据、阈值控制数据、摄像启停控制数据、摄像模式选择数据和工程参数地址译码信号，组织发送帧，向信号处理子系统发送 RS-422 通信数据的功能。

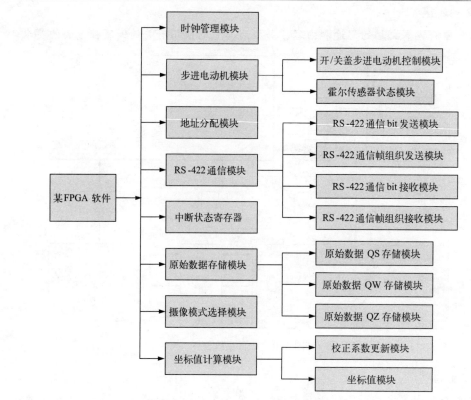

图 3-1　某 FPGA 软件总体结构图

同时，RS-422 通信模块具有接收、判定和存储信号处理子系统发送的 RS-422 通信数据的功能。表 3-1 和表 3-2 列出了 RS-422 通信模块的输入及输出数据内容。

表 3-1　RS-422 通信模块输入数据

序号	数据名称	数据类型	位宽	含义
1	RXD_ CLK	STD_ LOGIC	1	RS-422 通信接收时钟
2	RXD_ CLK_ 16X	STD_ LOGIC	1	16 倍频 RS-422 通信接收时钟
...				

表 3-2　RS-422 通信模块输出数据

序号	数据名称	数据类型	位宽	含义
1	TXD_ OUT	STD_ LOGIC	1	RS-422 通信输出数据
2	CTRL_ PARA_ DATA	STD_ LOGIC_ VECTOR	8	信号处理子系统命令工程参数
...				

　　根据功能，RS-422 通信模块可划分为四个子模块，分别为 RS-422 通信 bit 发送模块、RS-422 通信帧组织发送模块、RS-422 通信 bit 接收模块、RS-422 通信帧组织接收模块，其子模块划分框图如图 3-2 所示。

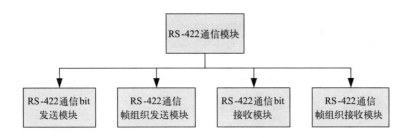

图 3-2　RS-422 通信模块子模块划分框图

3.×.×　子模块名称和项目唯一标识号

　　标识子模块的名称和项目唯一标识号，并指出子模块的用途。可以再分小节提供子模块的设计信息。

　　例如：

3.1.1　RS-422 通信 bit 发送模块

　　标识号：CSU_TXD_BIT

　　RS-422 通信 bit 发送模块接收 RS-422 通信帧组织发送模块输出的通信帧数据，采用 62500bps 波特率进行 bit 发送。每字节发送 1bit 起始位、8bit 数据位和 1bit 停止位共 10bit 数据。

3.×.×.1　(子模块的名称)设计及约束

　　指出各子模块的设计需求和所有约束条件。在本节定义的设计需求中应包括接口的设计需求和相应的质量需求：

　　1)描述各子模块的地址分配、控制方式、接口方式、存储器空间、接口引脚信号等详细定义、时序说明、性能指标、输入数据、输出数据、内部寄存器及寄存器使用说明、接口信号时序特性及时序余量要求、子模块所用到的逻辑、资源占用情况、测试要求等内容。

　　2)描述各子模块的可靠性、安全性、可测试性设计方法。

　　例如：

3.1.1.1　RS-422 通信 bit 发送模块设计及约束

　　RS-422 通信 bit 发送模块输入数据见表 3-3。

表 3-3　RS-422 通信 bit 发送模块输入数据

序号	数据名称	数据类型	位宽	含义
1	SYS_RESET	STD_LOGIC	1	全局复位信号
2	SYS_CLK	STD_LOGIC	1	系统时钟
3	TXD_CLK	STD_LOGIC	1	RS-422 通信发送时钟
4	TXD_DATA	STD_LOGIC_VECTOR	8	RS-422 通信发送字节数据
5	TXD_BYTE_VALID	STD_LOGIC	1	RS-422 通信发送字节有效信号

RS-422 通信 bit 发送模块输出数据见表 3-4。

表 3-4　RS-422 通信 bit 发送模块输出数据

序号	数据名称	数据类型	位宽	含义
1	TXD_BIT_OUT	STD_LOGIC	1	RS-422 通信输出数据

RS-422 通信 bit 发送模块输入时序如图 3-3 所示。

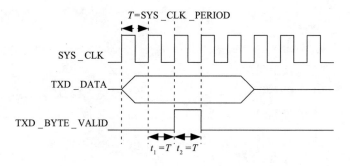

图 3-3　RS-422 通信 bit 发送模块输入时序

RS-422 通信 bit 发送模块内部数据见表 3-5。

表 3-5　RS-422 通信 bit 发送模块内部数据

序号	数据名称	数据类型	位宽	含义
1	TXD_BEGIN	STD_LOGIC	1	RS-422 通信 bit 发送开始信号
2	TXD_OVER	STD_LOGIC	1	RS-422 通信 bit 发送结束信号
3	TXD_WAIT	TXD_STATE	1	RS-422 通信 bit 发送等待状态
4	TXD_SEND	TXD_STATE	1	RS-422 通信 bit 发送的发送状态
5	PR_STATE	TXD_STATE	1	状态机当前状态
6	DATA_SHIFT	STD_LOGIC_VECTOR	10	RS-422 通信 bit 发送数据移位寄存器

RS-422 通信 bit 发送模块程序流程图如图 3-4 所示。

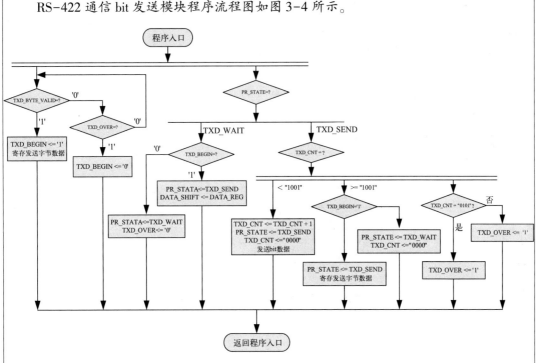

图 3-4　RS-422 通信 bit 发送模块程序流程图

RS-422 通信 bit 发送模块程序中，TXD_BYTE_VALID 表示发送字节数据有效，当该信号有效时，将待发送的字节数据寄存至内部移位寄存器，同时置位内部信号 TXD_BEGIN，表明移位寄存器信号有效。当移位寄存器内数据快发送完毕时，产生内部信号 TXD_OVER，对 TXD_BEGIN 进行清零，表征该字节数据已发送完毕，准备发送下一字节数据。

该程序状态机包括两个状态，即发送等待状态 TXD_WAIT 和发送状态 TXD_SEND。当状态机处于 TXD_WAIT 状态时，若 TXD_BEGIN 信号为高电平，表明已接收到发送字节数据，则状态机从 TXD_WAIT 转换至 TXD_SEND 状态，并寄存发送字节数据。在 TXD_SEND 状态中，将移位寄存器中的数据逐位移出，并用内部计数器进行计数。当发送完毕 10bit 后，判定 TXD_BEGIN 是否有效，若有效，则表明寄存器中仍有待发送字节，则继续发送，直至发送完毕时，TXD_BEGIN 为无效值，状态机重新转换至发送等待状态。

……

4　验证设计

本章应描述系统的验证设计思路，针对各功能模块的功能、性能、接口等要求，对需要验证的模块提出总体验证设计思路。一般包括如下内容：

1）针对各功能模块的功能、性能、接口等要求，对仿真的模块进行功能和时序仿真验证。

2）对布局布线时序分析结果、资源占用情况、接口时序情况、功能验证等情况进行详细说明。

3）对仿真测试覆盖率指标要求进行说明。

5　可追溯性

每一个模块都必须映射到《软件需求规格说明》中，找到其对应的说明，可参考表5-1进行填写。

表5-1　《软件详细设计说明》与《软件需求规格说明》可追溯性一览表

序号	《软件需求规格说明》		《软件详细设计说明》	
	需求标识号	需求名称	模块标识号	模块名称
1				
2				
...				

5.6　典型设计方法和设计技巧

本节针对可编程逻辑器件软件设计中的方法和技巧进行探讨，并通过示例对这些方法进行说明与验证。对设计进行优化总体来说是针对综合结果的面积、速度和功耗等问题，就是怎样使设计面积最小、速度最高而功耗最低。当然也包括其他一些方面，比如提高系统仿真速度的设计技巧以及系统可测性的设计技巧等。

5.6.1　跨时钟域信号处理设计

5.6.1.1　设计中的亚稳态

在可编程逻辑器件同步时序电路设计中，所有时钟寄存器的时钟共享一个时钟，可以有效地消除亚稳态。然而，许多实际应用要求在同一个可编程逻辑器件内采用多个时钟，且核心模块与外部设备的通信设计也涉及跨时钟域的数据传递。跨时钟域的异步时序电路含有多个时钟源，它们存在频率和相位的差异，当它们用作寄存器的输入时钟时，就可能违背建立时间和保持时间的要求，出现亚稳态。亚稳态问题是跨时钟域异步数据传输过程面临的主要问题。

亚稳态是当信号在跨时钟域的异步电路中或是无关的时钟域之间传输时导致数字系统失效的一种现象。为了使触发器能够正确捕获并输出数据，可编程逻辑器件的传输数据信号都会有一定的时序要求，为了确保可靠地操作，输入寄存器的数据信号必须在时钟沿的某段时间(寄存器的建立时间 T_{su})之前保持稳定，并且持续到时钟沿之后的某段时间(寄存器的保持时间 T_h)之后才能改变。寄存器的输入反映到输出则需要经过一定的延时(时钟到输出的时间 T_{co})。如果数据信号的变化违反了 T_{su} 和 T_h 的要求，那么寄存器的输出就会处于亚稳态。此时，寄存器的输出会在高电平 1 和低电平 0 之间盘旋一段时间，这也意味着寄存器的输出达到一个稳定的高或者低电平的状态所需要的时间会大于 T_{co}。

随着跨时钟域设计的普遍化和复杂化，只要系统中存在跨时钟域，亚稳态就是无法避免的，因此设计的电路首先要减少亚稳态导致错误的发生，其次要使系统对产生的错误不敏感。前者要靠同步来实现，而后者根据不同的设计应用有不同的处理办法。

5.6.1.2　跨时钟域解决方案

可编程逻辑器件设计中，要减少亚稳态导致的错误并使系统对产生的错误不敏感，就要正确定义和处理可编程逻辑器件内部与外部时钟之间的接口。对于异步或无关时钟域间传输的信号，在可编程逻辑器件本地时钟域使用该信号前，必须对其进行同步。同步器的功能是采样异步输入信号，使产生的输出信号满足同步系统对建立时间和保持时间的要求，从而抑制亚稳态对电路的影响。在许多应用中，跨时钟域传送的不只是简单的信号，数据总线、地址总线和控制总线都会同时跨域传输，面对这些复杂的情况，就需要应用握手协议和异步 FIFO 的手段来处理。因此处理跨时钟域常用的方法有两级寄存器同步法、握手协议和异步 FIFO 三种。

(1)两级寄存器同步法

为了避免进入亚稳态，通常采用的方法是使用两级寄存器，即一个信号要进入另外一个时钟域之前用另一时钟域的时钟进行两次寄存，在图 5-1 中，左边为异步的输入端，经过两级触发器采样，在右边的输出与时钟 CLK_B 同步，而且该输出基本不存在亚稳态。其原理是即使第一个触发器的输出端存在亚稳态，经过一个 CLK_B 时钟周期后，第二个触发器 D 端的电平仍未稳定的概率非常小，因此第二个触发器 Q 端基本不会产生亚稳态。理论上如果再添加一级寄存器，使同步采样达 3 级，则末级输出为亚稳态的概率几乎为 0。因此使用两级寄存器采样可以有效地减少亚稳态继续传播的概率。使用图 5-1 所示两级寄存器采样虽然能降低亚稳态的概率，但是并不能保证第二级输出的稳定电平就是正确的电平。前面说过，经过决断时间(Resolution Time)之后寄存器输出电平是一个不确定的稳态值，也就是说这种处理方法不能排除采样错误的产生，这时就要求所设计的系统对采样错误有一定的容忍度。有些应用本身就对采样错误不敏感，有些系统对错误采样比较敏感，可以采用一些纠错编码手段完成错误的纠正。

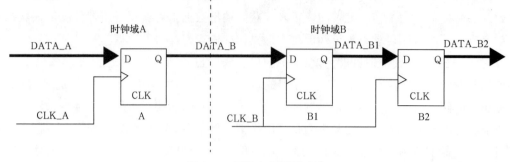

图 5-1　两级寄存器同步法

(2)握手协议

握手协议是实现总线数据跨时钟域通信的一种有效方法，它能在避免亚稳态传播的同时正确地捕获总线数据。双方电路在声明或中止各自的握手信号前都要等待对方的响应。使用握手协议方式处理跨时钟域数据传输，只需要对双方的握手信号(req、ack)分别使用脉冲检测方法进行同步即可。在具体实现中，首先，电路 A 声明它的请求信号，即先把数据放入总线，随后发送有效的请求 req 信号给电路 B。然后，电路 B 检测到有效的 req 信号后锁存数据总线，声明它的响应信号，即回送一个有效的 ack 信号表示读取完成应答。当电路 A 检测到电路 B 回应的响应信号有效后，中止自己的请求信号，即撤销当前的 req 信号。最后，当电路 B 检测到电路 A 撤销 req 信号后也相应撤销 ack 信号，此时完成一次正常握手通信。此后，可以继续开始下一次握手通信，如此循环。该方式能够使接收到的数据稳定可靠，有效地避免了亚稳态的出现。以上所述的通信流程如图 5-2 所示。

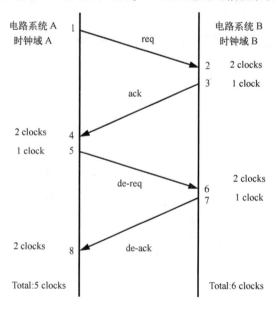

图 5-2　握手协议通信流程

信号跨越一个时钟域要花两个时钟周期的时间，信号在跨越多个时钟域前被电路寄存。全部的时间序列是：A 时钟域中最多 5 个周期加上 B 时钟域最多 6 个周期。握手通信有效地避免了亚稳态的出现，因为通过检测请求与响应信号，每个电路都清楚地知道对方的状态。但控制信号握手检测会消耗通信双方较多的时间，完成所有交互的过程要花费很多时钟周期。

（3）异步 FIFO

异步 FIFO 是一种先进先出的电路，使用在异步时钟域数据接口的部分，用来存储、缓冲在两个跨时钟域异步时钟之间的数据传输。使用一个异步 FIFO 在两个时钟域的交界处通信，通过它来实现数据流的传输。由发送时钟域将数据写入，由接收时钟域将数据取出，在数据传输的同时实现了数据的缓存，因此是一种较理想的方法。

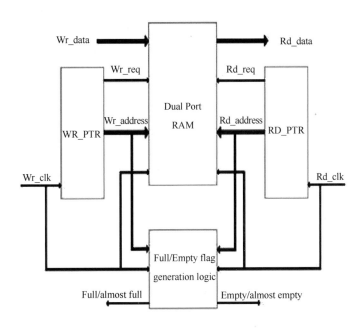

图 5-3　异步 FIFO

由图 5-3 可以看出：整个系统分为两个完全独立的时钟域——读时钟域和写时间域；FIFO 的存储介质为一块双端口 RAM，可以同时进行读写操作。在写时钟域部分，由写地址产生逻辑产生写控制信号和写地址；在读时钟域部分，由读地址产生逻辑产生读控制信号和读地址。在空/满标志产生部分，由读写地址相互比较产生空/满标志。

不同时钟域间数据传递的问题及其解决方法不同。时钟域间数据传递的最重要问题就是亚稳态问题。当数据信号通过两个时钟域的交界处时，将会分别由这两个时钟来控制信号的值。此时如果两时钟信号的敏感沿非常接近并超过了允许的额度，则将出现数据信号的不稳定，即电路陷入亚稳态，也称为同步失败。通过设计改进可以将其发生的概率降低到一个可以接受的程度。

在 FIFO 设计中，FIFO 指针逻辑使用了格雷码，代替指针使用的二进制码。格雷码在每一次计数增减时只改变其中一位。可以在格雷码总线上使用同步器，因为每一次总线改变时只有一根信号线有变化，于是就消除了格雷码总线各位通过不同同步器时的竞争情况，降低了亚稳态的产生概率。在异步 FIFO 设计中，通过提高空/满标志产生逻辑的可靠性，能够很好地抑制亚稳态，进一步减少了亚稳态的产生。

5.6.2　三模冗余设计

为了防止干扰引起的位翻转，在资源允许的情况下，应该对关键信号、数据等采用三模冗余的设计方法。为防止位翻转等带来的功能异常，应该对可编程逻辑器件中的关键信号、数据、输出采用三模冗余的设计方法。如图 5-4 所示，三个相同的模块 M_0、M_1 和 M_2 分别接收三个相同的输入 Input，产生的三个结果送至三选二表决逻辑。表决逻辑的输出取决于三个输入的多数。若有一个模块发生位翻转，则另两个正常模块的输出可将故障模块的输出屏蔽，从而不会在表决器输出中产生差错。

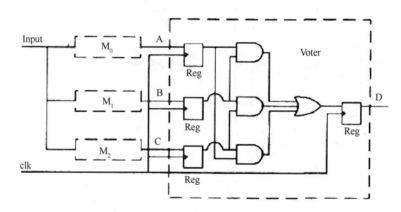

图 5-4　基于硬件的三模冗余表决机制

5.6.3　串并转换设计

串并转换是可编程逻辑器件设计的一个重要技巧，它是数据流处理的常用手段，也是面积与速度互换思想的直接体现。串并转换的实现方法多种多样，根据数据的排序和数量的要求，可以选用寄存器、RAM 等实现。如无特殊需求，应该用同步时序设计完成串并之间的转换。对于复杂的串并转换，还可以用状态机实现。串并转换的方法比较简单，在此不必赘述。

【示例】

如图 5-5 所示，假设某设计输入的数据速率是乘法器模块处理速度的 3 倍，而乘法器模块的数据吞吐量满足不了要求。在这种情况下，利用面积换速度的思想，使用 3 个乘法器模块并行处理输入数据，提高了数据处理的速度。首先将输入数据进行串并转换，然后利用这 3 个模块并行处理所分配到的数据，最后将处理结果并串转换，达到数据速率的要求。

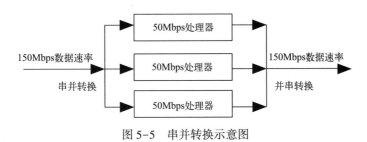

图 5-5　串并转换示意图

5.6.4　接口及通信设计

在进行接口及通信设计时应遵循以下技术要求：

1）应对输入接口进行滤波和抗干扰设计，并且设计满足系统要求。

2）数据传输和采集应满足以下安全可靠性要求：

a）应确定数据传输前对通信信道进行了检测；

b）应确定数据采集分辨率和外部数据精度相适应；

c）应确定数据采集频率和外部数据变化率相适应；

d）接口时序应满足芯片手册设计要求；

e）关键的通信应设置校验或握手机制；

f）对通信的异常情况应进行保护处理，如串口校验位、停止位错误，读写地址错误等；

g）接口通信协议应保持一致；

h）接口通信应对接收数据进行有效性判断。

3）应确定未使用的输出接口状态满足安全可靠性要求。

4）应确定输出接口特性满足系统要求，如值域、时序等。

5）应确定输入输出接口电气兼容。

6）调试端口在正式产品中应做相应处理，如保留、禁用或删除。

5.6.5　配合存储器相关设计

在进行配合存储器相关设计时应遵循以下技术要求：

1）外部存储器的接口时序应满足要求，必要时，应考虑时序余量设计、读写地址异常的情况；

2）应避免外部存储器的读写冲突；

3）应对存储资源的设计余量进行分析，考虑极限情况下的容量满足情况。

5.6.6　IP核使用

5.6.6.1　简介

随着硅的集成度不断提高，百万门的 ASIC 已不难实现，系统制造公司的设计人员正越来越多地采用 ASIC 技术集成系统级功能(或称片上系统)，但 ASIC 设计能力跟不上制造能力的矛盾也日益突出。现在设计人员已不必全部用逻辑门设计 ASIC，类似于用集成电路(IC)芯片在印制板上的设计，ASIC 设计人员可以应用等效于印制板上 IC 芯片的功能模块，称为核(core)或知识产权(IP)宏单元进行系统设计，这就是基于核的设计方法。CPU、存储器、总线控制器、接口电路、DSP 等都可成为核。

但是 ASIC 设计与 PCB 设计有很大区别，ASIC 必须用 EDA 工具进行硬件设计，主要问题都是通过计算机仿真解决，而不能像 PCB 设计那样通过试验调试解决，另外 ASIC 的制造还需要数量可观(一般数万美元)的不可重复工程(NRE)费用。20 世纪 80 年代后期出现的现场可编程门阵列(FPGA)和复杂可编程逻辑器件(CPLD)是 ASIC 的一种，其优点是在制造厂家提供的 FPGA 或 CPLD 芯片上，由设计工程师对其进行现场编程完成 ASIC 的最后设计，而不需昂贵的 NRE 费用。现在 FPGA 的规模已达到百万门，如 Xilinx 公司的 Virtex 系列，完全可以实现片上系统，其设计方法将逐步转向核基设计。

5.6.6.2　核的分类和特点

核是一种预定义的并经过验证的复杂功能模块，它可以集成到系统设计中。核基设计的主要特点是可重复使用已有设计模块，缩短设计时间，减小设计风险，通过高层的集成有望提高整个系统的性能。在 FPGA 设计中的核分为三种，见表 5-1 所示。

表 5-1　核的分类和特点

特点/类型	定义	使用灵活性	时序性能可预测性
硬核 hard core	预定义的已布局布线的模块	不能修改设计，必须采用指定的实现技术	时序性能有保证
固核 firm core	HDL 源码，与实现技术有关的网表	部分功能可以修改，采用指定的实现技术	关键路径时序可控制
软件 soft core	行为级或 RTL 级 HDL 源码	可修改设计，与具体实现技术无关	时序性能无保证

硬核是针对特定的实现技术优化的，它具有不能修改的结构和布局布线，可作为库元件使用，且时序性能稳定，但硬核不能按设计需要修改和调整时序。固核由 HDL 源码和与实现技术有关的网表组成，使用者可按规定增减部分功能。固核的关键路径时序是固定的，其实现技术不能更改，即不同厂家 FPGA 的固核不能互换使用。软核是可综合的 HDL

源码, 它与实现技术无关, 可按使用者需要修改, 具有最大的使用灵活性, 但软核的关键路径时序性能无保证, 最终性能主要取决于使用者采用的综合工具、布局布线和实现技术。

在 FPGA 设计中, 由于不同厂家的具体实现技术差别较大, 完全与硬件实现技术无关的软核性能受到很大限制, 而硬核缺少使用的灵活性, 因此作为软、硬核折中的固核使用较多。以上是具有代表性的核的分类, 在实际使用中, 某种功能的核往往以各种形式出现, 由使用者按需要选用。软核也不仅仅只有 HDL 源码, 还包括用于功能测试的行为模型和测试向量, 用于指导综合的约束文件。

5.6.6.3　软核的设计及使用

由于可编程逻辑器件的硬件技术发展迅速, 硬件资源越来越丰富, 速度越来越快, 使软核资源利用率不高、工作速度较低等不足得到很大程度的弥补。软核在核基设计中的作用越来越大, 其主要优点是功能与实现技术无关, 使用灵活, 这样我们可以很方便地在不同的实现技术下使用软核。如用 Xilinx FPGA 实现的软核, 不需改动设计, 重新综合后就可以用 Actel FPGA 实现, 设计实现的灵活性大为提高。但软核的性能受实现技术的影响很大, 怎样保证软核达到预想的性能是目前需要解决的难题。国外近年提出了与实现技术无关的可综合软核的思想, 希望通过对编制软核的 HDL 源码的某种限制, 并结合综合工具的时序约束功能, 达到控制部分软核性能的目的。如限制软核只能采用严格的同步逻辑设计, 没有反馈环路多时钟路径、三态逻辑、锁存器和异步置位复位触发器, 只使用 D 触发器和逻辑门。这样借助于综合工具, 可有效地控制软核关键路径的延时, 并预测具体实现技术中软核的性能。当然, 这是以牺牲一定的 FPGA 逻辑资源为代价的, 但随着硅技术的发展, 硬件资源十分丰富, 浪费一定的硬件资源以换取设计灵活性的提高是值得的, 正如在 PC 软件设计中, 现在已很少有人过多考虑程序占用的存储空间一样。

在使用 IP 时, 应注意对 IP 核的使用进行版本控制, 在 IP 核的调用语句后添加版本号注释。

5.6.7　综合设计方法

在进行综合设计时应遵循以下技术要求:

1)宜将关键路径和非关键路径、组合逻辑和时序逻辑划分为不同进程来实现;

2)应对关键功能的综合后网表进行确认, 以确定综合前后逻辑等价, 避免综合过程的不确定性。

5.6.8　引脚约束方法

在进行引脚约束时应遵循以下技术要求:

1）应对未使用的输入引脚进行上拉设置；

2）宜将未使用引脚定义为输出，并进行上拉处理；

3）应避免可编程逻辑器件硬件引脚间的相互干扰，对于存在耦合干扰的引脚可通过调整引脚位置、增加地线隔离等方式处理；

4）上电过程中如信号对状态有确定要求，可通过外部上、下拉确定。

5.6.9　状态机设计

5.6.9.1　简介

根据状态机的输出是否与输入条件相关，可将状态机分为两大类，即摩尔(Moore)型状态机和米勒(Mealy)型状态机。摩尔型状态机的输出仅仅依赖于当前状态，而与输入条件无关。米勒型状态机的输出不仅依赖于当前状态，而且取决于该状态的输入条件。

根据状态机的数量是否为有限个，可将状态机分为有限状态机(Finite State Machine，FSM)和无限状态机(Infinite State Machine，ISM)。逻辑设计中所涉及的状态一般都是有限的，所以以后所说的状态机都指有限状态机，用 FSM 表示。

评判 FSM 的标准很多，这里拣选几个最重要的方面进行讨论。好的 RTL 级 FSM 的评判标准如下：

1）FSM 安全，稳定性高；

2）FSM 速度快，满足设计的频率要求；

3）FSM 面积小，满足设计的面积要求；

4）FSM 设计清晰易懂、易维护。

需要说明的是，以上所列的各项标准，特别是前 3 项标准绝不是割裂的，它们之间有着紧密的内在联系。评判 FPGA/CPLD 设计的两个基本标准是面积和速度。这里的"面积"是指一个设计所消耗 FPGA/CPLD 的逻辑资源数量，"速度"是指设计在芯片稳定运行所能够达到的最高频率。两者是对立统一的矛盾体，要求设计同时具备设计面积最小、运行频率最高的特性，这是不现实的。科学的设计目标应该是在满足设计时序要求(包含对设计最高频率的要求)的前提下用最小的芯片面积，或者在所规定的面积下，使设计的时序余量更大，频率更高。

另外，如果要求 FSM 安全，那么在很多时候都需要使用"full case"的编码方式，即状态转移变量的所有向量组合情况都在 FSM 中有相应的处理，这势必意味着要耗费更多的设计资源，有时也会影响 FSM 的频率。

所以各条标准要综合考虑，根据设计的要求来权衡。当各条评判标准发生冲突时，请按照标准的罗列顺序考虑。所谓罗列顺序就是指根据这些标准在设计中的重要性进行排列，也就是说第一条"FSM 安全，稳定性高"的优先级最高，最重要，第四条"FSM 设计清晰易懂、易维护"的优先级最低，是相对次要的标准。

5.6.9.2　状态机写法

以 Verilog 为例，FSM 的写法按照 always 块的个数来划分，又分为一段式、两段式、三段式。顾名思义，一段式就是状态机由一个 always 块组成；同理，两段式为两个 always 块，三段式为三个 always 块。

（1）一段式状态机

一段式状态机将组合逻辑和时序逻辑混合在一起，同时包含状态跳转和信号输出，这样的写法对于逻辑简单的状态机来说还是可以使用的，但是对于复杂的逻辑并不推荐使用，如果状态复杂也容易出错，并且一个 always 块中信号过多不利于维护和修改。

【示例】

```verilog
1  //      一个always块, 描述状态转移, 状态寄存器, 逻辑输出, non-blocking
2  always @ (posedge clk or negedge rst_n)      begin
3     if (!rst_n)    begin
4        curr_state    <= idle;
5        o1            <= 1'b0;
6     end
7     else    begin
8        case (curr_state)
9        idle:    begin
10          if (...)    begin
11             curr_state   = sx;
12             if (isignal)    o1 = 1'b1;
13             else            o1 = 1'b0;
14          end
15          else    begin
16             curr_state   = sy;
17             if (isignal)    o1 = 1'b1;
18             else            o1 = 1'b0;
19          end
20       end
21       ...
22       default:    begin
23          curr_state   = sz;
24          if (isignal)    o1 = 1'b1;
25          else            o1 = 1'b0;
26       end
27       endcase
28    end
29 end
```

（2）两段式状态机

两段式状态机也是一种常用的写法，它把组合逻辑和时序逻辑区分出来，第一段负责状态的转移，第二段是组合逻辑赋值，但是这种写法的缺点是，组合逻辑较容易产生毛刺等常见问题。

【示例】

```
 1 //状态参数声明
 2 parameter     S0    =    4'b0000,
 3               S1    =    4'b0001,
 4               s2    =    4'b0010;
 5 //FSM two segment
 6 reg    [3:0]    pre_state;
 7 reg    [3:0]    next_state;
 8 //---------------------------------------
 9 //FSM one
10 always @(posedge clk or negedge rst_n)begin
11     if(!rst_n)
12         pre_state <= S0;
13     else
14         pre_state <= next_state;
15 end
16
17 //FSM two
18 always    @(*)begin
19     case(pre_state)
20     S0:
21     S1:
22     S2:
23     .
24     .
25     .
26     default:;
27     endcase
28
29 end
```

(3)三段式状态机

三段式状态机可以较好地解决一段式、两段式的不足。第一段采用时序逻辑负责状态转移，第二段采用组合逻辑负责数据赋值，第三段采用时序逻辑负责输出，代码层次清晰，容易维护，时序逻辑的输出解决了两段式写法中组合逻辑的毛刺问题，但是资源消耗会多一些。此外，三段式从输入到输出会比一段式和两段式延迟一个时钟周期。在书写状态机的时候，一定要事先设计好状态转移图，将所有的状态都考虑到，避免状态进入死循环，或者跳到偏离态。

【示例】

```verilog
1  //状态参数声明
2  parameter    S0    =    4'b0000,
3               S1    =    4'b0001,
4               s2    =    4'b0010;
5  //FSM three segment
6  //-------------------------------------
7  //FSM one
8  always @(posedge clk or negedge rst_n)begin
9      if(!rst_n)
10         pre_state <= S0;
11     else
12         pre_state <= next_state;
13 end
14
15 //FSM two
16 always    @(*)begin
17     case(pre_state)
18     S0:
19     S1:
20     S2:
21     .
22     .
23     .
24     default:;
25     endcase
26 end
27
28 //FSM three
29 always    @(posedge clk or negedge rst_n)begin
30     if(!rst_n)
31         dout <= 'b0;
32     else begin
33         case(pre_state)
34         S0:
35         S1:
36         S2:
37         .
38         .
39         .
40         default:;
41         endcase
42     end
43 end
```

5.6.9.3　技术要求

在设计状态机时应遵循以下几点技术要求：

1）状态机应设置合法初始状态；

2）避免出现状态机死锁；

3）应对状态机的无效状态进行适当处理；

4）设计状态机时可能存在一些非法的或无关的状态，应充分考虑各种可能出现的状态，一旦进入非法状态后可以强迫状态机进入合法状态；

5）状态机编译模式应选择安全模式；

6）在综合时对综合属性进行设置，编译模式选择安全模式，确保状态机综合后包含对无效状态的处理；

7）状态机的跳转不应仅依赖外部信号；

8）根据状态机对速度、资源占用量等方面的要求，合理使用状态机编码；

9）避免状态机寄存器的复制。

5.6.10　电源、功耗设计

在进行电源、功耗设计时应遵循以下几点技术要求：

1）电源应满足可编程逻辑器件的功耗要求；

2）应考虑可编程逻辑器件的功耗分布，如功耗分布比较集中，应分析其对散热或电源电压等的影响；

3）应考虑可编程逻辑器件内核和 I/O 口的不同电压标准；

4）应减少不必要的信号翻转，以降低电源功耗；

5）在满足系统要求的情况下，宜采用低频率设计。

5.6.11　余量设计

在进行余量设计时应遵循以下技术要求：

1）可编程逻辑器件软件的设计应满足系统的资源余量要求；

2）可编程逻辑器件软件工作的时序应满足系统的时序余量要求。

5.7　本章小结

本章简要介绍了可编程逻辑器件软件详细设计阶段的工作要点、一般准则、技术要求及工作过程，介绍了详细设计方法和技术，给出了详细设计说明文档的模板及编写示例。

第6章　可编程逻辑器件软件实现

6.1　概述

可编程逻辑器件软件实现是可编程逻辑器件软件寿命周期中一个独立的阶段，该阶段的任务是依据详细设计说明对软件单元进行设计编码，开展逻辑综合与布局布线，最终生成可下载的配置文件，并固化至板内配置存储器中。

6.2　实现阶段的技术要求

1）依据详细设计对每个模块进行设计编码。

2）选择逻辑综合工具，设置逻辑综合约束条件，对设计编码进行逻辑综合，形成相应的网表文件及综合报告。

注1：在综合时，贯彻相关的抗辐射概念。通常的抗辐射措施包括状态机安全模式综合、三模冗余设计和重配置等。

注2：对需进行逻辑综合的模块和不需进行逻辑综合的模块及其属性进行描述，可以以表格的形式进行说明。

3）对逻辑综合后的综合报告进行分析，对所有的警告信息给出处理措施。

4）设置布局布线约束条件，采用手工方式或使用工具对逻辑综合后的网表文件进行布局布线，形成可下载的配置文件、网表文件、标准延时格式文件和静态时序信息。

5）在逻辑综合和布局布线后，对不满足要求的设计进行优化，提高电路性能。

6）编制《使用说明》。

7）加载配置文件。

8）采用合适的方法对设计结果（设计编码、网表）进行验证，具体技术要求如下：

a）编制《仿真测试计划》。

b）编制《仿真测试说明》。

c）对设计源代码、原理图开展编码规则检查和代码审查。

d）对设计源代码、原理图开展功能仿真。统计覆盖率信息，对未覆盖到的要进行影响域分析。

e）对门级网表开展仿真。

注1：应验证抗 SEU 设计的有效性。

注 2：应验证状态机的安全性和可靠性。

f)对布局布线后的网表开展时序仿真，应开展最好、典型和最坏情况的仿真。

注：通常采用时序仿真、静态时序分析等检查 I/O 时序、最大时钟频率、时钟周期。

g)通过仿真(如门级仿真和时序仿真)或形式化方法(如逻辑等效性分析)验证设计编码和布局布线后网表的逻辑一致性。

h)编制《仿真测试报告》。

i)对仿真测试进行评审。

6.3　实现阶段的工作过程

可编程逻辑器件软件实现过程就是利用开发软件和编程工具对可编程逻辑器件芯片进行开发的过程。典型可编程逻辑器件软件设计开发流程一般如图 6-1 所示，包括设计输入、功能仿真、综合优化、门级仿真、实现与布局布线、时序仿真以及芯片编程与调试等主要步骤。

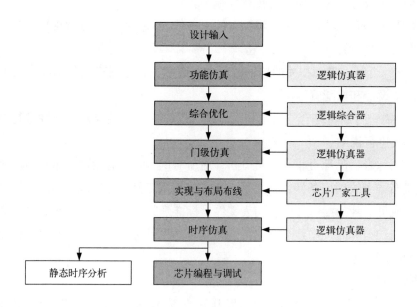

图 6-1　典型可编程逻辑器件软件设计开发流程

6.3.1　设计输入

设计输入就是设计人员把所设计的系统或电路以开发软件要求的某种形式表示出来，并送入计算机的过程。作为可编程逻辑器件软件工程的一个步骤，该过程是设计的自然结果，因此，程序的质量主要取决于软件设计的质量。但是，程序设计语言的特点和编码途径也会对程序的可靠性、可读性、可测试性和可维护性产生深远的影响。它通常有原理图输入、硬件描述语言输入及波形输入等多种方式。

（1）原理图输入

原理图输入方式是一种最直接的设计描述方式，要设计什么，就从软件系统提供的元件库中调出来，画出原理图。这种方式要求设计人员有丰富的电路知识及对 PLD 的结构比较熟悉。其主要优点是容易实现仿真，便于信号的观察和电路的调整；缺点是效率低，特别是产品有所改动，需要选用另外一个公司的 PLD 器件时，就需要重新输入原理图，而采用硬件描述语言输入方式就不存在这个问题。

（2）硬件描述语言输入

硬件描述语言是用文本方式描述设计，它分为普通硬件描述语言和行为描述语言。普通硬件描述语言有 ABEL、CUR 和 LFM 等，它们支持逻辑方程、真值表、状态机等逻辑表达方式，主要用于简单 PLD 的设计输入。HDL 是一种用形式化方法来描述数字电路和数字逻辑系统的硬件描述语言，目前主要有 VHDL 和 Verilog HDL，这两种语言都是美国电气与电子工程师协会（IEEE）的标准。其突出优点有：语言与工艺的无关性，利于自顶向下设计，便于模块的划分与移植，可以方便设计人员在系统设计、逻辑验证阶段确立方案的可行性；语言的公开可利用性，便于实现大规模系统的设计；具有很强的逻辑描述和仿真功能，而且输入效率高，在不同的设计输入库之间的转换非常方便，用不着熟悉底层电路和 PLD 结构。除了 IEEE 标准语言外，还有厂商自己的语言。也可以用 HDL 为主、原理图为辅的混合设计方式，以发挥两者各自的特色。

（3）波形输入

波形输入方式主要是用来建立和编辑波形设计文件，以及输入仿真向量和功能测试向量。波形设计输入适用于时序逻辑和有重复性的逻辑函数。系统软件可以根据用户定义的输入/输出波形自动生成逻辑关系。波形编辑功能还允许设计人员对波形进行复制、剪切、粘贴、重复与伸展，从而可以用内部节点、触发器和状态机建立设计文件，并将波形进行组合，显示各种进制的状态值，也可以将一组波形重叠到另一组波形上，对两组仿真结果进行比较。

6.3.2　功能仿真

功能仿真也称为前仿真，是在编译之前对用户所设计的电路进行逻辑功能验证，此时的仿真没有延时信息，仅对初步的功能进行检测，如图 6-2 所示。仿真前，要先利用波形编辑器和HDL等建立波形文件和测试向量（即将所关心的输入信号组合成序列），仿真结果将会生成报告文件和输出信号波形，从中便可以观察各个节点信号的变化。如果发现错误，则返回设计修改逻辑。常用的工具有 Model Tech 公司开发的 ModelSim，Sysnopsys 公司的 VCS 和 Cadence 公司的 NC-Verilog 以及 NC-VHDL 等软件。具体方法将在后文测试阶段进行介绍。

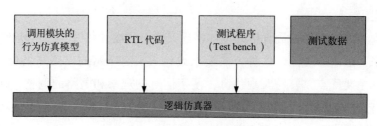

图 6-2　功能仿真示意图

说明：

1)"调用模块的行为仿真模型"指的是 RTL 代码中引用的由厂家提供的宏模块/IP，如 Altera 公司提供的 LPM 库中的乘法器、存储器等部件的行为模型。

2)编写 Test bench 激励文件，通过观察仿真波形判断用例是否通过，或通过设置断言语句自动判定。

3)要求统计覆盖率信息，语句、分支、状态机等覆盖率达到 100%，对未覆盖的语句和分支进行影响域分析。

6.3.3　综合优化

综合优化是器件设计中的核心环节。在设计处理过程中，编译软件将对设计输入文件进行逻辑化简、综合优化和适配，最后产生编程用的编程文件。所谓综合，就是将较高级抽象层次的描述转化成较低层次的描述。综合优化根据目标与要求优化所生成的逻辑连接，使层次设计平面化，供可编程逻辑器件布局布线软件进行实现，如图 6-3 所示。

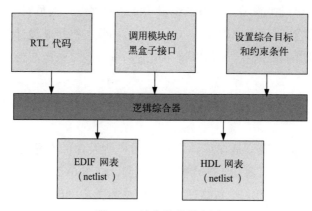

图 6-3　综合优化示意图

就目前的层次来看，综合优化(Synthesis)是指将设计输入编译成由与门、或门、非门、RAM、触发器等基本逻辑单元组成的逻辑连接网表，而并非真实的门级电路。真实具体的门级电路需要利用芯片制造商的布局布线功能，根据综合优化后生成的标准门级结构网表来产生。为了能转换成标准的门级结构网表，HDL 程序的编写必须符合特定综合器所要求的风格。由于门级结构、RTL 的 HDL 程序的综合是很成熟的技术，所有的综合器都可以支持到这一级别的综合。常用的综合工具有 Synplicity 公司的 Synplify/Synplify Pro 软件以及各个芯片厂家自己推出的综合开发工具。

说明：

"调用模块的黑盒子接口"的导入，是由于 RTL 代码调用了一些外部模块，而这些外部模块不能被综合或无须综合，但逻辑综合器需要其接口的定义来检查逻辑，因此保留这些模块的接口。

6.3.4　门级仿真

门级仿真(如图 6-4 所示)的目的在于检查综合结果是否和原设计一致。在仿真时，把综合生成的标准延时文件反标注到综合仿真模型中，可估计门延时带来的影响。但这一步骤不能估计线延时，因此和布线后的实际情况还有一定的差距，并不十分准确。目前的综合工具较为成熟，对于一般的设计可以省略这一步，但如果在布局布线后发现电路结构和设计意图不符，则需要回溯到综合后仿真来确认问题所在。在功能仿真中介绍的软件工具一般都支持综合后仿真。具体方法将在后文测试阶段进行介绍。

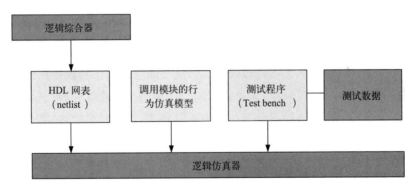

图 6-4　门级仿真示意图

6.3.5　实现与布局布线

布局布线可理解为利用实现工具把逻辑映射到目标器件结构的资源中，它决定逻辑的最佳布局，选择逻辑与输入输出功能链接的布线通道进行连线，并产生相应文件(如配置文件与相关报告)，实现是将综合生成的逻辑网表配置到具体的 FPGA 芯片上，布局布线是其中重要的过程。布局将逻辑网表中的硬件原语和底层单元合理地配置到芯片内部的固有硬件结构上，并且往往需要在速度优和面积优之间做出选择。布线根据布局的拓扑结构，利用芯片内部的各种连线资源，合理正确地连接各个元件，如图 6-5 所示。

目前，FPGA 的结构非常复杂，特别是在有时序约束条件时，需要利用时序驱动的引擎进行布局布线。布线结束后，软件工具会自动生成报告，提供有关设计中各部分资源的使用情况。由于只有 FPGA 芯片开发商对芯片结构较了解，所以布局布线必须选择芯片开发商提供的工具。

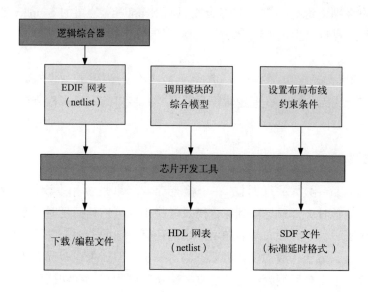

图 6-5　实现与布局布线示意图

6.3.6　时序仿真

时序仿真也称为后仿真，是指将布局布线的延时信息反标注到设计网表中来检测有无时序违规(即不满足时序约束条件或器件固有的时序规则，如建立时间、保持时间等)的现象，如图 6-6 所示。时序仿真包含的延迟信息全且精确，能较好地反映芯片的实际工作情况。由于不同芯片的内部延时不一样，不同的布局布线方案也给延时带来不同的影响。因此在布局布线后，通过对系统和各个模块进行时序仿真，分析其时序关系，估计系统性能，以及检查和消除竞争冒险是非常有必要的。在功能仿真中介绍的软件工具一般都支持时序仿真，具体方法将在后文测试阶段进行介绍。

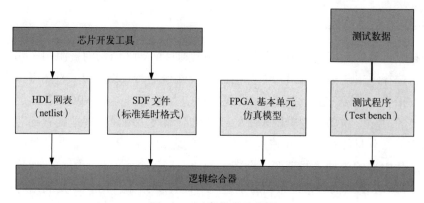

图 6-6　时序仿真示意图

6.3.7　芯片编程与调试

设计的下一步就是芯片编程与调试。芯片编程是指产生使用的数据文件，对 EPLD/CPLD 来说，是产生熔丝图文件，即 JED 文件，对于 FPGA 来说，是产生位数据流文件，然后将编程数据放到对应的具体可编程器件中。

其中，芯片编程需要满足一定的条件，如编程电压、编程时序和编程算法等。普通的EPLD/CPLD 器件和一次性编程的 FPGA 需要专用的编程器完成器件的编程工作。基于SRAM 的 FPGA 可以由 EPROM 或其他存储体进行配置。在线可编程的 PLD 器件不需要专门的编程器，只要一根编程下载电缆就可以了。

器件在编程完毕后，可以用编译时产生的文件对器件进行校验、加密等工作。对于支持JTAG 技术、具有边界扫描测试(Boundary-Scan Testing，BST)能力和在线编程能力的器件来说，测试起来就更加方便。逻辑分析仪(Logic Analyzer，LA) 是 FPGA 设计的主要调试工具，但需要引出大量的测试引脚，且价格昂贵。目前，主流的 FPGA 芯片生产商都提供了内嵌的在线逻辑分析仪(如 Xilinx ISE 中的 ChipScope、Altera QuartusII 中的 SignalTap II 以及 Signal-Prob)来解决上述问题，它们只需要占用芯片少量的逻辑资源，具有很高的实用价值。

6.4　应用举例

本章将结合 ISE 13.1，并基于 VHDL 对某 FPGA 设计流程进行举例说明。

6.4.1　新建工程

1)单击 File 中的"New Project"新建工程，如图 6-7 所示。

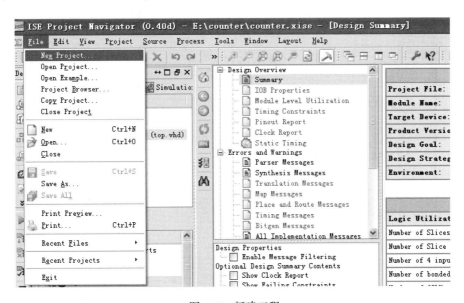

图 6-7　新建工程

2)输入工程名称 counter 及其要保存的位置，如图 6-8 所示。

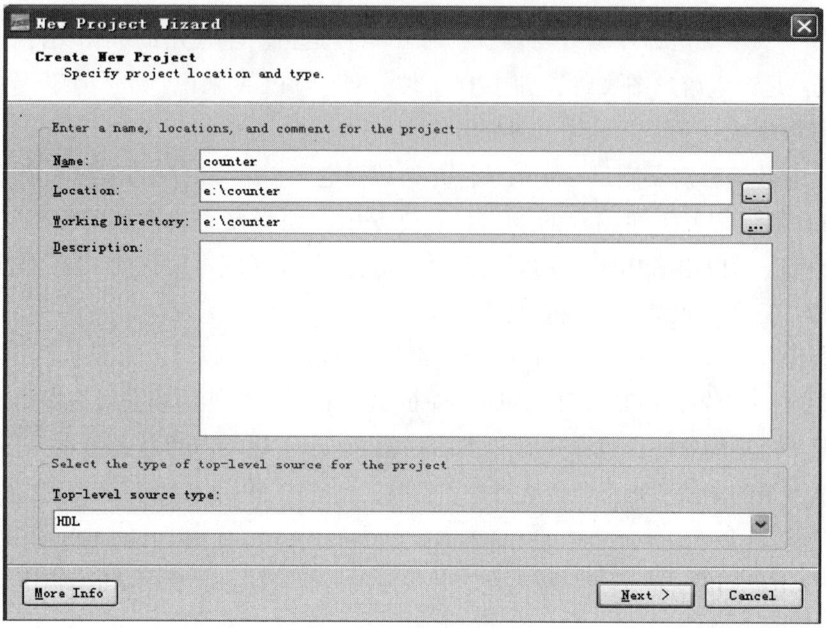

图 6-8　输入名称及路径

3)选择器件参数，单击"Next"按钮，如图 6-9 所示。

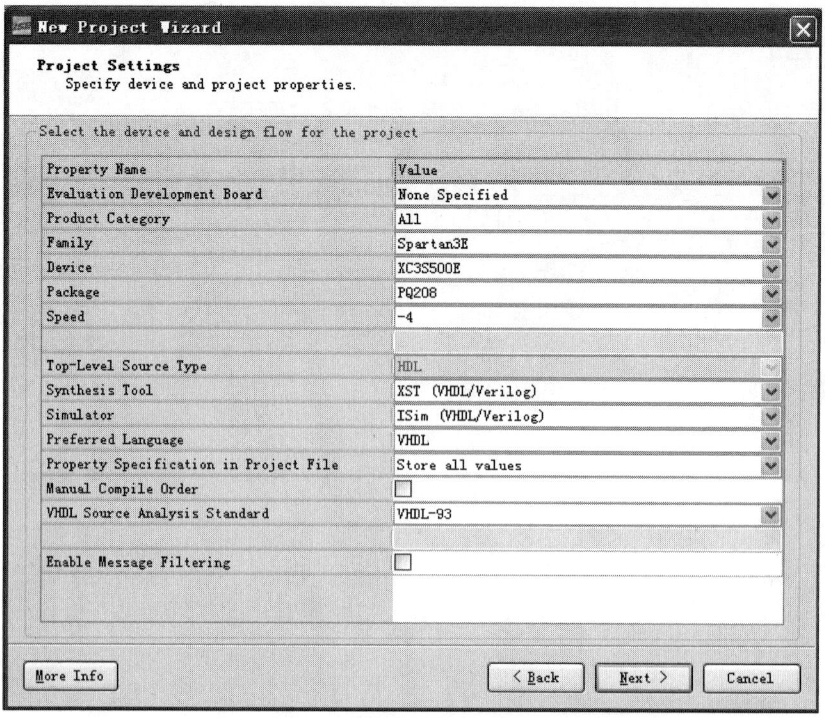

图 6-9　选择器件参数

4）单击"Finish"按钮，完成设置，如图 6-10 所示。

图 6-10　完成设置

5）在工作区可看到新建的工程 counter，如图 6-11 所示。

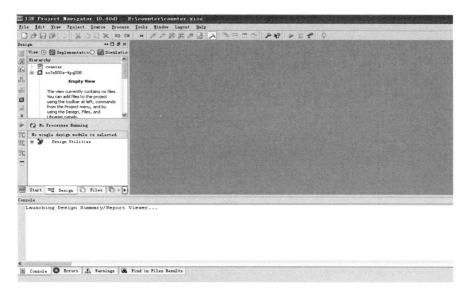

图 6-11　新建的工程 counter

6.4.2　添加源文件

1) 创建源文件，单击右键并选择"New Source"，如图 6-12 所示。

图 6-12　创建源文件

2) 选择"VHDL Module"，并输入文件名称 top，如图 6-13 所示。

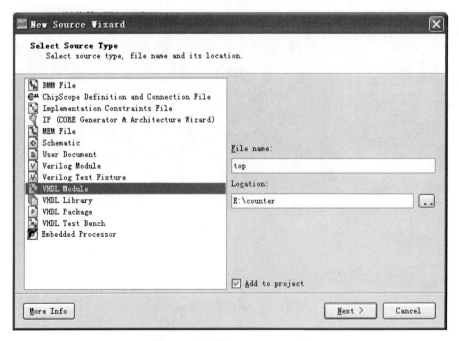

图 6-13　选择"VHDL Module"

3)单击"Next"按钮，如图 6-14 所示。

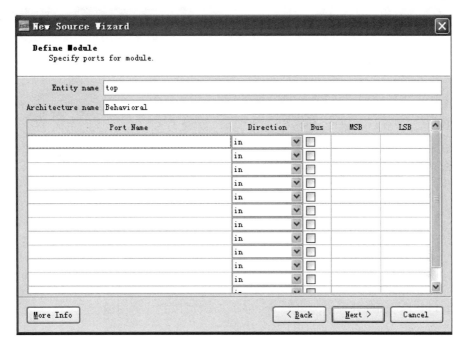

图 6-14 单击"Next"按钮

4)单击"Finish"按钮，如图 6-15 所示。

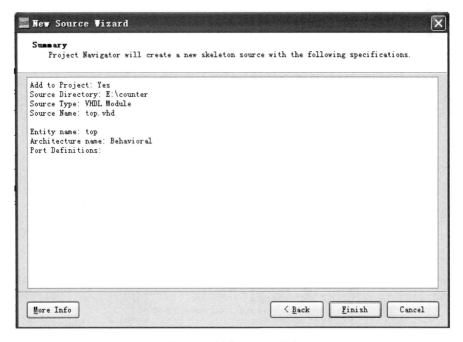

图 6-15 单击"Finish"按钮

5）添加代码到 top. vhd 中，如图 6-16 所示。

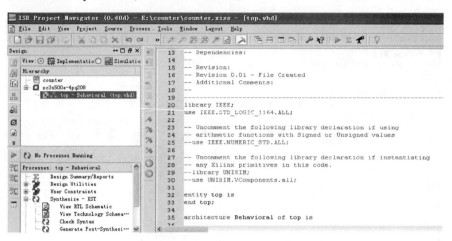

图 6-16　添加代码

6.4.3　对设计文件进行综合

利用 ISE 主界面的处理子窗口的 Synthesis 工具可以完成下面的任务：

1）查看 RTL 原理图；

2）查看技术原理图；

3）检查语法；

4）产生综合后仿真模型。

操作步骤如下：

1）选中 top. vhd，并双击"Synthesize-XST"进行综合，如图 6-17 所示。

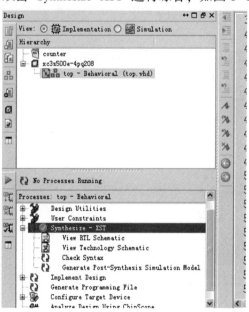

图 6-17　选中 top. vhd，并双击"Synthesize-XST"

2)控制台界面中给出综合过程的信息，如图 6-18 所示。

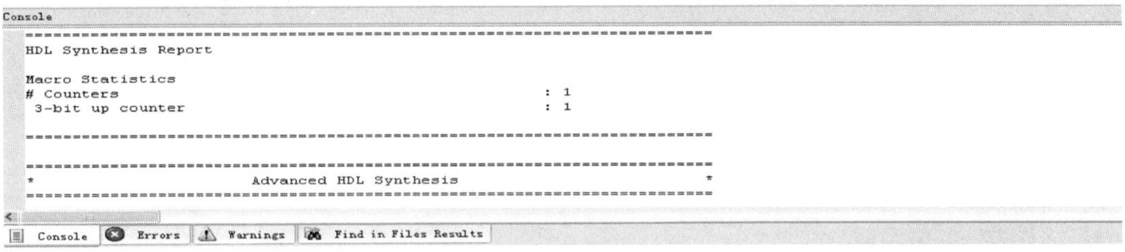

```
Console
HDL Synthesis Report

Macro Statistics
# Counters                                          : 1
 3-bit up counter                                   : 1

=============================================================

=============================================================
*                        Advanced HDL Synthesis                    *
=============================================================
  Console  ⊗ Errors  ⚠ Warnings  ⬛ Find in Files Results
```

图 6-18　综合过程的信息

6.4.4　添加约束文件

1)选中"Implementation"选项，选中 top. vhd 单击右键，选中"New Source"，如图 6-19 所示。

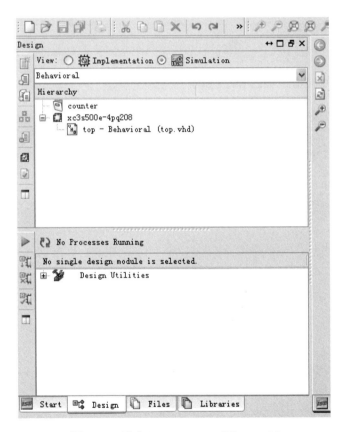

图 6-19　选中"Implementation"和 top. vhd

2)选择实现约束文件，输入"top"作为实现约束文件的名字，单击"Next"按钮，如图 6-20 所示。

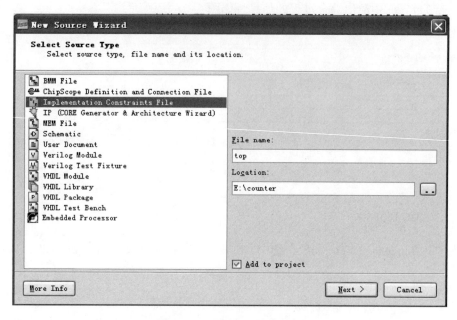

图 6-20　选择实现约束文件

3) 单击"Finish"按钮, 如图 6-21 所示。

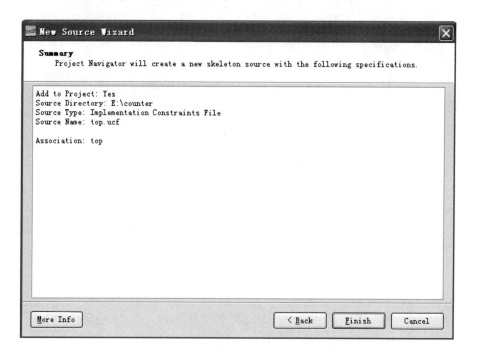

图 6-21　单击"Finish"按钮

4) 实现约束文件 top. ucf 已经添加到设计中, 选择"User Constraints", 并展开该选项,
双击"I/O Pin Planning(PlanAhead)-Post-Synthesis", 如图 6-22 所示。

图 6-22　双击"I/O Pin Planning(PlanAhead)-Post-Synthesis"

5) 单击"Close"按钮，如图 6-23 所示。

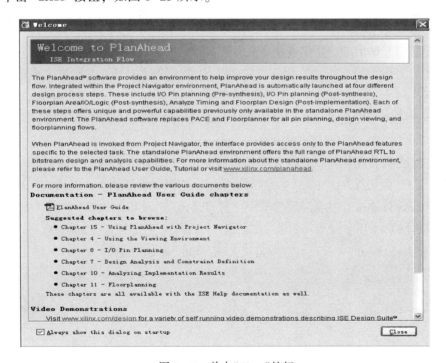

图 6-23　单击"Close"按钮

6) 输入引脚约束，保存并退出该界面，如图 6-24 所示。

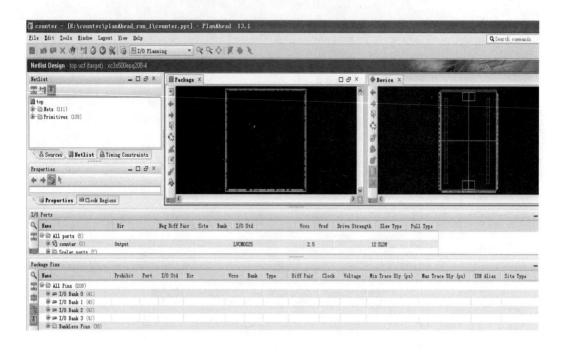

图 6-24　输入引脚约束

6.4.5　实现

　　实现是将综合输出的逻辑网表翻译成所选器件的底层模块与硬件原语，将设计映射到器件结构上，进行布局布线，达到在选定器件上实现设计的目的。实现主要分为三个步骤：翻译逻辑网表，映射到器件单元与布局布线。

　　1) 翻译的主要作用是将综合输出的逻辑网表翻译为 Xilinx 特定器件的底层结构和硬件原语 (具体的原语详见 ISE 中的 language templates)。

　　2) 映射的主要作用是将设计映射到具体型号的器件上 (LUT、FF、Carry 等)。

　　3) 布局布线调用 Xilinx 布局布线器，根据用户约束和物理约束，对设计模块进行实际布局，并根据设计连接，对布局后的模块进行布线，产生 FPGA/CPLD 配置文件。

　　具体操作步骤如下：

　　1) 选择"Implement Design"，并双击该选项，如图 6-25 所示。

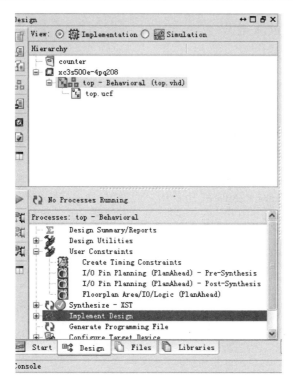

图 6-25　选择"Implement Design"

2）展开"Implement Design"后可查看实现的三个步骤，如图 6-26 所示。

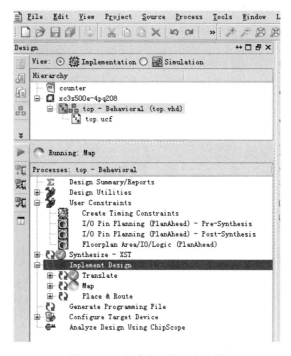

图 6-26　查看实现的三个步骤

6.4.6 下载设计到 FPGA 芯片

准备工作如下：

1）将 HEP 的 USB-JTAG 电缆分别和计算机 USB 接口及 EXCD-1 目标板上的 JTAG7 针插口连接；

2）计算机自动安装 JTAG 驱动程序；

3）给 EXCD-1 目标板上电。

具体操作步骤如下：

1）选择"Configure Target Device"并展开，选择"Manage Configuration Project(iMPACT)"并双击，如图 6-27 所示。

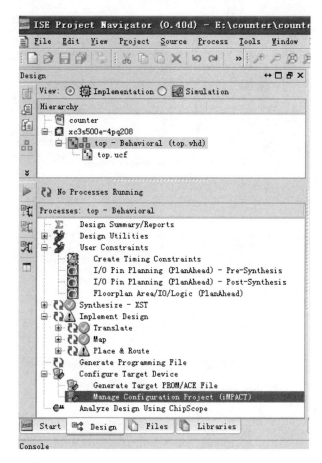

图 6-27　双击"Manage Configuration Project(iMPACT)"

2）在主界面的中间区域内单击右键，并选择菜单的"Initialize Chain"选项，如图 6-28 所示。

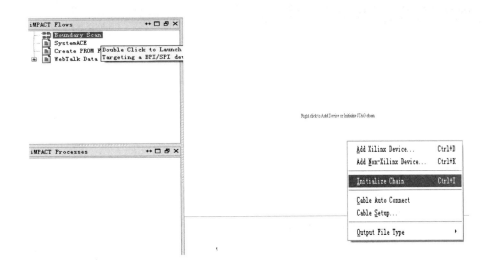

图 6-28 选择"Initialize Chain"

3）如果 FPGA 配置电路 JTAG 测试正确，则会将 JTAG 链上扫描到的所有芯片在 iMPACT 主界面上列出来（两个芯片连接在 JTAG 链路上，包括 xcf04s-Xilinx 的串行 Flash 芯片和 xc3s500e-Xilinx 的 FPGA 芯片），单击"Yes"按钮，如图 6-29 所示。

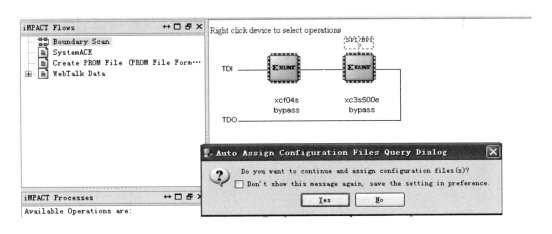

图 6-29 单击"Yes"按钮

4）先不烧写设计到 PROM 芯片中，所以单击"Cancel"按钮，如图 6-30 所示。

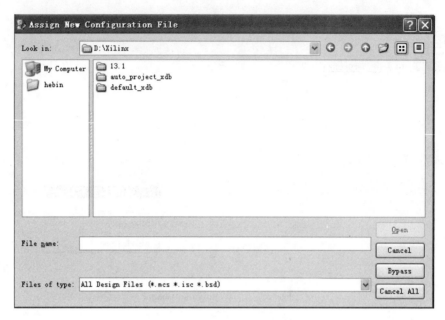

图 6-30　单击"Cancel"按钮

5）找到设计工程所在的目录，找到要下载的比特流文件"top. bit"，单击"Open"按钮，如图 6-31 所示。

图 6-31　找到"top. bit"

6）Spartan-3E 支持商用的并行 Flash，此处不需要使用它，所以单击"No"按钮，如图 6-32 所示。

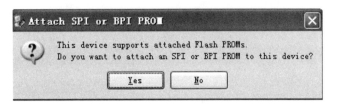

图 6-32 单击"No"按钮

7) 下载属性设置，此处选择默认设置，然后单击"OK"按钮，如图 6-33 所示。

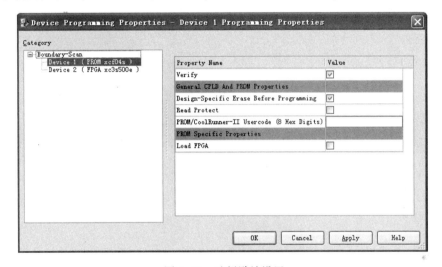

图 6-33 选择默认设置

8) 芯片 xc3s500e 中已经分配了下载文件 top. bit，右键单击该芯片图标出现菜单，单击"Program"选项，开始对 FPGA 进行编程，如图 6-34 所示。

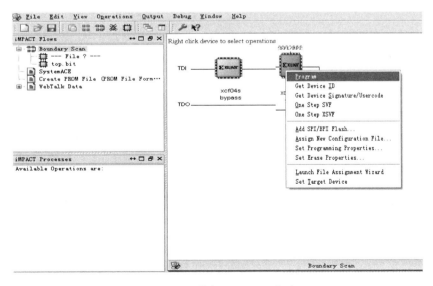

图 6-34 单击"Program"选项

9）单击"OK"按钮，如图 6-35 所示。

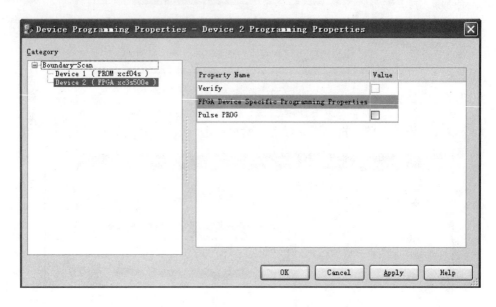

图 6-35　单击"OK"按钮

10）出现编程进度，编程完成后出现 Program Succeeded，如图 6-36 所示。

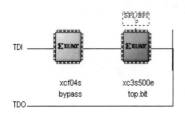

图 6-36　出现编程进度

6.5　编码要求

航天型号可编程逻辑器件软件设计及编码要求，体现为规则的形式，包括例化类、结构设计类、敏感列表类、声明定义类、命名类、运算类、循环控制类、分支控制类、时钟类、复位及初始化类、状态机类、综合/约束类、注释类、编码格式类等。以下规则是基于 VHDL 给出的设计及编码要求，为一般性通用规则，供读者在软件实现阶段参考。

6.5.1　例化类

1）端口例化应采取名称映射的方式，避免位置映射，这样有利于提高程序的可读性和可维护性。

示例：

```
——遵循示例
——端口例化采取名称映射
reset_filter_inst : reset_filter
port map( reset_in    => reset_in,
          clk         => clk,
          reset_out  => reset_out );

——违背示例
——端口例化采取位置映射
reset_filter_inst : reset_filter
port map( reset_in, clk, reset_out ) ;
```

2）例化时禁止输入端口悬空。

在进行例化时，输入端口应有确定的输入关系，禁止悬空。

示例：

```
——遵循示例
…
example_ent_inst : example_ent
port map( a_in   => s_a,
          b_in   => s_b,
          c_out => s_c );
…
```

```
entity example_ent is
port(
        a_in : in std_logic;
        b_in : in std_logic;
        c_out : out std_logic );
end example_ent;
…
```

———违背示例
```
…
example_ent_inst : example_ent
port map( a_in   => open,  ———例化时输入端口悬空
            b_in   => s_b,
            c_out => s_c );
…
entity example_ent is
port(
        a_in : in std_logic;
        b_in : in std_logic;
        c_out : out std_logic );
end example_ent;
…
```

3) 例化时未使用的输出端口宜采用"open"说明。

例化时，若存在不需使用的输出端口，建议采用"open"说明。

示例：

———遵循示例
```
…
example_ent_inst : example_ent
port map( a_in   => s_a,
            b_in   => s_b,
            c_out => s_c,
            d_out => open );  ———未使用的端口采用 open 说明

…
```

```
entity example_ent is
port(
            a_in : in std_logic;
            b_in : in std_logic;
            c_out : out std_logic;
            d_out : out std_logic );
end example_ent;
…
```

4) 端口例化时不应进行逻辑运算操作。

示例:

```
——遵循示例
…
example_ent_inst : example_ent
port map( a_in   => s_a,
            b_in   => s_b,
            c_out => s_c,
            d_out => not s_d_n );
…
    s_d_n <= not s_d;
entity example_ent is
port(
            a_in : in std_logic;
            b_in : in std_logic;
            c_out : out std_logic;
            d_out : out std_logic );
end example_ent;
…
```

```
——违背示例
…
example_ent_inst : example_ent
port map( a_in   => s_a,
            b_in   => s_b,
            c_out => s_c,
```

```
              d_out => not s_d）；——端口例化时进行逻辑非运算操作
...
entity example_ent is
port（
          a_in : in std_logic；
          b_in : in std_logic；
          c_out : out std_logic；
          d_out : out std_logic）；
end example_ent；
...
```

5）每个模块/单元应至少包含一个输入/输出端口。

示例：

```
——违背示例
entity example_ent is
port（
——没有定义端口
    …）；
end example_ent；
```

6）除双向端口外，单向的输出信号禁止直接用于驱动同一个模块内部的逻辑，若需使用，可以采用中间信号的方式进行处理。

示例：

```
——遵循示例
——输出信号反馈通过中间信号驱动同模块内部逻辑
entity top_ent is
port（
          A_in : in std_logic；
          B_in : in std_logic；
          Clk : in std_logic；
          A_r_out : out std_logic；
          B_out : out std_logic）；
end top_ent；
architecture behave_arc of top_ent is
```

```
signal S_A_r;
begin
    B_out <= B_in and S_A_r;          ——采用中间信号 S_A_r 的方式驱动内部逻辑
        process( clk)
            begin
                if clk′event and clk = ′1′ then
                    A_r_out <= A_in;
                    S_A_r    <= A_in;
                end if;
        end process;
end behave_arc;
```

```
——违背示例
——输出信号反馈直接驱动同模块内部逻辑
entity top_ent is
port(
            A_in : in std_logic;
            B_in : in std_logic;
            Clk : in std_logic;
            A_r_out : out std_logic;
            B_out : out std_logic );
end top_ent;

architecture behave_arc of top_ent is
begin
    B_out <= B_in and A_r_out;        ——输出端口 A_r_out 直接用于驱动模块内部逻
                                          辑 B_out
        process( clk)
        begin
            if clk′event and clk = ′1′ then
                A_r_out <= A_in;
            end if;
        end process;
        end behave_arc;
```

7）内部信号应避免使用三态逻辑。

由于大部分可编程逻辑器件除端口外内部无三态逻辑资源，因此内部信号应避免使用三态逻辑。

示例：

```
——遵循示例
entity top_ent is
port( …
    Dout：out std_logic ）；
…
signal S_inter_data, S_inter_ctrl, S_inter_din : std_logic；
S_inter_data <= S_inter_din   when S_inter _ctrl = '1' else S_inter_data；
…
```

```
——违背示例
entity top_ent is
port( …
    Dout：out std_logic ）；
…
signal S_inter_data, S_inter_ctrl, S_inter_din : std_logic；
S_inter_data <= S_inter_din   when S_inter _ctrl = '1' else 'Z'；
——内部信号 S_inter_data 不应使用三态门
…
```

8）顶层模块宜只进行模块例化。

示例：

```
——遵循示例
entity top_ent is
port(
    reset_in : in std_logic；
    clk_in : in std_logic；
…
    ）；
end top_ent；
architecture behave_arc of top_ent is
signal reset, clk：std_logic；
…
```

```
component reset_filter
port(
            reset_in : in std_logic;
            clk : in std_logic;
            reset_out : out std_logic);
end component;

component GL33
port(
            PAD : in std_logic;
            GL : out std_logic );
end component;
…
reset_filter_0 : reset_filter
port map( reset_in => reset_in,
               clk      => clk,
               reset_out => reset );
clk_0 : GL33
port map( PAD => clk_in,
            GL   => clk );
…
end behave_arc;
```

——违背示例
```
entity top_ent(…);
…
    signal S_Dout1_2: std_logic;
…
    S_Dout1_2 <= Dout1_out or Dout2_out;
    U0: big_block1 port map(clk =>clk, rst =>rst, D_in => Din1_in, Dout => Dout1_
out);
    U1: big_block2 port map(clk =>clk, rst => rst, D_in => Din2_in, Dout => Dout2_
out);
    U3: big_block3 port map(clk=>clk, rst =>rst, D_in => S_Dout1_2, Dout => Dout3_
out);
——除在顶层处理模块例化外，还使用了胶连逻辑
…
end behave_arc
```

9）设计中不宜存在多余代码或不可达分支。

程序中的多余代码或不可达分支不利于程序的管理和维护，同时影响语句、分支等的覆盖率。

示例：

```
——违背示例
…
signal S_count : std_logic_vector( 3 downto 0 ) ;
signal S_flag : std_logic ;
…
process ( clk，reset_n )
begin
   if ( reset_n = '0' ) then
         S_count <= ( others => '0' ) ;
         S_flag <= '0' ;
      elsif clk'event and clk = '1' then
         if ( S_count = 16 ) then        ——该分支不可达
            S_flag <= '1' ;
         else
            S_count <= S_count + 1 ;
         end if ;
   end if ;
…
end process
```

10）设计中不宜产生非预期的锁存器。

由于锁存器是电平触发，易受毛刺干扰，因此可编程逻辑器件设计中应避免产生非预期的锁存器。

11）设计模块划分应以功能独立性为原则，一个文件宜对应一个设计模块。

12）建议按照不同的设计目标进行模块划分。

设计模块划分应考虑不同设计目标，区分面积敏感和速度敏感的部分，便于给不同模块进行不同约束和优化。

13）宜将相关的组合逻辑和可以复用的逻辑划分在同一个模块层次中。

为利于综合工具优化时序关键路径，减少面积消耗，提高代码可读性，应将相关的组合逻辑和可以复用的逻辑划分在同一模块层次中。

6.5.2　敏感列表类

应保证进程中的敏感列表完整、正确，避免敏感信号多余或缺失。组合逻辑敏感信号列表一般应包括所有影响进程输出的信号，时序逻辑敏感信号列表一般仅包括时钟和异步复位信号。

示例：

```
——遵循示例
process (a, b, enable)
begin
        if enable = '0' then
            out1 <= a;
        else
            out1 <= b;
        end if;
end process;
```

```
——违背示例
process (a, b)        ——组合逻辑中敏感列表缺少 enable 信号
begin
        if enable = '0' then
            out1 <= a;
        else
            out1 <=b;
        end if;
end process;
```

```
——违背示例
process (clk, rst_n, enable) ——时序逻辑中敏感列表 enable 信号多余
    begin
        if rst_n = '0'then
            out_reg <= '0';
        elsif clk'event and clk = '1' then
            if enable = '0' then
                out_reg <= a;
            end if
        end if;
end process;
```

6.5.3　声明定义类

1）多位信号、变量定义时必须设置位宽。

多位信号、变量定义时应根据使用要求设置具体位宽。

示例：

```
——遵循示例
——信号、变量定义时应设置位宽
…
signal S_i : std_logic_vector (1 downto 0) ;
…
S_i <= "01";
…
```

2）避免出现多余的信号。

设计中所有的信号应至少被使用过一次，避免出现没有使用的声明对象。

示例：

```
——违背示例
entity sig_ent is
port(
        rst_n : in std_logic;
        clk : in std_logic;
        cnt_out : out std_logic_vector (5 downto 0) );
end sig_ent;

architecture behave_arc of sig_ent is
signal S_count : std_logic_vector (5 downto 0);
signal cnt : std_logic_vector (5 downto 0);      ——程序中未使用，是多余信号
begin
        cnt_out <= S_count(5 downto 0);
process (rst_n, clk)
        begin
    if rst_n ='0' then
            S_count <= (others => '0');
        elsif clk'event and clk = '1'then
            S_count <= S_count +1;
        end if;
        end process;
end behave_arc;
```

3）条件判断表达式中避免使用"?""X""Z"等状态。

示例：

```
——违背示例
entity top_ent is
port(
            D_in : in std_logic;
            D_out : out std_logic );
end top_ent;
…
signal S_Ctrl_in : std_logic;
    D_out <= D_in when S_Ctrl_in = 'Z'else '1';    ——条件表达式中应避免使用"Z"
                                                        状态
…
```

```
——违背示例
entity top_ent is
port(
            D_in : in std_logic;
            D_out : out std_logic);
end top_ent;
…
signal S_Ctrl_in : std_logic_vector( 2 downto 0);
        D_out <= D_in when S_Ctrl_in = "1? 0 "else '1';    ——条件表达式中应避免使用
                                                            "?"状态
…
```

4）不应在一个进程中使用多个 event control 段。

当 process 语句 event control 段存在多个表达式时，会造成不同综合工具的综合差异，不利于代码的移植。

示例：

```
——违背示例
…
signal S_a, S_b : std_logic;
signal S_r : std_logic;
…
```

```
process (S_a, S_b)
    begin
      if S_a'event and S_a = '1'then
        if S_b'event and S_b = '1'then——不应在一个进程中使用多个event control段
          S_r = S_a xor S_b;
        end if;
      end if;
    end process;
…
```

6.5.4　命名类

1)信号、变量等自定义短标识符的命名禁止与关键字重复。

示例：

```
——违背示例
…
signal S_a : std_logic;
signal Label : std_logic;        ——信号命名与关键字重复
…
```

2)信号、变量、实体名等不同类型自定义的短标识符禁止采用相同的名称。

信号、变量等自定义的短标识符的命名要求如下：

a)应只包含字母、数字字符和下划线；

b)应以英文字母开头；

c)禁止末字符使用下划线；

d)禁止连续使用下划线。

3)禁止使用大小写英文字母区分不同的命名。

4)时钟的命名宜与一般的端口名字相区别，宜以clk_开始，以时钟频率或时钟用途标识结束，非时钟相关信号名称不宜包含clk。

示例：

```
——遵循示例
——时钟的命名宜与一般的端口名字相区别
entity clk_ent is
```

```
port(
            clk ：in std_logic；
            rst ：in std_logic；
            clk_10M ：out std_logic；
            clk_gps ：out std_logic ）；
end clk_ent；
```

5）命名规则具体要求如下：

· 信号名称不宜超过 20 个字符；

· 变量名称宜以 V 开始；

· 常量名称宜以 C 开始；

· 实体名称宜以_ent 结束；

· 实体名称约定文件宜是<entity>. vhd；

· 结构体名称宜以_arc 结束；

· 结构文件名称宜是<architecture>. vhd；

· 包名称宜以_pack 结束；

· 包声明文件名称宜是<package>. vhd；

· 包文件名称宜是<package>_body. vhd；

· 配置名称宜以_conf 结束；

· 配置声明文件名称宜是<configuration>. vhd；

· 部件名称宜以 comp 开始；

· 类型名称宜以 T 开始；

· 子类型名称宜以 ST 开始；

· 函数名称宜以 F 开始；

· 器件名称宜以 U 开始；

· 块标号名称宜以_block 结束；

· generate 标号名称宜以_gen 结束；

· 进程标号名称宜以_proc 结束；

· 初始信号名称宜以 P_开始；

· 输入端口名称宜以_in 结束；

· 输出端口名称宜以_out 结束；

· 输入/输出端口名称宜以_inout 结束；

· 初始化模块标号名称宜以_init 结束；

· 使能信号名称宜以_en 结束，非使能信号名称不宜使用_en 结束；

· 低有效信号名称宜使用_n 结尾；

· 经过一个反相器或缓冲器的信号名称宜仅改变信号后缀名；

　　· 复位端口名称宜使用 rst 起始命名，非复位信号名称里不宜包含 rst。
　　6)跨越多个模块层次的信号应该使用同样的命名。
　　当一个信号跨越多个模块层次时，在不同的层次使用同样的命名有助于提高程序的可读性和可维护性。
　　示例：

```
——遵循示例
entity rs422_ent is
port(
        clk : in std_logic；
        rst : in std_logic；
        rx_in : in std_logic；
        rx_data_out : out std_logic_vector（15 downto 0）；
        rx_syn_out : out std_logic）；
    end rs422_ent；
…
  rx_syn_out <= S_rx_synb and S_rx_syna；
——信号 clk、rst、rx_in、rx_data_out、rx_syn_out 跨越多个层次时采用相同的命名
rx_b_block : rec_ent
port map（ clk           => clk，
          rst           => rst，
          rx_in         => rx_in，
          rx_data_out => rx_data_out(15 downto 8)，
          rx_syn_out    => S_rx_synb）；
rx_a_block : rec_ent
port map（ clk           => clk，
          rst           => rst，
          rx_in         => rx_in，
          rx_data_out =>rx_data_out(7 downto 0)，
          rx_syn _out => S_rx_syna）；
…
```

6.5.5　运算类

　　信号应在赋值后使用。
　　信号在使用前要赋值，以保证其使用时具有确定的状态。

示例：

```
——违背示例
entity example_ent is
port(
            SEL_in : in std_logic;
      DATA_out : out std_logic );
end example_ent;

architecture behave_arc of example_ent is
signal S_tmp : std_logic;
begin
process (SEL_in, S_tmp)
      begin
        if(SEL_in = '1') then
      DATA_out <= S_tmp;       —— S_tmp 信号在使用前没有赋值
    else
        DATA_out <= '0';
    end if;
        end process;
end behave_arc;
```

1）运算符两端信号或参数位宽应相等。

运算符两端信号或参数位宽应相等，具体要求如下：

a）赋值语句、比较语句、运算语句中的符号左右两端信号或参数长度应该相等；

b）在 case 语句中，case 表达式和 case 条件语句中的信号或参数的长度应该相等。

2）常量赋值表达式等号右边应为固定整型值或可计算的固定整型值。

设计中所有的常量应具有可计算性，且为固定的整型值，否则被声明或赋值的常量在编译期间无法参与计算。

示例：

```
——遵循示例
——常量赋值表达式可以计算出明确的数值
…
Signal S : integer;
constant Cint1 : integer : = 1;
constant Cint2 : integer : = Cint1 + 1;
…
begin
S <= Cint1 + Cint2;
…
```

3）不应在整数、实数和无符号整数之间使用隐式转换。

在整数、实数、无符号整数任何两种类型之间进行隐式转换，会影响程序的可移植性。

示例：

——遵循示例

…

signal u1：unsigned（3 downto 0）；

signal int1：integer range 0 to 15；

…

int1 <= to_integer（u1）；——使用转换函数进行不同数据类型之间的转换

…

——违背示例

…

signal u1：unsigned（3 downto 0）；

signal int1：integer range 0 to 15；

…

int1 <= u1；——将无符号数隐式转化为整数

…

4）避免将有符号数和无符号数混用于同一运算式。

示例：

——违背示例

…

signal u1，u2：unsigned（3 downto 0）；

signal s1：signed（3 downto 0）；

…

u2 <= u1 + s1；——将有符号数和无符号数混于同一运算式中

…

5）同一模块中的单向信号不应有多重驱动。

采用多个信号驱动同一个信号，容易造成信号的冲突。

示例：

——违背示例
…
signal S_net_1, S_net_2, S_net_3, S_net_4 : std_logic;
…

      out <= S_net_1 and S_net_2;

      out <= not (S_net_3 nor S_net_4);
——out 被多个信号驱动
…

---

6) 相同的信号源应避免驱动同一个寄存器的多个异步信号端。

为在设计中避免竞争情况,需要避免使用同一信号驱动一个寄存器的多个异步信号端。

示例:

——违背示例
——相同的信号源不应驱动同一个寄存器的多个异步信号端
…
test_block: test_ent   ——rst 和 set 分别为 test_block 模块的复位端和置位端
port map(clk   => clk,

               rst   => rst_c,   ——使用 rst_c 信号驱动复位端

               d_in   => d_in,

               set   => rst_c,   ——使用 rst_c 信号驱动置位端

               d_out => d_out);
…

---

7) 三态节点的使能端和输入端不宜被同一信号源驱动。

示例:

——违背示例
entity example_ent is
port(

        d_in : in std_logic;

        en_in : in std_logic;

        clk : in std_logic;

        rst : in std_logic;

        d_out : out std_logic);
end example_ent;
…

```
signal S_ctrl : std_logic;
signal S_tmp1 : std_logic;
S_ctrl <= d_in and S_tmp1;
        d_out <= S_ctrl   when S_ctrl = '1'else 'Z';
        ——输入信号和使能信号被相同的信号源(S_ctrl)驱动
...
```

8) 不宜使用组合逻辑的输出控制三态门。

组合逻辑易由于竞争冒险产生毛刺，不宜使用组合逻辑输出作为使能信号控制三态门。

示例:

```
——违背示例
entity example_ent is
port(
        a_in : in std_logic;
        b_in : in std_logic;
        d_in : in std_logic;
        d_out : out std_logic );
end example_ent;
...
signal S_c : std_logic;
     S_c <= a_in xor b_in;
     d_out <= d_in when S_c = '0'else 'Z';     ——使用组合逻辑的输出控制三态门
...
```

6.5.6　循环控制类

用于控制循环终止条件的参数必须为常量。
示例:

```
——遵循示例
...
SUM: for i in 1 to 3 loop     ——用于控制循环终止条件的参数为常量
sum = sum + i;
end loop SUM;
```

1) 禁止在 for 循环体内修改循环变量。

示例：

```
——违背示例
…
SUM: for i in 1 to 3 loop
  sum = sum + i;
  i = i + 1;              ——在循环体内修改循环变量
end loop SUM;
…
```

2) while 语句条件表达式不应为常量。

示例：

```
——遵循示例
…
i = 1;
sum = 0;
while i <= 5 loop
sum = sum + i;
      i = i + 1;
end loop;
```

6.5.7 分支控制类

case 语句表达式不应为固定常量。

case 语句执行时，根据条件数值选择不同分支执行，如果条件表达式为常量，则其余分支多余。

示例：

```
——违背示例
entity example_ent is
port(
        A_in, SEL_in : in std_logic;
    A_out : out std_logic );
end example_ent;

architecture behave_arc of example_ent is
        constant CTMP : std_logic : = '1';
```

```
        constant CFS_COND ：std_logic ：= ′1′；
begin
process（SEL_in，A_in）
        begin
        ——case 语句的条件表达式不应为常量
          case（CFS_COND）is
        when CTMP => A_out <= A_in；
        when others => A_out <= ′X′；
end case；
        end process；
end behave_arc；
```

1）case 语句的分支不应使用变量或者变量表达式。

示例：

```
——违背示例
case（Va）is
when ″01″：Vb = Va；
when ″10″：Vb = Va + 1；
when ″Vc + Vd″：Vb = 1；——使用变量或者变量表达式作为 case 语句的分支
…
end case
```

2）case 语句除所有条件分支能完全覆盖其表达式或状态机寄存器的所有取值外，必须包含一个 when others 分支。

示例：

```
——遵循示例
case（Va & Vb & Vc）is
        when ″100″ =>
                base_addr_r（24 downto 0）<= VA + （code_r（7 downto 0）& ″000000″）；
        when″000″ =>
                base_addr_r（24 downto 0）<= VB + （code_r（7 downto 0）& ″000000″）；
        when ″101″ =>
                base_addr_r（24 downto 0）<= VC + （code_r（7 downto 0）& ″000000″）；
        when ″001″=>
```

```
                base_addr_r(24 downto 0) <= VD + (code_r(7 downto 0) & "000000");
        when "010" =>
                base_addr_r(24 downto 0) <= VE + (code_r(7 downto 0) & "000000");
——case 语句包含一个 when others 分支
        when others => base_addr_r(24 downto 0) <= base_addr_r(24 downto 0);
end case;
```

```
——遵循示例
type state is (s0, s1, s2, s3, s4, s5);
signal nstate, cstate : state;
…
process (cstate, …)
begin
        nstate <= s0;
        casenstate is
         whens0 =>
                …
         whens1 =>
                …
         whens2 =>
                …
         whens3 =>
                …
         whens4 =>
                …
         whens5 =>
                …
—— case 语句包含一个 when others 分支
        when others =>
                …
        end case;
end process;
```

3）组合逻辑中 if 语句应包含 else 分支。

组合逻辑中，if 语句若缺少 else 分支，会出现锁存器，因此组合逻辑中 if 语句应包含 else 分支。

示例：

```
——遵循示例
architecture behave_arc of example_ent is
begin
process (a, en)
      begin
        if (en = '1') then
          c <= a;
      else
          c <= 0;
      end if;
        end process;
end behave_arc;
```

```
——违背示例
architecture behave_arc of example_entis
begin
process (a, en)
      begin
        if (en = '1') then      ——if 语句缺少 else 分支
          c <= a;
        end if;
      end process;
end behave_arc;
```

4）不宜在进程中出现空语句。

示例：

```
——遵循示例
architecture behave_arc of example_ent is
begin
      process (a, en)
        begin
          if (en = '1') then
          c <= a;
          else
            c <= 0;
          end if;
      end process;
end behave_arc;
```

```
——违背示例
architecture behave_arc of example_ent is
begin
        process（a, en）
          begin
            if（en = '1'）then
            c <= a;
            else
                NULL;——不宜在进程中出现空语句
        end if;
         end process;
end behave_arc;
```

5）多级 if…else 语句应重视优先级顺序对性能的影响。

第一级 if 优先级最高，路径延时也最短。如果存在关键路径的信号，宜结合功能实现将其放在靠前的 if 语句内。

6.5.8　时钟类

禁止时钟信号再汇聚。

时钟信号再汇聚，即时钟信号经过不同路径后进行组合逻辑处理产生一个信号作为时钟信号，再汇聚路径易导致时钟路径上发生时序冲突。

示例：

```
——违背示例
entity example_ent is
port(
        clk : in std_logic;
        rst_n : in std_logic;
        sel1 : in std_logic;
        sel2 : in std_logic;
        din : in std_logic;
        dout : out std_logic );
end example_ent;

architecture behave_arc of example_ent is
signal clk1 : std_logic;
signal clk2 : std_logic;
```

```
signal clk_sel : std_logic;
begin
        clk1 <= sel1 and clk;
        clk2 <= sel2 or clk;
        clk_sel <= clk1 and clk2;　——此处的时钟信号在时钟网络上发生了再汇聚
process (rst_n, clk_sel)
        begin
          if( rst_n = '0')then
            dout <= '0';
          elsif clk_sel'event and clk_sel = '1' then
          dout <= din;
          end if;
        end process;
end behave_arc;
```

上述代码的电路示意图如图 6-37 所示。

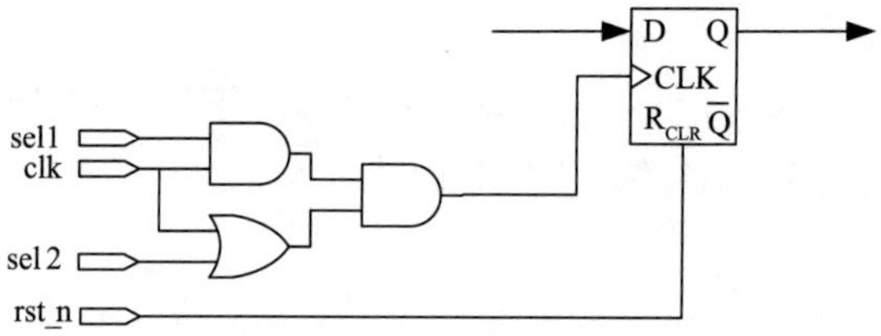

图 6-37　代码电路示意图

1)禁止时钟信号连接到多路选择器的控制端。

示例:

```
——违背示例
entity example_ent is
port(
        clk : in std_logic;
        d_in : in std_logic;
        d_out : out std_logic );
end example_ent;
…
  d_out <= d_in when clk = '1'else '0';　——时钟信号连接到多路选择器的控制端
…
```

2）不宜使用组合逻辑产生的时钟。

由于组合逻辑容易产生毛刺，引起触发器的错误翻转，设计中不宜使用组合逻辑产生的时钟。

示例：

```
——违背示例
entity example_ent is
port(
        a_in : in std_logic;
        b_in : in std_logic;
        d_in : in std_logic;
        d_out : out std_logic );
end example_ent;
architecture behave_arc of example_ent is
signal clk : in std_logic;
begin
        clk <= a_in and b_in;      ——组合逻辑产生时钟
process (clk)
        begin
          if clk'event and clk = '1' then   ——使用组合逻辑产生的时钟
            d_out <= d_in;
          end if;
        end process;
end behave_arc;
```

3）避免使用门控时钟。

使用门控时钟易因毛刺引起误触发，因此应避免使用门控时钟。

示例：

```
——违背示例
entity example_ent is
port(
      clk : in std_logic;
          …
      clk_out : out std_logic );
end example_ent;
…
```

```
signal s1 : std_logic;
…
clk_out <= clk and s1; ——输出时钟由输入时钟、控制信号经与门产生，容易产生毛刺
…
```

4）同一进程中应只使用一个时钟。

示例：

```
——违背示例
process(clk_1, clk_2)    ——在一个进程中使用多个时钟
  begin
        if rising_edge(clk_1)then
            a <= b;
        end if;
        if rising_edge(clk_2)then
            c <= d;
        end if;
  end process;
```

5）对跨时钟域信号应采取同步处理措施。

异步信号未经同步使用，可能产生亚稳态，引起错误。

示例：

```
——违背示例
——示例中 a_in 为外部输入信号，与时钟 clk 异步
entity example_ent is
port(
        a_in : in std_logic; —— a_in 为外部的异步信号
        clk : in std_logic;
        d_out : out std_logic_vector  (1 downto 0) );
end example_ent;

architecture behave_arc of example_ent is
signal S_cnt : std_logic_vector(1 downto 0);
…
```

```
begin
process ( clk )
  begin
        if clk'event and clk = '1' then
          if( a_in = '1' ) then    ——a_in 为外部的异步信号，此处未经同步化直接使用
            S_cnt <= S_cnt + 1;
          end if;
        end if;
      end process;

  d_out <= S_cnt;
…
end behave_arc;
```

```
——遵循示例
entity example_ent is
port(
        a_in : in std_logic;
        clk : in std_logic;
        d_out : out std_logic_vector ( 1 downto 0 ) );
end example_ent;

architecture behave_arc of example_ent is
signal S_cnt : std_logic_vector( 1 downto 0 );
signal a_reg1 : std_logic;
signal a_reg2 : std_logic;
…
begin
process ( clk )    ——同步输入信号 a_in
      begin
        if clk'event and clk = '1' then
          a_reg1 <= a_in;
          a_reg2 <= a_reg1;
        end if;
      end process;
```

```
process（clk）
    begin
      if clk′event and clk = ′1′ then
        if( a_reg2 = ′1′) then    ——使用同步后的信号
          S_cnt <= S_cnt + 1;
        end if;
      end if;
    end process;

    d_out <= S_cnt;
…
end behave_arc;
```

6）全局时钟宜使用全局时钟布线资源。

全局时钟布线资源能够提供器件中最短的时钟到输出的延时，是最简单和最可预测的时钟，因此在资源允许的条件下宜使用全局时钟布线资源。

示例：

```
——遵循示例(以某公司芯片设计为例)
…
entity example_ent is
port(
…
    clk_in : in std_logic;
…
);
end example_ent;
…
BUFG_inst : BUFG
port map( O => clk,        ——将输入时钟连接至全局时钟网络后再使用
          I => clk_in );
…
```

7）不宜使用行波时钟。

行波时钟在行波链上各触发器时钟之间会产生较大的时钟偏移，降低系统的实际速度，并且有可能超出最坏情况下的建立时间、保持时间，因此在设计中不宜使用行波

时钟。

示例：

——违背示例（图 6-38）
——使用前级触发器的输出信号作为后级触发器的时钟信号

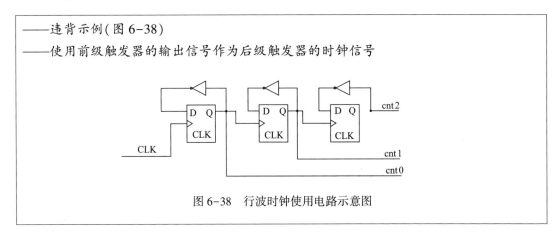

图 6-38　行波时钟使用电路示意图

8）在设计中宜使用较少的时钟域，最好只使用一个时钟域。

多时钟域易引起亚稳态、时序分析困难等问题，因此在设计中宜减少时钟域，最好只使用一个时钟域。

9）时钟信号源不宜驱动不同时钟沿触发的寄存器。

设计中使用时钟信号的两个变化沿，既不利于时序分析，也不利于时序同步，因此时钟信号源不应驱动不同时钟沿触发的寄存器。

示例：

```
——违背示例
entity top_ent is
port(
        clk : in std_logic;
        rst_n : in std_logic;
        D_in : in std_logic;
        D_out : out std_logic );
end top_ent;

architecture behave_arc of top_ent is
signal S_Dout1_r, S_Dout_temp_r : std_logic;
begin
process ( clk, rst_n)
        begin
          if rst_n = '0' then
             S_Dout_temp_r<= 0;
          elsif clk'event and clk = '1'then ———此处使用时钟信号上升沿
```

```
        S_Dout_temp_r <= D_in;
           end if;
        end process;
process (clk, rst_n)
      begin
        if rst_n = '0' then
           D_out <= 0;
        elsif clk'event and clk = '0'then ————此处使用时钟信号下降沿
           D_out <= S_Dout_temp_r;
        end if;
      end process;
end behave_arc;
```

10) 避免在时钟路径上插入反相器或缓冲器。

在时钟路径上插入反相器或缓存器会增加时钟信号的偏移，引起时序错误，并使时序余量变小，因此不宜在时钟路径上插入反相器或缓冲器。

示例：

```
——违背示例
entity top_ent is
port(
        clk : in std_logic;
        reset : in std_logic;
        D_in : in std_logic;
        D_out : out std_logic );
end top_ent;

architecture behave_arc of top_ent is
…
signal clock_1 : std_logic;

clock_1 <= not clk; ——在时钟路径上使用反相器
INBUF_0_inst : INBUF
port map(PAD => clock_1,
            Y => clock_2 ); ——在时钟路径上使用缓存器
process (reset, clock_2)
…
end process;
end behave_arc;
```

6.5.9　复位及初始化类

1) 禁止将寄存器的输出反馈到异步复位(置位)端。

同一个寄存器的输出信号不应经过组合逻辑后再反馈回异步复位(置位)端。

示例：

```
——违背示例
…
U5：GTECH_FD2
    port map ( D    => in2_in,
               CP => clk,
               CD => rst,
               Q    => out1_out );
——触发器 U5 的输出经组合逻辑后又反馈回 U5 复位端。
rst <= in1_i and out1_out;
…
```

2) 同一寄存器的复位与置位信号不应来自同一个信号。

使用同一个信号作为寄存器的置位与复位信号会导致竞争与冒险，从而导致数据错误。

3) 在异步复位释放时应采用同步释放的方式，避免异步复位释放时的亚稳态。

示例：

```
——违背示例
…
process ( clk, rst_n) ——复位信号 rst_n 与时钟 clk 为异步关系
begin
    if ( rst_n = '0' ) then ——rst_n——释放时寄存器 S_test 存在亚稳态风险
        S_test <= "00";
…
——遵循示例
…
process ( clk, rst_n)
begin
    if( rst_n = '0' ) then
        rst_n_syn0 <= '0';
```

```
            rst_n_syn1 <= '0';
        elsif clk'event and clk = '1' then  ——对异步复位信号进行同步释放处理
            rst_n_syn0 <= 1;
            rst_n_syn1 <= rst_n_syn0;
        end if;
end process;
…
process（clk，rst_n_syn1）——使用可以同步释放的复位信号进行复位
begin
        if( rst_n_syn1 = '0') then
            S_test <= "00";
…
```

4）寄存器复位端口禁止悬空。

示例：

```
——违背示例
…
example_ent_inst : example_ent
port map（clk => clk，
            out_1 => out_1 );      ——复位端口被悬空
…
entity example_ent is
port(
        clk : in std_logic；
        rst : in std_logic；
        out_1 : out std_logic );
end example_ent；
…
```

5）应使用复位/置位操作对寄存器进行初始化。

声明初始化方式对某些器件型号、综合工具是无法综合的。因此，对寄存器的初始化不宜采用声明初始化方式，应使用复位/置位操作初始化；当存在信号无法通过复位/置位操作初始化，且确认使用的器件可以采用声明初始化时，则采用声明初始化方式。

示例：

——违背示例

…

signal S_test : std_logic_vector(1 downto 0)： = "10"； ——声明初始化可能无法综合

…

——遵循示例

…

process（clk，rst_n)

begin

       if(rst_n = '0') then

      S_test <= "10"； ——使用复位操作对寄存器进行初始化

…

6）在同一时刻宜使用同一个复位域对所有模块进行复位。

在同一时刻内存在多个复位域可能混淆设计的初始状态，引起信号的冲突。

7）宜将系统复位信号设置为全局时钟网络。

将系统复位信号设置为全局时钟网络，可以保证复位信号延迟最小，使所有触发器同时进行全局复位。

示例：

——遵循示例

…

BUFG_inst ：BUFG ——将复位信号连接至全局时钟网络

port map（O => g_rst_n,

           I => rst_n)；

…

process（clk，g_rst_n) ——使用经过全局时钟网络后的复位信号

begin

      if(g_rst_n = '0') then

…

8）不宜用时钟信号做复位(置位)操作。

在同步电路中，不宜将时钟信号作为复位(置位)信号使用。

9）同步复位时，外部复位信号宜使用两级级联寄存器同步。

同步复位时，为满足复位及复位释放时的时序要求，宜使用与目标寄存器同一时钟域相同时钟沿的两级级联寄存器同步外部复位信号。

示例：

——遵循示例

…

process（clk）——复位信号 rst_n 在时钟域 clk 下两级同步

begin

  if clk′event and clk ＝ ′1′ then

        rst_n_syn0 <= rst_n;

        rst_n_syn1 <= rst_n_syn0;

     end if;

end process;

…

process（clk）——使用同步之后的复位信号进行同步复位

begin

     if clk′event and clk <= ′1′ then

      if(rst_n_syn1 ＝ ′0′) then

        S_test <= ″00″;

…

10)同一个复位(置位)信号宜使用唯一的有效电平。

在设计中使用复位(置位)信号的两个有效电平，不能保证各模块同时复位(置位)。

示例：

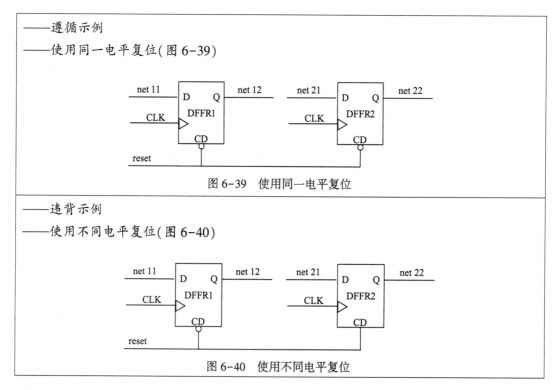

——遵循示例

——使用同一电平复位(图 6-39)

图 6-39　使用同一电平复位

——违背示例

——使用不同电平复位(图 6-40)

图 6-40　使用不同电平复位

11）组合逻辑作为复位信号时应该被同步，避免组合逻辑产生毛刺导致误复位。

示例：

```
——遵循示例
…
rst_n <= rst_a and rst_b;  ——复位信号由组合逻辑产生
process（clk）
begin
        if clk′event and clk = ′1′ then   ——对复位信号进行同步化处理，消除毛刺
            rst_n_syn0 <= rst_n;
            rst_n_syn1 <= rst_n_syn0;
        end if;
end process;
process（clk, rst_n_syn1）——使用同步处理后的复位信号进行复位
begin
        if（rst_n_syn1 = ′0′）then
…
```

6.5.10　状态机类

1）对状态机中的无效状态应进行合理处理。

为避免状态机死锁，对状态机中无效的状态应进行合理的处理。

示例：

```
——违背示例
——程序中状态机进入无效状态后置空操作，可能导致状态机死锁
singal    current_state_r, next_state_r : std_logic_vector（1 downto 0）;
constant Cst0 : std_logic_vector（1 downto 0）  : =  ″00″;
constant Cst1 : std_logic_vector（1 downto 0）  : =  ″01″;
constant Cst2 : std_logic_vector（1 downto 0）  : =  ″10″;
constant Cst3 : std_logic_vector（1 downto 0）  : =  ″11″;
…
case current_state_r is
  when Cst0 =>
…
```

```
   when Cst1 =>
…
   when Cst2 =>
…
```
——当程序的状态机进入无效状态后执行 when others 分支，由于程序未对无效状态进行任何处理，状态机一旦进入无效状态，则无法再返回到正常状态，导致状态机死锁
```
   when others => null;
end case
```

——遵循示例
```
singal    current_state_r, next_state_r : std_logic_vector (1 downto 0) ;
constant Cst0 : std_logic_vector (1 downto 0)    : = "00" ;
constant Cst1 : std_logic_vector (1 downto 0)    : = "01" ;
constant Cst2 : std_logic_vector (1 downto 0)    : = "10" ;
constant Cst3 : std_logic_vector (1 downto 0)    : = "11" ;
…
case current_state_r is
   when Cst0 =>
…
   when Cst1 =>
…
   when Cst2 =>
…
```
——进入无效状态后返回到初始状态。
```
   when others => next_state_r <= Cst0;
end case
```

2）应对状态机综合属性进行适当的设置，确保对无效状态的处理综合有效。

应对状态机综合属性进行适当的设置，确保状态机综合后包含对无效状态的处理。可以通过在综合设置中勾选"安全模式"或在代码中增加综合属性约束等方式进行设置。

示例：

——遵循示例
——使用 Synplify 综合工具时，可以在代码中增加综合属性设置
```
type state is (s0, s1, s2, s3, s4, s5) ;
signal nstate, cstate : state;
attribute syn_encoding of cstate : signal is "safe, gray";
```

3）状态机应初始化为合法状态。

应使用全局复位信号使状态机初始化为已知的合法状态。

示例：

```
——遵循示例
process（rst_n, clk）
begin
  if rst_n = '0' then
    current_state_r <= IDLE;      ——初始化为 IDLE 状态
  elsif rising_edge（clk）then
  …
  end if;
end process;
```

4）宜使用三段式状态机。

状态机宜使用三段式描述，使用三段式状态机可提高可读性和规范性。

示例：

```
——遵循示例
…
——第一个进程，同步时序进程，描述次态寄存器迁移到现态寄存器
process（rst_n, clk）
begin
    if rst_n = '0' then
      current_state_r <= IDLE;
    elsif rising_edge（clk）then
      current_state_r <= next_state_r;
    end if;
end process;
…
——第二个进程，组合逻辑进程，描述状态转移条件判断
process（current_state_r, AD_start, …）
begin
    next_state_r <= IDLE;
    case current_state_r is
      when IDLE =>
```

```vhdl
                    if AD_start = '1' then
                        next_state_r <= STATE_1;
                    else
                        next_state_r <= IDLE;
                    end if;
                when STATE_1 =>
                    next_state_r <= STATE_2;
                    ...

        when others =>
                    next_state_r <= IDLE;
            end case;
end process;
——第三个进程，同步时序进程，描述次态寄存器输出
process (rst_n, clk)
begin
        if rst_n = '0' then
            AD_CS <= '1';
            AD_RD <= '1';
            AD_DONE <= '0';
        ...

    elsif rising_edge(clk) then
            case next_state_r is
                when IDLE =>
                    AD_CS <= '1';
                    AD_RD <= '1';
                    AD_DONE <= '0';
                    ...

        when STATE_1 =>
                    AD_CS <= '0';
                    ...

        end case;
    end if;
end process;
```

5）宜使用枚举类型来声明状态机。

示例：

——遵循示例

——枚举类型定义状态机

type state_values is（IDLE, Conv_Start, Config_Start, Write_Parameter）；

signal state, next_state : state_values；

6）状态机中的状态数量及编码方式要求如下：

a）有限状态机中状态的数量过大会产生较复杂的组合逻辑电路，使时序路径上的传输延时增大，状态机的数量一般应少于 40；

b）二进制编码需要的寄存器较少，但对状态机译码时，需要比较多的组合逻辑，在面积重要时，建议采用二进制编码；

c）独热编码需要较多的寄存器，但状态机之间需要的组合逻辑资源比较少，能够提高逻辑的速度，在速度重要时，建议采用独热编码；

d）格雷编码需要较少的寄存器，但形成的组合逻辑比较复杂，格雷码每个相邻的状态的切换只有一个比特的信号跳变，速度较快，在组合逻辑资源较多，且状态跳转顺序确定时，建议采用格雷编码。

示例：

——遵循示例

——采用二进制编码

type state_values IS（s0, s1, s2, s3, s4）；

SIGNAL nstate, cstate : state_values；

attribute syn_encoding of cstate : signal is "safe, sequential"

——遵循示例

——采用独热编码

type state_values IS（s0, s1, s2, s3, s4）；

SIGNAL nstate, cstate : state_values；

attribute syn_encoding of cstate : signal is "safe, onehot"；

——遵循示例

——采用格雷编码

type state_values IS（s0, s1, s2, s3, s4）；

SIGNAL nstate, cstate : state_values；

attribute syn_encoding of cstate : signal is "safe, gray"；

6.5.11　综合/约束类

1) 在用于综合的代码中避免使用不可综合的代码。

示例：

```
——空字符串常量不可综合
…
architecture DCVHDL_2159_arch of DCVHDL_2159 is
——违背示例
constant N : string : = ""; —— 错误
——遵循示例
constant B : integer : = 4; ——正确
begin
…
end DCVHDL_2159_arch；
```

```
——非整型 generic 不可综合
——违背示例
…
entity DCVHDL_2024 is
generic(delay : string : = "temp"); ——错误
port(
        B : in std_logic;
        A : out std_logic_vector (1 downto 0));
end DCVHDL_2024；


——遵循示例
…
entity ex175 is
generic (n : integer : = 8); ———正确
port(
        A : in std_logic_vector (n-2 downto 0);
        D : in std_logic;
        C : out std_logic;
        B : out std_logic_vector (n-1 downto 0));
end ex175；
```

2)在进行约束设置时，应避免不同的约束间出现矛盾。

顶层时序约束和模块时序约束应保持一致。这些时序约束一般包括时钟约束、I/O 延迟约束、伪路径约束、多周期路径约束、最大/最小延迟约束等。

示例：

```
——违背示例
attribute syn_preserve : boolean;
attribute syn_preserve of current_state : signal is true——保护信号 current_state 不被优化
attribute syn_encoding of current_state : signal is "safe, gray"; ——状态机安全模式设置
——不同约束之间出现矛盾，导致状态机安全模式设置约束失效
```

3)避免使用 buffer 类型的端口。

示例：

```
——违背示例
entity example_ent is
port(
            in_1 : in std_logic;
…
            out_1 : buffer std_logic ); ——应避免使用 buffer 类型
    end example_ent;
```

4)应在约束文件中对设计的每个时钟进行定义并添加周期约束。

应在约束文件中对设计的每个时钟进行定义，在对时钟进行定义的同时应设置其时钟周期。

示例：

```
——违背示例
——该示例的约束文件仅对 clk_1 进行了定义和周期约束，没有对 clk_2 进行定义和周期约束，工具无法对 clk2 时序路径的符合性进行确认
——约束文件
create_clock -name clk_1 -period 20 [ get_pins clk_1 ]
——设计文件
entity clk_ent is
port(
            clk_1 : in std_logic;
            clk_2 : in std_logic;
            … );
```

```
end clk_ent;
architecture behave_arc of clk_ent is
…
process (clk_1, …)
begin
  …
end process;
process (clk_2, …)
begin
…
end process;
end behave_arc;
```

6.5.12　注释类

1) 文件开头宜添加注释。

注释应使用英文书写，注释内容包括研制单位、作者、创建日期、工程名、模块名、版本号、所属项目、测试程序名、目标器件、软件工具及版本号、功能简介、模块结构、修改记录等。

示例：

```
——遵循示例
IEEE STD 1076-2008 VHDL file: CPU_TOP. vhd
Description: XX-3 CPU TOP control
Company: FPGA Panel, XXX
Author: mary
Project name: CPU_ctrl
Version: V1. 00
Date: 2015-2-20
FPGA type: actel APA300
Development tools: libero V9. 0
Revision history:
Revision 1   2015-3-9 10: 33: 59 mary
Delete "rd_reg" signal
Revision 2   2015-4-8 11: 07: 23 mary
Add synthesize restriction: synthesis syn_encoding = "safe"
Add state default restriction
Copyright(C) 2015, XXX Institute, All rights reserved
…
```

2）端口定义的输入输出信号宜添加注释说明，注释宜靠近信号定义。

3）内部信号、变量宜添加注释说明，注释宜靠近信号定义。

6.5.13　编码格式类

1）宜使用空行进行适当的分隔。

具体要求如下：

a）代码书写应分节，各节之间宜采用一个或多个空行分隔；

b）功能集中或相关性较强的变量或信号的声明宜放在一起，用空行或注释分开。

2）程序编写时应注意对齐和缩进。

具体要求如下：

a）行首用空格键对语句进行对齐和缩进；

b）行尾不宜有多余空格；

c）同一个层次的所有语句左端对齐，不同层次之间的语句使用空格键缩进；

d）嵌套语句宜逐层缩进对齐；

e）端口、信号、变量定义应对齐；

f）模块例化时，端口映射应对齐。

3）应使用空格进行适当的分隔。

具体要求如下：

a）不同变量、变量与符号、变量与括号之间宜保留一个空格；

b）赋值符号两边宜保留一个空格；

c）运算符两边宜保留一个空格。

4）其他要求。

a）一行代码字符数不宜超过 72 个；

b）同一行代码中不宜有多个 HDL 语句；

c）调用模块进行端口映射时，一行代码只映射一个信号；

d）文件的引用要使用相对路径，而不是绝对路径。

6.6　本章小结

本章介绍了可编程逻辑器件软件实现阶段的技术要求，并通过应用举例的方式对可编程逻辑器件软件设计工作过程进行了描述，同时归纳总结了航天型号可编程逻辑器件软件设计及编码的 13 类基本要求，以供读者在工程实践中参考。

第7章 可编程逻辑器件软件测试

7.1 可编程逻辑器件软件测试基本概念

7.1.1 测试目的

可编程逻辑器件软件测试的目的是：

1）测试可编程逻辑器件软件是否满足《软件研制任务书》《软件需求规格说明》《软件设计说明》等所规定的要求。

2）发现可编程逻辑器件软件错误。

3）为可编程逻辑器件软件产品质量的评价提供依据。

7.1.2 测试内容

可编程逻辑器件软件测试过程中，应根据《软件研制任务书》《软件需求规格说明》《软件设计说明》等文档要求，采用合理的测试方法，对可编程逻辑器件软件单元、配置项、系统的功能要求、性能要求、时序要求、接口要求、强度要求、余量要求、安全性要求、边界要求和功耗要求等开展测试，主要涉及的测试方法有设计检查（编码规则检查、跨时钟域分析）、功能仿真、门级仿真、时序仿真、静态时序分析、逻辑等效性检查、实物测试等。

7.1.3 测试过程

随着 FPGA 设计规模的不断扩大以及广泛应用，其重要性和复杂性也日渐提高，对 FPGA 测试的需求也日益迫切。FPGA 测试是对 FPGA 设计开发的把关，是设计开发的质量保证。

FPGA 测试验证与设计开发相辅相成。要了解 FPGA 验证的流程，首先需要对 FPGA 设计流程进行研究分析。

（1）HDL 的设计与验证流程

HDL 的基本功能就是有效地描述并仿真硬件系统。这节抛开具体的 PLD 或 ASIC 设计流程，从 HDL 层次入手，分析典型的 HDL 设计与验证流程。

①系统与功能模块定义（系统与功能模块级）

在大型系统的设计与实现中，首先要进行详细的系统规划和描述。此时 HDL 描述侧重于对整体系统的规划和实现。系统级仿真的主要目标是对系统的整体功能和性能指标进行衡量。系统级设计与仿真多采用高级描述语言，如 C/C++、System C 和 System Verilog 等。系统级描述完成后，应该进一步将系统功能划分为可实现的具体功能模块，大致确定模块间的接口，如时钟、读写信号、数据流和控制信号等，并根据系统要求描述出每个模块或进程的时序约束，这个细化的过程称为功能模块级设计。

功能模块级仿真主要是考察每个子模块或进程的功能与基本时序。在系统级与功能模块级设计层次，必须整体权衡多种实现方案之间孰优孰劣，根据系统性能指标要求，从整体上优化实现方案，从而更有效地满足设计需求。

②行为级描述测试激励(Behavior Level)

行为级模块描述的最大特点是必须明确每个模块间的所有接口和边界。此时模块内部的功能已经明确，模块间的所有接口、顶层的输入和输出信号等在行为级已经被清晰地描述出来。在 PLD 和 ASIC 设计流程中，常用行为级描述方式编写测试激励。延时描述、监视描述等命令都是在编写测试激励的过程中常用的行为级语法。行为级描述常使用 HDL 语言 Verilog 和 VHDL 等。

③寄存器传输级(Register Transfer Level，RTL)

寄存器传输级指不关注寄存器和组合逻辑的细节(如使用了多少逻辑门，逻辑门之间的连接拓扑结构等)，通过描述寄存器到寄存器之间的逻辑功能描述电路的 HDL 层次。RTL 是比门级更高的抽象层次，使用 RTL 描述硬件电路一般比门级要简单、高效得多。寄存器传输级描述的最大特点是可以直接用综合工具将其综合为门级网表。RTL 设计直接决定着设计的功能和效率。好的 RTL 设计能在满足逻辑功能的前提下，使设计的速度和面积达到一种平衡。RTL 描述最常用的 HDL 语言是 Verilog 和 VHDL。

④对 RTL 描述进行功能仿真

一般来说需要对 RTL 设计进行功能仿真，仿真的目的是验证 RTL 描述是否与设计意图一致。为了提高效率，功能仿真的测试激励一般使用行为级的 HDL 描述。

⑤逻辑综合(使用 RTL-EDA 工具)

RTL 综合指将 RTL-HDL 翻译成由与、或、非门等基本逻辑单元组成的门级连接(网表)，并根据设计目标与要求(约束条件)优化所生成的逻辑连接，输出门级网表文件。随着综合工具的不断智能化，使用 RTL 语言描述硬件电路越来越方便，特别是在可编程逻辑器件(PLD，主要指 FPGA 和 CPLD)设计领域，最重要的代码设计层次就是 RTL。

⑥门级(Gate Level)

目前大多数的 FPGA 设计都依靠专业综合工具完成从 RTL 代码向门级代码的转换，设计者直接用 HDL 描述门级模型的情况越来越少，高效的综合工具将设计者从复杂烦琐的门级描述中彻底解放出来。目前需要直接使用门级描述的情况一般是 ASIC 和 FPGA 设计中有较高面积或时序要求的模块。门级描述的特点是整个设计用逻辑门实现，通过逻辑门的组合显化描述设计的引脚、功能和时钟周期等信息。

⑦综合后门级仿真

综合完成后如果需要检查综合结果是否与原设计一致，需要进行综合后仿真。在仿真时，把综合生成的标准延时文件反标注到综合仿真模型中，可估计门延时所带来的影响。综合后仿真虽然比功能仿真精确一些，但是只能估算门延时，不能估算线延时，仿真结果与布线后的实际情况还有一定的差距，并不十分准确。这种仿真的主要目的在于检查综合结果是否与原设计一致。

目前主流综合工具日益成熟，对于一般性设计而言，如果设计者确信自己的表述准确，不会产生歧义，则可以省略综合后仿真这一步骤。一般情况下，综合后仿真与功能仿真的仿真激励相同。

⑧布局规划与布局布线

综合的门级结果最终要映射到目标库（如 ASIC 设计）或目标器件（如 PLD 设计）中。由于本书的重点为 HDL 设计，因此这里不再深究 ASIC 与 PLD 设计的相关流程。

⑨布局布线后的时序仿真与验证

将最终布局规划或布局布线的延时信息反标注到设计网表中所进行的仿真就叫时序仿真或布局规划与布局布线后仿真（简称后仿真）。布局规划与布局布线之后生成的仿真延时文件包含的延时信息最全，不仅包含门延时，还包含实际的布线延时，所以时序仿真最准确，它能较好地反映芯片的实际工作情况。建议进行时序仿真，通过时序仿真可以检查设计时序与芯片的实际运行情况是否一致，确保设计的可靠性和稳定性。时序仿真的主要目的在于发现时序违规（Timing Violation），即不满足时序约束条件或者器件固有时序规则（建立时间、保持时间等）的情况。

可编程逻辑器件 HDL 的设计与验证流程如图 7-1 所示。

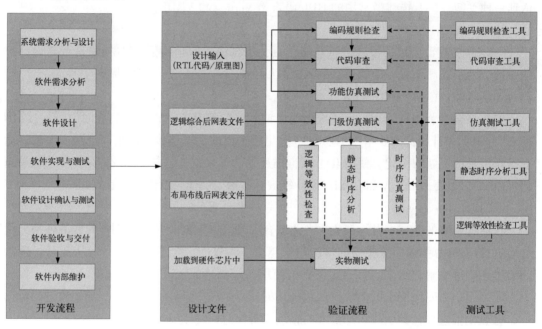

图 7-1　可编程逻辑器件 HDL 的设计与验证流程

（2）测试流程

可编程逻辑器件软件测试流程一般包括测试策划、测试设计和实现、测试执行和测试总结。另外，书中对回归测试进行了解释说明。测试流程中相邻工作应体现独立性要求，在测试计划中区分软件评测需求、设计和执行等角色。各阶段需要出具的测试文档与测试阶段的对应关系见表 7-1。

表 7-1　测试文档与测试阶段的对应关系

序号	测试阶段	测试文档
1	测试策划	《测试计划》《测试需求规格说明》
2	测试设计和实现	《测试说明》
3	测试执行	《测试记录》
4	测试总结	《测试报告》

7.1.3.1　测试策划

根据可编程逻辑器件软件测评任务书、合同、研制总要求或其他等效文件，以及可编程逻辑器件软件需求规格说明和设计文档等进行测试策划。该阶段包含两个过程：测试过程的策划和测试需求分析，分别对应输出《测试计划》和《测试需求规格说明》文档。

（1）测试过程的策划

在开展测试过程的策划时，首先确定测试策略，包括技术策略和管理策略，以指导后续的整个测试工作。同时，确定测试需要的技术或方法，如测试数据生成与验证技术、测试数据输入技术、测试结果获取技术等。另外，在测试时，需要对测试的环境或资源进行描述，包括软硬件设备、环境条件、人员数量和技能等。

在进行过程策划时，需要对测试可能存在的风险进行充分的分析，如技术风险、人员风险、资源风险和进度风险等，并明确规避风险的措施。在该过程中，确定要受控制的测试工作产品，列出清单。另外，还需确定测试的结束条件、评价要求和测试进度等内容。该过程最终形成《测试计划》文档。

《测试计划》应经过评审，得到相关方的认同，并应受到变更控制和版本控制，评审时应关注：测试级别和测试对象所确定的测试类型及其测试要求是否恰当；每个测试项是否进行了标识，并逐条覆盖了测试需求和潜在需求；测试类型和测试项是否充分；测试项是否包括测试终止要求；文档是否符合规定的要求。

（2）测试需求分析

在测试需求分析阶段，首先对被测可编程逻辑器件软件进行充分的分析，确定测试级别。然后依据《软件研制任务书》《软件需求规格说明》《芯片手册》等技术文件分析被测软件的测试需求，确定需要的测试类型及其测试要求并进行标识，对每个测试对象分别确定需要的测试类型及其测试要求并进行标识（编号），标识应清晰、便于识别。

　　为保证测试的充分性，应采取合理的测试类型，即根据被测可编程逻辑器件软件的重要性、测试目标和约束条件，确定该测试类型所应覆盖的范围及范围所要求的覆盖程度，并确定每个测试类型中的各个测试项及其优先级，同时确定每个测试项的测试终止要求，包括测试过程正常终止的条件(如测试充分性是否达到要求)和导致测试过程异常终止的可能情况。

　　另外，应建立测试项与《软件研制任务书》《软件需求规格说明》的追溯关系，全面建立软件功能、性能、接口、可靠性、安全性等可追溯性表，确保测试项 100% 覆盖软件需求(包含隐含的需求)。建议开展软件需求至测试项、测试项至软件需求的双向追溯。

　　注：在需求分析过程中，不仅应充分分析可编程逻辑器件软件文档中的功能要求，同时还应对《芯片手册》或电路原理图中外围接口芯片的信号特点及时序要求予以关注。

　　图 7-2 描述了被测试可编程逻辑器件软件外围接口要求，对每一个接口应进行分析，并分解出相应的测试项。

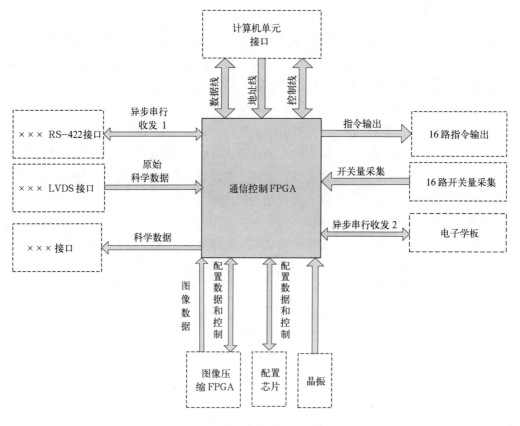

图 7-2　某通信控制 FPGA 接口

以计算机单元接口为例，分析见表 7-2。

表 7-2 CPU 总线、控制接口及时序

标识：IF-CPU-01

序号	信号名称	方向	连接对象	说明	初始/复位值
1	cpu_ a(0~6)	I	CPU	地址总线，CPU 地址总线	/
2	cpu_ d(0~15)	双向		数据总线，CPU 数据总线	/
3	rd	I		读脉冲，低有效	/
4	wr	I		写脉冲，低有效	/
5	cs0	I		图像压缩片选，低有效	/
6	cs5	I		通信控制片选，低有效	/
7	reset	I		系统复位，低有效	/
8	int	O		中断信号，下降沿有效	0
9	cs	O		总线控制片选，控制数据总线的使能端，由 cs0 和 cs5 相与得到	0

接口时序图：

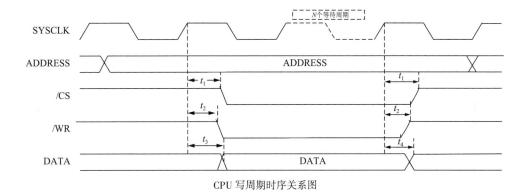

CPU 写周期时序关系图

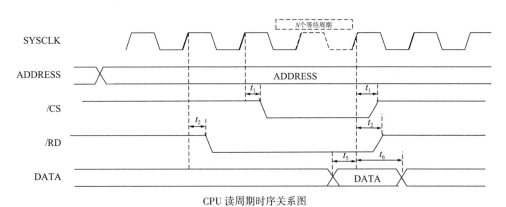

CPU 读周期时序关系图

续表

接口时序参数：

参数	最小值/ns	最大值/ns	说明
t_1	2	6	片选输出延迟
t_2	2	7	读、写信号输出延迟
t_3	2	11	数据输出延迟
t_4	2	11	数据写周期保持时间
t_5	4.5	—	数据建立时间
t_6	0	—	数据读周期保持时间

分解测试项

测试类型	测试子项标识	测试子项	测试子项需求描述	测试方法
功能测试	T002-GN001	CPU 扩展指令输出功能	当 CPU 按照接口地址分配表中扩展指令寄存器的地址要求，通过数据总线写入 BAKER 码形式的扩展指令命令字时，通信控制 FPGA 应正确响应该指令，完成扩展指令输出功能	功能仿真
接口测试	T002-JK001	CPU 写操作接口测试	当 CPU 按照接口时序要求输入地址信号、片选信号及写信号时，通信控制 FPGA 应能正确响应上述信号，接收 CPU 输入的数据信号	功能仿真
时序测试	T002-SX001	CPU 读时序测试	在三种工况下，验证 CPU 按照时序要求进行读操作时，FPGA 是否能正确响应	时序仿真

7.1.3.2　测试设计和实现

测试设计和实现过程应依据《测试计划》和《测试需求规格说明》编写测试说明，对最终分解的每个测试项，进行测试用例设计并说明测试用例的设计方法。该过程输出的测试文档为《测试说明》。

在测试设计和实现阶段，针对《测试需求规格说明》分解后的每个测试项，说明测试用例设计方法的具体应用、测试数据的选择依据等，并确定已设计完成的测试用例的执行顺序。依据外部接口输入的数据，设计测试激励数据，且应保证数据的充分性和正确性，并说明测试输入的名称、用途和具体内容。

另外，在《测试说明》中，应描述每个测试用例的名称，给出标识，并明确所采用的测试方法，以及用例的初始化要求，即测试用例执行之前应该具备的条件。另外，针对测试用例的前提条件和约束条件，如特别限制、参数偏差或异常处理等，应进行明确说明，并描述对测试用例的影响。为了能够清晰地反映结果的正确性，测试用例设计时需明确期望测试结果，而且期望测试结果应有具体内容（如确定的数值、状态或信号等），不应是不确切的概念或笼统的描述。必要时，需提供中间的期望结果。另外，需给出结果是否通过的评估准则。而且，需要依据测试用例要求设计测试环境。例如，依据可编程逻辑器件软件的外围接口、功能、性能要求编写测试激励，执行脚本文件，构建用于仿真测试的软测试平台，如图 7-3 所示。

注 1：根据测试用例所需要的输入信号时序要求，在 testbench 中编写相应的测试激励信号，使测试平台能够激励被测设计运行某些功能。

注 2：对于某些功能的输出通过仿真波形可能无法以人工判断的方式来确认其实现是否正确，可在 testbench 中设计检查器，以实现对输出结果的自动判断，提高测试的效率。

《测试说明》应经过正式有效的评审，得到相关人员的认同，受到变更控制和版本控制。重点审查《测试说明》是否完整、正确和规范，测试设计是否完整和合理，测试用例是否可行和充分。同时，测试设计和实现阶段还需开展测试就绪的评审，审查测试文档是否完整、正确，《测试需求规格说明》《测试计划》和《测试说明》评审中的遗留问题是否得到了解决；评审测试环境与真实环境的差异性，是否满足测试要求，并对测试用例设计的正确性和充分性进行审查。

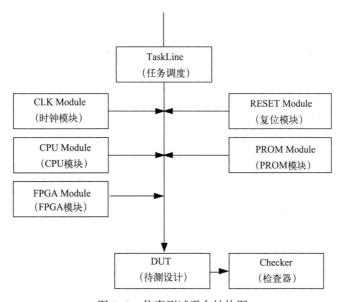

图 7-3　仿真测试平台结构图

《测试说明》评审与测试就绪评审可同时进行，但应分别有相应的评审记录。

7.1.3.3　测试执行

测试用例设计完成并经过正式评审之后，可以按照《测试计划》和《测试说明》的内容和要求执行测试，如实填写测试的原始记录。该过程输出《测试记录》。

测试执行过程中，应真实地记录测试结果，尤其是量值结果。当多次测试时，应如实记录每次的结果，不能够取最大值、最小值或者平均值。测试执行得到实际结果后，根据用例设计时制定的预期结果和评估准则，确认测试用例是否通过。当测试用例不通过时，分析确认是否为软件缺陷，并如实记录在《问题报告单》中。形成的《测试记录》，应至少包括测试用例标识、详细的结果描述（仿真结果图、覆盖率信息图等）。另外，需建立《问题报告单》《测试记录》与《测试说明》的追溯关系。当被测软件由于问题修改或者设计要求变化发生更改时，一般情况下应开展回归测试，应对软件修改及影响域进行分析，新增、修改、删减或重用测试用例。

当测试过程正常终止时，即所有的测试用例都执行完毕后，应分析测试工作是否充分，是否需要进行补充测试。如果发现测试工作不足，或测试未达到预期要求，应进行补充测试。当测试过程异常终止时，应记录导致异常终止的条件、未完成的测试或未被修正的错误。

《测试记录》属原始记录，作为测试工作的重要依据，应受到严格管理。

7.1.3.4　测试总结

根据可编程逻辑器件软件测评任务书、合同、研制总要求或其他等效文件，以及被测可编程逻辑器件软件开发文档、相关的测试文档，对测试工作和被测可编程逻辑器件软件进行分析和评价，输出《测试报告》。

测试总结时应对测试的范围、过程、类型、方法和结果进行详细的描述，尤其是测试结果，应详细描述测试用例的执行情况、不通过情况、发现问题的情况等。总结中应对测试的充分性进行分析和评价，并针对环境的有效性和差异性进行详细的描述，从而体现测试的真实性和可信赖性。

针对测试中发现的问题，应详细描述问题的处理情况以及相关的影响情况，给出问题的修改方案。若测试过程中测试计划和测试说明发生了变更，总结时应描述测试计划和测试说明的变化情况及原因。当存在不可解决的测试事件，应进行说明并给出不能解决的理由。当测试工作存在遗留问题时，应说明相关问题可能造成的影响和风险。

另外，总结时应给出被测软件的评价，包括对被测软件和《软件研制任务书》《软件需求规格说明》《软件设计说明》等开发文档的评价。首先明确被测软件的版本以及开发文档版本，说明被测软件与《软件研制任务书》《软件需求规格说明》等文档的符合性及差异。针对测试的每一个问题，设计师需要给出答复，必要时测试人员提出改进建议。当存在遗留问题时应进行说明。另外，必要时，应指明测试环境和约束条件等对测试结果和软件运行的影响。

测试总结应开展有效、正式的评审，对整个测试过程的合理性、真实性、有效性和充分性进行审查。审查测试文档与记录内容的完整性、正确性和规范性；审查测试环境是否符合测试要求；审查软件测试报告与软件测试原始记录和问题报告的一致性；审查测试结果的真实性和正确性；对被测软件的评价和建议是否恰当。审查测试需求评审、测试说明评审、测试就绪评审、测试报告评审的有效性，综合分析评审中发现的缺陷、缺陷的归零处理、后续变更的影响。

7.1.3.5　回归测试

回归测试是指被测可编程逻辑器件软件因各种原因(如需求变更、问题更改)进行更改后的再测试。回归测试时，必要时需要更新完善相关的测试文档，并在《测试报告》中描述回归测试的情况。

回归测试时，首先需要依据《软件修改报告单》对软件修改情况进行确认，并详细分析修改造成的影响，明确相关的影响域，以此作为依据明确回归测试需开展的测试类型、测试方法等。针对问题更改，需要确认问题是否修改正确，且未引入新的问题或缺陷。当被测软件功能、性能等有所更改时，需要对原测试用例进行完善，包括修改、新增、删除和重用等操作，并执行测试验证更改的正确性。

回归测试可根据软件测评任务书、合同或其他等效文件，以及被测对象的重要性、安全性关键等级等对上述内容进行裁剪，但必须说明理由，给出详细的解释。

7.2　可编程逻辑器件软件测试级别

可编程逻辑器件软件测试过程中，应根据《软件研制任务书》《软件需求规格说明》《软件设计说明》等文档要求，采用合理的测试方法，对可编程逻辑器件软件单元、配置项、系统的功能要求、性能要求、时序要求、接口要求、强度要求、余量要求、安全性要求、边界要求和功耗要求等开展测试。

FPGA 软件验证级别分为单元测试、配置项测试、系统测试。

7.2.1　单元测试

单元测试的对象为可编程逻辑器件软件单元，测试的文档依据为《软件设计说明》，需针对《软件设计说明》等文档所规定的软件单元的所有功能、性能、接口(包括软件单元之间的所有接口)及安全性等特性逐项进行测试，且测试中每个特性应至少被一个正常测试用例和一个被认可的异常测试用例覆盖(当存在异常情况时)。在测试中设计的测试用例应至少包含有效等价类值和无效等价类值的用例。另外，在测试过程中应进行覆盖率的统计，覆盖率应达到覆盖率指标的要求，并对未覆盖的情况进行分析。

7.2.2　配置项测试

配置项测试的对象为可编程逻辑器件软件配置项，一般须符合以下要求：

1) 应逐项测试《软件需求规格说明》等文档所规定的配置项所有功能、性能、时序、接口、余量、安全性等特性。

例如：某 FPGA 软件开发文档描述如下：

3.2.2.1　FPGA 读出时序生成功能

能够生成红外成像探测器组件信号读出所需的时钟信号和积分信号。主时钟频率为 6MHz。

读出图像大小为 640 像素×512 像素，帧频为 50Hz±1Hz。积分时间可由 DSP 实时调整。FPGA 读出时序如图 3-1 所示。

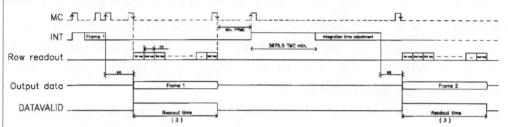

图 3-1　FPGA 读出时序

……

3.9　安全性要求

探测器读取模块、非均匀校正模块、坏元替代模块和 LVDS 输出模块是本软件的安全关键功能。在这些安全关键模块的设计中，应通过一定设计机制保证错误状态不会延续到下一帧，如计数器、状态机等的设计应使用数据流同步信号清零或设置初始状态。

……

3.11　设计约束

存储器余量应大于20%，逻辑资源余量应大于20%，时钟余量大于20%。

根据开发文档以上的描述，测试时可以分解出以下的功能、性能、时序、接口、余量、安全性等测试类型，见表 7-3。

表 7-3　测试类型说明表

测试类型	测试类型标识	测试子项	测试子项需求描述
功能测试	FTXCJ-GN001	生成积分信号功能	通过功能仿真测试，查看 FPGA 软件工作过程中是否能够生成红外成像探测器组件信号读出所需的时钟信号和积分信号，验证 FPGA 软件生成积分信号功能
性能测试	FTXCJ-XN001	读出 FPA 图像的帧频性能	通过功能仿真测试，查看 FPGA 软件读出 FPA 图像数据的帧频是否为 50Hz±1Hz，验证 FPGA 软件读出 FPA 图像的帧频性能

续表

测试类型	测试类型标识	测试子项	测试子项需求描述
接口测试	FTXCJ-JK001	FPA 接收接口测试	FPGA 能够按照 FPA 读取接口要求正确输出红外成像探测器组件信号读出所需的时钟信号和积分信号，实现 FPA 积分控制，通过仿真测试，查看 FPGA 软件是否正确输出时钟信号和积分信号，验证 FPGA 软件 FPA 接收接口
余量测试	YL-YL001	逻辑资源使用余量测试	通过设计检查，查看综合报告中 FPGA 软件逻辑资源占用率是否大于 80%，验证 FPGA 软件逻辑资源使用余量
	YL-YL002	时钟余量测试	对时钟等进行约束后通过静态时序分析查看 FPGA 软件能运行的最大频率，并结合 FPGA 软件的时钟频率计算 FPGA 软件的时钟余量是否大于 20%，验证 FPGA 软件时钟速率降额余量
安全性测试	AQX-AQ001	状态机安全性测试	仿真设计中使状态机进入异常状态（如 Tlv1549.v 文件中的状态机 state 进入异常的 2'b11 状态），查看 FPGA 软件状态机是否能自动复位到初始状态不会出现死锁，验证 FPGA 软件状态机的安全性
	AQX-AQ002	计数器安全性测试	通过设计检查，查看 FPGA 软件内部计数器设计时是否使用数据流同步信号清零或设置初始状态保证计数器的安全性，验证 FPGA 软件计数器的安全性

2）配置项的每个特性应至少被一个正常测试用例和一个被认可的异常测试用例所覆盖。

例如：某 FPGA 软件开发文档描述如下：

3.2.1　UART 串化/解串功能(RX_ UART)

　　××组件应具有与计算机或上位机通信的功能，通信接口为 RS-422 接口。具体的通信流程和通信协议由 DSP 软件实现，FPGA 软件负责 UART 接口的串化/解串功能。FPGA 软件将 DSP 发来的数据缓冲并串化成为 RS-422 串行接口的数据发送，将 RS-422 接收的数据解串后存入缓存并通知 DSP 读取。

　　串行数据格式为 1 位开始位，8 位数据位，1 位停止位，无校验位。UART 接口波特率为 614.4kbps，波特率偏差应小于 2.5%。

根据开发文档以上的描述，测试时应分解出正常的测试用例和异常的测试用例，见表 7-4。

表 7-4　正常用例和异常用例说明表

测试类型	测试子项标识	测试子项	测试子项需求描述
功能测试	UCHJC-GN001	串行数据接收功能	FPGA 软件能够正常接收并处理符合 RS-422 接口协议的数据，通过管控计算机向 FPGA 软件 RS-422 接口发送数据，查看 FPGA 软件是否能够正常接收并处理数据，验证 FPGA 软件串行数据接收功能
	UCHJC-GN002	串行数据发送功能	FPGA 软件能够接收 DSP 发送的数据并按照串行通信接口协议将数据发送给管控计算机，通过模拟 DSP 软件向 FPGA 软件发送数据，查看 FPGA 软件是否按照通信协议向外发送数据，验证 FPGA 软件串行数据发送功能
	UCHJC-GN004	串口接收异常处理功能	FPGA 软件能够正确处理输入的不满足协议要求（起始位为 0、停止位为 1）的串行数据，通过向 FPGA 软件发送起始位为 0、停止位为 1 的异常数据，查看 FPGA 软件是否能够正确接收、处理，验证 FPGA 软件串口接收异常处理功能

3）测试用例的输入应至少包括有效等价类值和无效等价类值。

有效等价类值指输入完全满足程序输入的规格说明，即有效、有意义的输入数据所构成的集合。利用有效等价类值可以检验程序是否满足规格说明所规定的功能和性能。无效等价类值和有效等价类值相反，即不满足程序输入要求或者无效的输入数据构成的集合。使用无效等价类值，可以鉴别程序异常情况的处理。在程序设计中，不但要保证所有有效的数据输入能产生正确的输出，同时需要保障在输入错误或者空输入的时候能有异常保护。

例如：某 FPGA 软件开发文档描述如下：

6.2.3　自锁阀开关控制

　　完成 26 路自锁阀的开关控制（每路自锁阀开关：开为一个通道，关为一个通道，共 52 个通道），1～24 路开关实现方式为：FPGA 输出 3bit 片选信号控制 3-8 译码器 B54AC138RH，B54AC138RH 的译码输出（Yn0～Yn5）在电路上分别连接至 6 片 B54AC273RH 的时钟 CLK 端，通过 FPGA 输出 3 bit 片选信号在 B54AC273RH 的 CLK 端生成上升沿，锁存 FPGA 8 路输出信号，在 B54AC273RH 的输出端生成（80±10）ms 的高电平脉冲，以此控制 24 路自锁阀开关 48 路通道的输出。

　　各路对应的 FPGA 译码地址见表 6-1。

表 6-1　各路对应的 FPGA 译码地址

寄存器名称	接入 FPGA 内部地址 A21-A20、A11-A2	说明	读/写	数据位宽	复位值
第 1 路温控寄存器	x"C20"	第 1 路温控 [高字节为周期值, 低字节为占空比(高电平宽度)] 写 x"FFFF", 全关; 写 x"0000", 全开	W	16	全 0
第 2 路温控寄存器	x"C21"	第 2 路温控(同上)	W	16	全 0
第 3 路温控寄存器	x"C22"	第 3 路温控(同上)	W	16	全 0
…	…	…	…	…	…

　　某可编程逻辑器件软件开发文档中描述 DSP 向可编程逻辑器件软件地址 x"C20" 写入数据(高字节代表周期, 低字节代表高电平宽度, 单位为 ms)后, 可编程逻辑器件软件向外部输出设定周期和占空比的脉冲信号。

　　根据开发文档以上的描述, 测试时分解测试用例的输入应包括有效等价类值和无效等价类值, 见表 7-5。

表 7-5　功能分解说明表

测试类型	测试子项标识	测试子项	测试子项需求描述
功能测试	WK-GN001	温控功能	FPGA 软件能够根据 DSP 软件写入的分频数寄存器和占空比寄存器的值输出不同周期和占空比的脉冲信号, 以实现 13 路温控继电器的控制
	WK-GN002	温控输入数据异常功能	FPGA 软件接收到 DSP 软件写入的异常分频数寄存器和占空比寄存器数据(高电平时间大于脉冲周期)后, 能够输出脉冲信号, 不影响程序正常运行

　　测试子项 WK-GN001 测试时输入的正常数据 0x0502(周期 5ms, 高电平 2ms)为有效等价类值, 以等价其他全部的有效数据。测试子项 WK-GN002 测试时输入的异常数据 0x0508(周期 5ms, 高电平 8ms)为无效等价类值, 以等价其他全部的无效数据。

　　4)采集语句、分支、条件、表达式、位翻转、状态机等覆盖率统计结果, 覆盖率要求达到 100%, 未覆盖的语句、分支、条件、表达式、位翻转、状态机等需开展进一步分析。

　　在测试策略中需明确各项覆盖率应达到测试充分性的要求, 分析覆盖率是否达到 100%, 若未达到 100%, 需对未覆盖的语句、分支、条件、表达式、位翻转、状态机进行分析, 分析到底是测试用例的疏忽, 还是冗余代码, 亦或是本身起保护作用的代码导致无法覆盖。如果是由于测试不充分导致无法覆盖, 需补充测试用例进行覆盖率分析。

5）在边界状态和异常状态运行条件下，应测试配置项的功能和性能。

例如：某 FPGA 软件开发文档中描述波束角控制指令中赤道面方向夹角 α 的取值范围 $0 \sim 400°$、$3200° \sim 3600°$，精度为 $0.1°$。超出取值范围时取范围内上、下边界值，以 $1800°$ 为界，小于 $1800°$ 取 $400°$，大于或等于 $1800°$ 取 $3200°$。

根据开发文档以上的描述，测试时分解测试子项时就需对夹角 α 数据边界值进行测试，仿真时应选取的测试角度值为 $0°$、$1°$、$400°$、$401°$、$1800°$、$3199°$、$3200°$、$3201°$、$3599°$、$3600°$ 和 $3601°$，测试子项描述见表 7-6。

表 7-6　边界测试说明表

测试类型	测试子项标识	测试子项	测试子项需求描述
边界测试	RS422_ R-BJ001	接收赤道面方向夹角 α 数据边界测试	当波束控制器软件接收到赤道面方向夹角 α 数据范围在 $0 \sim 400°$、$1800°$、$3200° \sim 3600°$ 的边界上、边界内、边界外时，能够取正常范围内上、下边界值，不引起软件异常

6）应按《软件需求规格说明》等文档的要求，对配置项的功能、性能等进行强度测试。强度测试主要包括在规定的持续时间内进行连续非中断的测试，以及最大数据处理能力、某项性能能达到的最大值等测试。

例如：要求 FPGA 软件连续运行 4 h 不发生错误。

根据开发文档描述，强度测试时可分解出整机运行时间强度测试子项，见表 7-7。

表 7-7　强度测试说明表

测试类型	测试子项标识	测试子项	测试子项需求描述
强度测试	QD-QD001	整机运行时间强度测试	在应力筛选试验温度曲线下，连续运行接收机 FPGA 软件 4 h，查看测试期间接收机 FPGA 是否正常定位

7）对有恢复或重置功能需求的配置项，应测试其恢复或重置功能，并且对每一类导致恢复或重置的情况进行测试。

例如：可编程逻辑器件软件包括 A、B 两个通道，上电运行后双通道通过同步接收信号 sync_ rx 进行同步；在测试时需要考虑当双通道同步后，由于其中一个通道断电或者其他原因导致双通道丢失同步后是否能够再次建立同步，应设计通道同步后失步再同步的功能测试子项，见表 7-8。

表 7-8　恢复功能的测试说明表

测试类型	测试子项标识	测试子项	测试子项需求描述
功能测试	FRAME-GN018	通道同步后失步再同步功能	电子调节器 FPGA 软件双通道在同步状态建立后若丢失同步，应能够再次建立双通道的同步状态

某软件通过同步串口从稳定成像装置接收图像数据，将数据解压后在软件界面上显示并保存图像。测试时需考虑当同步串口通信数据中断后是否能够进行重新连接并正常接收数据。可设计测试子项见表 7-9。

表 7-9　重置功能测试说明表

测试类型	测试子项标识	测试子项	测试子项需求描述
功能测试	WD_ RX-GN003	图像接收恢复功能测试	软件在接收 RS-422 图像数据过程中，当图像数据传输中断一段时间后恢复，解压快视软件应能够正常恢复 RS-422 图像数据的接收

8）测试应实现对《测试需求规格说明》的 100%覆盖率。

《测试需求规格说明》中描述的所有测试子项均应有对应的测试用例进行测试，需求覆盖率需达到 100%，以充分验证所有可编程逻辑器件软件需求是否满足设计要求。在测评大纲中应进行专门的测试内容充分性分析，使用表格的方式描述需求规格说明的每一章节对应的测试项标识和测试项名称，见表 7-10。

表 7-10　软件需求测试充分性分析

序号	需求来源		测试项标识	测试项名称
	《软件研制任务书》	《软件需求规格说明》		
1				
2				

9）必要时，应对配置项的功耗情况进行分析。

当可编程逻辑器件软件开发文档中对可编程逻辑器件运行时消耗的功率有明确要求时，需对可编程逻辑器件进行功耗分析。在典型工作频率、工作电压、环境温度、输入信号频率、输出负载电容和驱动电流、内部信号的翻转率、典型运行时间等约束条件下，进行功耗分析。

7.2.3　系统测试

系统测试的对象为完整的、集成的可编程逻辑器件软件系统，测试的文档依据一般为《软件研制任务书》或《系统需求规格说明》等文档，应逐项测试其中所规定的功能、性能、接口及安全性等特性，且每个特性应至少被一个正常测试用例和一个被认可的异常测试用例所覆盖。在针对功能、性能开展测试时，应考虑边界状态、异常状态下的测试，必要情况下，应按《软件研制任务书》的要求，对系统的功能、性能等进行强度测试。另外，接口测试时，应测试配置项之间及配置项与其他硬件之间的所有接口。余量测试时考虑测试系统输入/输出通道的吞吐能力和处理时间的余量。对有恢复或重置功能需求的系统，应测试其恢复或重置功能，并且对每一类导致恢复或重置的情况进行测试。测试过程中设计的测试用例的激励输入应至少包括有效等价类值和无效等价类值。为保证测试的充分性，测试应实现对《软件研制任务书》相关需求的 100%覆盖。

7.3　可编程逻辑器件软件测试类型

7.3.1　文档审查

文档审查是对委托方提交的文档(如《软件研制任务书》《软件需求规格说明》《软件设计说明》等)的完整性、一致性和准确性所进行的检查，应根据文档检查单对被测软件文档进行审查，一般包括以下内容：

（1）审查文档齐全性

所谓审查文档齐全性，是指研制单位所提交文档的齐全性，主要包括《软件研制任务书》《软件需求规格说明》和《软件设计说明》，对于其他文档的要求可以根据研制方自身的情况查看，不强烈要求提供。针对定型/鉴定测评，研制方除需要提交《软件研制任务书》《软件需求规格说明》和《软件设计说明》等开发文档外，还需提交配置管理以及内部测试等文档。

（2）审查文档标识和签署的完整性

文档具有唯一的标识和版本。根据软件工程化标准的要求，文档与源程序应分开进行配置管理，有各自的标识和版本。标识应注意三点：1)标识中应包含文档版本号；2)文档中各处文档标识应保持一致；3)该标识具有唯一性。

提交审查的文档封皮应签署完整，表明该文档是经过正式评审且有效的文件，为最终版文件。签署应按照"编写、校对、审核、标审、批准"的基本时间顺序逐级签署，且《软件研制任务书》与《软件需求规格说明》的编写不能为同一人。

（3）审查文档内容的完备性、准确性、一致性、可追溯性

主要是指文档中的内容应符合相关可编程逻辑器件软件标准中的要求，软件任务功能应覆盖顶层技术文档(如软件研制总要求)，各文档之间描述应准确、一致，《软件需求规格说明》描述功能项应为任务书中功能项的分解且全部覆盖任务书，并且基于《软件研制任务书》中的各软件配置项的需求，建立与之对应的需求的跟溯关系。《软件设计说明》文档应建立与《软件需求规格说明》的追溯关系。

（4）审查文档格式的规范性

所谓文档格式的规范性，主要指文档格式、章节应满足相关可编程逻辑器件软件标准中的要求，对于文档审查存在的问题，开发单位应及时修改、完善，保证测试工作顺利开展。

7.3.2　代码审查

代码审查是检查代码和设计的一致性、代码执行标准的情况、代码逻辑表达的正确

性、代码结构的合理性以及代码的可读性。

代码审查主要分为编码规则检查和人工审查。编码规则检查主要使用第三方工具开展规范性检查，辅助开展人工审查；人工审查主要是根据相应语言的代码检查单开展代码审查，对于代码审查存在的问题，开发单位应及时修改、完善，保证测试工作顺利开展。

7.3.2.1　审查内容

代码审查主要包括以下内容：

(1)检查代码和设计的一致性

众所周知，可编程逻辑器件软件测试的首要目的就是验证可编程逻辑器件软件是否满足《软件研制任务书》《软件需求规格说明》《软件设计说明》等所规定的要求。而 HDL 代码是整个 FPGA 设计的核心，如果代码与设计不一致，则整个设计无法实现。

(2)检查代码的规范性、可读性

所谓代码的规范性、可读性就是指编写的代码布局是否清晰、命名是否规范。代码想要布局清晰，就需要遵循一定的文本规范，如每一行语句独立成行，以增加可读性和维护性。

(3)检查代码逻辑表达的正确性

HDL 代码是 FPGA 设计的核心，检查代码逻辑表达的正确性在测试过程中至关重要，错误的逻辑表达式使代码在综合、实现时南辕北辙，产生错误的结果。

(4)检查代码实现和结构的合理性

结构层次化编码是模块化设计思想的一种体现，目前大型设计无不是采用结构层次化编码风格，以提高代码的可读性。软件测试人员进行测试时检查代码实现和结构的合理性，以减少差错。

(5)状态机及其状态转移检查

状态机是指通过状态转移图来描述一些特定的顺序逻辑，FPGA 逻辑设计中涉及的状态机一般都是有限状态机 FSM，也就是指状态的个数是有限的。有限状态机稳定性高，不会进入非预知的状态，但是有时若未对状态机的异常状态进行判断，则容易引起状态机死锁。

程序在设置状态机时，应设置 others 状态，以消除由干扰信号引起的异常状态对状态机的影响。一旦由于某种原因进入了无效状态，则会导致状态机死锁。在状态机设计时应充分考虑各种可能出现的状态以及一旦进入非法状态后可以强迫状态机在下一个时钟周期内进入合法状态(一般为初始状态)。程序设置状态机时，必须对无效的状态进行适当的处理。另外，需要检查在综合时是否设置了状态机的安全属性。

①多时钟域及跨时钟域设计正确性检查

如果 FPGA 设计中的所有资源不全属于同一个时钟域，那么就有可能存在跨时钟域问题，异步逻辑在某种意义上也可以看作一种特殊的跨时钟域问题。发生跨时钟域问题的必要条件是不同时钟域之间存在信息交互，各个时钟域之间互不相关几乎是不可能的，如果一个 FPGA 设计中存在多个时钟域，则跨时钟域问题几乎是无法避免的。由于跨时钟域的存在，导致亚稳态的产生或传播，使得不同时钟域之间信号传播时出现数据破坏。因此在对 FPGA 进行测试时，对多时钟域及跨时钟域设计的正确性进行检查是很有必要的，检查设计中是否对跨时钟域的情况进行了行之有效的同步化处理。

②输入接口的滤波和抗干扰设计是否满足要求

在 FPGA 设计中毛刺现象是影响数字系统设计有效性和可靠性的主要因素。由于信号在 FPGA 的内部走线和通过逻辑单元时造成延时，在多路信号变化的瞬间，组合逻辑的输出常常产生一些小的尖峰，即毛刺信号，这在设计中是不可避免的。但有时候一点毛刺就有可能导致系统出错，特别是对尖峰脉冲或脉冲边沿敏感的电路。所以对输入接口的滤波和抗干扰设计显得尤为重要。

③组合逻辑输出时是否进行了寄存

在 FPGA 设计中还有一个惯用的技巧用来抑制毛刺现象，那就是组合逻辑输出时进行寄存。输出信号没有寄存输出，会使得输出信号之间没有确切的时序关系，导致输出端容易产生毛刺。在 FPGA 同步设计中，将模块的边界信号直接输出可能导致亚稳态、毛刺等不良后果。正确的处理应该对模块的边界信号进行寄存输出，使各个模块之间有确定的同步时序关系。

接下来，主要从时钟与复位设计检查、模块间接口检查、状态机及其状态转移检查、多时钟域及跨时钟域设计正确性检查、代码书写风格等方面进行举例说明代码审查内容。

7.3.2.2　时钟与复位设计检查

（1）时钟检查

要想确保 FPGA 设计最终成功，需确保时钟信号设计的可靠性。因此，作为测试任务的关键，需检查时钟信号是否满足测试需求。

对于时钟信号，由 FPGA 全局时钟输入引脚驱动的全局时钟能够提供器件中最短的时钟到输出的延时，是最简单和最可预测的时钟，因此在资源允许的条件下必须使用由全局时钟输入引脚驱动的全局时钟，降低设计难度，提高设计可靠性。

避免在时钟路径上插入反相器或缓存器。FPGA 器件在制作过程中会预留出特定的布线资源，用于实现时钟信号的拓扑结构，该布线资源可以保证各个时序器件间的时钟偏移最小。若在时钟路径上插入反相器或缓存器，则会在传输时引入器件的延时，增加时钟偏移，可能会破坏电路的同步关系，引起时序错误，因此禁止在时钟路径上插入反相器或缓冲器。

对于门控时钟，虽然门控时钟设计是 IC 设计中一种常用的减少功耗的手段，但是门控时钟不是同步时序电路，其门控逻辑会影响时钟信号的质量，容易产生毛刺，引起触发器的错误翻转，影响 FPGA 设计的可靠性，因此在同步时序电路中应避免使用门控时钟，在必须使用门控时钟的场合可以通过时钟使能的方式实现。

此外，在设计中禁止出现时钟信号再汇聚路径。所谓时钟信号再汇聚是指时钟信号经过不同路径后进行组合逻辑处理产生一个信号作为时钟信号。再汇聚路径将可能导致时钟路径发生时序冲突，因此禁止出现时钟信号再汇聚。

示例 1：程序实现时，使用组合逻辑产生了门控时钟，使用门控时钟作为进程中时钟，这种设计容易产生竞争冒险。

s_clk <= not(ML_strobe) and not(ML_clk)；

…

elsif　rising_edge(s_clk) then

　　　　s_clk_cnt <= s_clk_cnt + '1'；

示例 2：在时钟路径上插入反相器，增加了时钟偏移，引起时序错误(图 7-4)。

module ntl_clk14_top (Clock, Reset, Din, Dout)；

input Clock, Reset, Din；

output Dout；

reg Dout；

wire Clock_Inv；

not I0(Clock_Inv, Clock)；—— 反相器在时钟路径上

DFFR I1(.D(Din), .CP(Clock_Inv), .CD(Reset), .Q(Dout))；

…

Endmodule

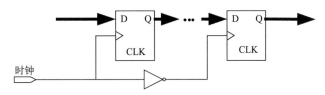

图 7-4　在时钟路径上插入反相器

示例 3：在时钟路径上插入缓冲器，增加了时钟偏移，引起时序错误(图 7-5)。

module ntl_clk13_top (Clock, Reset, Din, Dout)；

input Clock, Reset, Din；

output Dout；

reg Dout；

wire Clock_Buf；

buf I0(Clock_Buf, Clock)；—— 在时钟路径上使用缓存器

DFFR I1(.D(Din), .CP(Clock_Buf), .CD(Reset), .Q(Dout))；

…

Endmodule

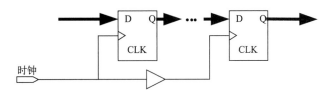

图 7-5　在时钟路径上插入缓冲器

示例 4：设计中出现了时钟路径再汇聚现象(图 7-6)。

```
module ntl_clk17_top (Clock, Reset, Ctrl1, Ctrl2, Din, Dout);
input Clock, Reset, Din, Ctrl1, Ctrl2;
output Dout;
reg Dout;
wire Clock_Recon, Recon_1, Recon_2;
assign Recon _1 = Clock & Ctrl1;
assign Recon _2 = Clock | Ctrl2;
assign Clock_Recon = Recon _1 & Recon _2;——此处的时钟信号在时钟网络上
always @ ( posedge Clock_Recon)              ——发生了再汇聚
begin
    if ( ! Reset)
        Dout <= 0;
    else Dout <= Din;
end
endmodule
```

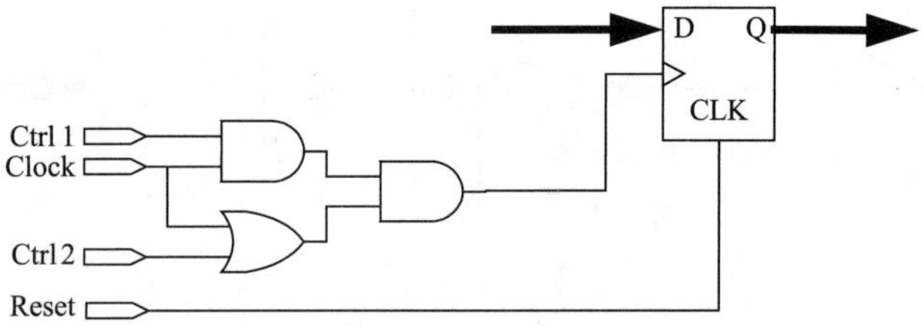

图 7-6　时钟信号 clock 出现再汇聚

(2)复位设计检查

当 FPGA 芯片上电工作时，为确保系统能够从一个确定的状态开始工作，FPGA 设计中必须要有一个复位信号，因此几乎所有的 FPGA 设计中都引入了复位功能，应将复位检查作为代码审查的关键。FPGA 的复位设计主要分为同步复位和异步复位，由于大多数的寄存器都具有异步复位端口，因此在多数 FPGA 复位设计中采用异步复位，但是异步复位信号释放时比较容易出问题。当异步复位信号释放时刻和时钟有效沿比较接近时，容易导致寄存器的输出出现亚稳态，而且异步复位易受到毛刺等干扰的影响。可以对异步复位信号采用同步释放机制，避免亚稳态的产生。

此外，FPGA 的内部各模块检测到全局复位信号 reset 有效后，对整个系统进行复位。如果程序对复位信号 reset 没有进行有效性判断，在复位信号 reset 上有干扰或毛刺时，程序会检测到 reset 信号的有效状态，而导致对整个系统误复位。为了防止由于复位信号受到干扰导致系统误复位，程序应对复位信号的有效性进行判断，确认复位信号有效后再对系统复位。

示例 1：在 clk 时钟的上升沿释放，这种情况可能造成触发器输出亚稳态。

```
process(clk, reset)
    begin
        if reset = '0' then              ——异步复位
            div_vect <= (others=>'0');
        else
            div_vect <= div_vect + 1;——异步复位异步释放
        end if;
    end process;
```

示例 2：采用同步释放(复位信号释放和时钟沿对齐)的方式可以有效地保证触发器输出不出现亚稳态现象。同步释放的时序图如图 7-7 所示，代码如下：

```
process(rst,clk)
    begin
        if(rst='0') then
            rst_n <='0';    ——当 rst 信号有效时,rst_n 立即置为有效,异步复位
rst_s <='0';
        elsif rising_edge(clk) then
            rst_s <='1';
            rst_n <= rst_s;   ——复位信号释放时,将释放信号与时钟同步
        end if;
end process;
process(rst_n,clk)
begin
    if(rst_n ='0') then
                ——开始复位
    elsif rising_edge(clk) then   ——异步复位同步释放
                ——正常工作
    end if;
end process;
```

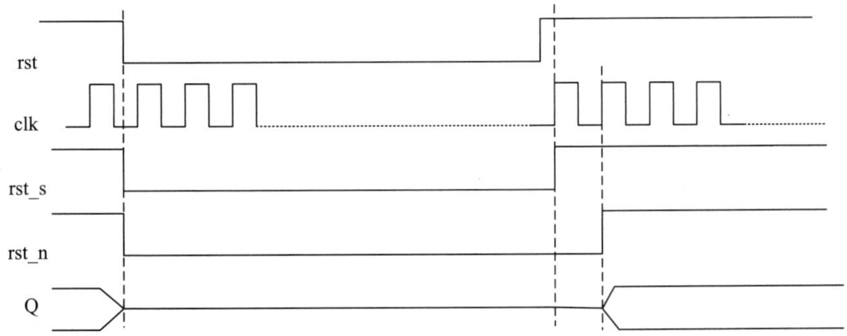

图 7-7　同步释放的时序图

示例 3：以下是一个没有对复位信号进行有效性判断的案例，直接使用复位信号，部分程序如下：

```
always @ (posedge clk or negedge reset_l)
begin
  if (! reset_l)
  begin
  data_out <= 0;
end
else
begin
  data_out <= data_out +1;
end
end
```

对于该程序，在使用复位信号 reset_l 时，可以采取滤波的方式（如判断有效宽度等）对复位信号 reset_l 的有效性进行判断，确认复位信号有效后再进行复位操作。

7.3.2.3　模块间接口检查

FPGA 设计一般都需要与外界进行通信，而通信就需要接口。但是仅仅有接口还不行，此接口还必须保证信息传递的正确性和准时性。一般地，接口分为输入接口、输出接口和双向接口三类。顾名思义，输入接口就是外部数据进入 FPGA 的通道，输出接口是将 FPGA 内部的数据输出至外界，而双向接口的作用是既可实现数据的输入，也可实现数据的输出。对单个模块而言，输入接口的正确性是其功能正确实现的前提，因此输入接口的滤波和抗干扰设计要满足要求，输入接口应对外部输入信号进行抗干扰或滤波处理。

示例 1：CPU 接口信号没有抗干扰处理，可能导致读写操作时数据总线冲突。

程序对 CPU 接口数据总线操作实现如下：

```
        DATA_BUS<=sim_data_bus_out   when sim_rd_bus = '0'   and
sim_cs_bus = '0'                                          else
        (others => 'Z');
        sim_data_bus_in<= DATA_BUS when sim_wr_bus = '0' and
                                sim_cs_bus = '0'   else
        (others => '0');
```

由以上程序可知，FPGA 对 CPU 数据总线的处理为电平触发，并没有做抗干扰处理（CPU 的读写和片选信号都是外部直接输入），如果 CPU 正在对 FPGA 进行写操作（写信号和片选为"0"，读信号为"1"），此时读信号若有低电平干扰（读信号为"0"），就会产生 CPU 对 FPGA 在数据总线上同时读写数据的情况，导致数据总线冲突。

对于以电平触发的信号，应该对电平的有效性进行判断或滤波处理，不能直接使用没有经过处理的电平。

7.3.2.4　状态机及其状态转移检查

FPGA 逻辑设计中涉及的状态机一般都是有限状态机 FSM，也就是状态的个数是有限的。有限状态机稳定性高，不会进入非预知的状态。但是有时候未对状态机的异常状态进行判断，容易引起状态机死锁。

程序在设置状态机时，应设置 others 状态，以消除由干扰信号引起的异常状态对状态机的影响。但程序实现中，如果设计状态机时没有设置 others 状态，则无法有效地滤除总线干扰信号，容易引起状态机死锁。所以对状态机中无效的状态必须进行适当的处理，否则一旦由于某种原因进入了无效状态，则会导致状态机死锁。在状态机设计时应充分考虑各种可能出现的状态以及一旦进入非法状态后，可以强迫状态机在下一个时钟周期内进入合法状态(一般为初始状态)。对于 VHDL，状态机必须要有 others 项，对于 Verilog 语言，状态机必须要有 default 项。

此外，在状态机综合时，应该适当设置综合属性，确保状态机综合后包含对无效状态的处理。

示例 1：程序中状态机进入无效状态后置空操作，可能导致状态机死锁。

某程序中实现状态机的代码如下：

```
singal    current_state , next_state;std_logic_vector ( 1 downto 0 ) ;
CONSTANT st0 : std_logic_vector ( 1 downto 0 )    : = " 00" ;
CONSTANT st1 : std_logic_vector ( 1 downto 0 )    : = " 01" ;
CONSTANT st2 : std_logic_vector ( 1 downto 0 )    : = " 10" ;
…
case current_state is
    when st0 = >
    …
    when st1 = >
    …
    when st2 = >
    …
    when others  = >null ;
end case ;
```

当程序的状态机进入无效状态后执行 when others 分支，由于程序中未对无效状态进行任何处理，状态机一旦进入无效状态，则无法再返回到正常状态，导致状态机死锁。

示例 2：以下示例说明如何将状态机 state 初始化为 idle 状态。

```
process( clk  ,rst )
```

```
begin
    if rst = '1' then
        state <= idle;        ——使用复位操作设置有效初始状态
    elsif clk'event and clk = '1' then
    case state is
        when idle =>
            state <= s1;
        when s1 =>
            state <= s2;
        when s2 =>
            state <= idle;
        when others =>
            state <= idle;
    end case;
    end if;
end process;
```

7.3.2.5　跨时钟域设计正确性检查

对于跨时钟域信号，在跨时钟域信号传播时，容易出现不满足建立时间，保持时间要求的情况，导致亚稳态现象。为避免亚稳态现象，应避免直接使用异步信号，可以对跨时钟域信号进行同步处理，如采用双采样、异步 FIFO 等方式。

示例：FPGA 设计中未对跨时钟域的异步单比特信号进行双寄存器采样，造成信号判断逻辑存在亚稳态风险。

某设计部分代码实现如下：

WDI_flg1 <= WDI;

WDI_flg2 <= WDI_flg1;

WDI_flg <= WDI_flg1 ^ WDI_flg2;

由于 WDI_flg 的赋值采取了 WDI_flg1 和 WDI_flg2 按位异或的结果进行赋值，WDI_flg1寄存器中的值只进行了一次寄存，因而使 FPGA 的判断结果存在亚稳态的风险。

7.3.2.6　代码书写风格

对于代码书写，每个人有每个人的特点，每个人也有每个人的代码风格。为了更有利于测试以及后续对代码进行维护，设计者应该养成良好的代码书写风格，遵守 FPGA 编码规范。

部分业界代码编写风格通则如下：

1）对所有的信号名、变量名和端口名都用小写。

2）使用有意义的信号名、端口名、函数名和参数名。

3）信号名长度不要太长。

4）对于时钟信号，使用 clk 作为信号名。如果设计中存在多个时钟，使用 clk 作为时钟信号的前缀。

5）对来自同一驱动源的信号，在不同的子模块中采用相同的名字，这要求在芯片总线设计时就定义好顶层子模块间连线的名字，端口和连接端口的信号尽可能采用相同的名字。

6）对于低电平有效的信号，应该以一个下划线跟一个小写字母 b 或 n 表示。注意在同一个设计中要使用同一个小写字母表示低电平有效。

7）使用适当的注释来解释 always 进程、函数、端口定义、信号定义等，而且注释应该简明扼要并放在它所注释的代码附近。

8）每一行语句独立成行，尽管 VHDL 或者 Verilog 都允许一行写多个语句。

7.3.3　代码走查

代码走查是由测试人员组成小组，准备一批有代表性的测试用例，集体扮演计算机的角色，沿程序的逻辑，逐步运行测试用例，查找被测软件缺陷。

代码走查一般包括以下内容：

1）对至少一个完整的功能模块或完整的专题进行走查。

2）人工检查程序逻辑，记录走查结果。

3）必要时，可以画出结构图、状态迁移图和时序关系图等。

7.3.4　逻辑测试

应利用软件内部的逻辑结构及有关信息，设计或选择测试用例，对逻辑路径进行测试，检查软件状态，确定实际状态是否与预期状态一致，从而查找设计中的问题。逻辑测试的内容主要是对代码覆盖率进行测试，一般包括语句覆盖、分支覆盖、条件覆盖、表达式覆盖、位翻转覆盖、状态机覆盖。

7.3.4.1　语句覆盖

语句覆盖是指在仿真过程中通过设计足够多的用例，使被测程序中的每条可执行语句至少被执行一次。通过对语句覆盖统计可以发现 FPGA 设计中的哪些代码在仿真时没有被执行，有助于找到设计中的问题或者仿真用例的漏洞。

当然，语句覆盖有时候难以达到 100%，例如涉及状态机的 case 语句，都是有 others（针对 VHDL）或 default（针对 Verilog）分支的，目的是当状态机出现异常时，能够恢复到一个固定的状态，因此，除非仿真时人为地在设计中注入错误，否则这些保护代码是不会被执行的。

因此，虽然要追求较高的语句覆盖率，但是当语句覆盖率较低时，就需要实际分析一下那些没有被执行的代码，到底是测试用例的疏忽，还是冗余代码，亦或是本身起保护作用的代码。

　　但是，对于一般的 if 结构的判断语句，假设判断语句"if(x>0 && y<0)"中"&&"被误写成"‖"，即"if(x>0 ‖ y<0)"，仿真过程中仍可达到 100% 的语句覆盖，因此语句覆盖无法发现逻辑错误。

7.3.4.2　分支覆盖

　　分支覆盖又称判断覆盖，是指针对类似 if、case 这样的分支结构语句，设计足够多的测试用例，使代码中的每个分支至少被执行一次。

　　(1)if 分支语句

　　对于一般的 if 分支结构语句来说，在仿真过程中，如果被测程序<条件句>中"真""假"分支都被执行，则其分支覆盖就完全。不过，在时序逻辑中常出现 if 语句没有 else 分支与之对应(在组合逻辑中尽量避免分支不对应)的情况，此时，大部分仿真器都会自建一个 false 这样的分支与之对应。但是如果<条件句>在仿真时不出现 false 的情况，仿真器会算一次分支未达。例如，时序逻辑进程中的如下语句：

　　VHDL 语句

　　if (clr = '1') then

　　　　　　q <= d;

　　end if;

　　Verilog 语句：

　　if (clr = ='1')

　　　　　　q <=d;

　　end;

　　如果 clr 在整个仿真过程中均是高电平，则分支覆盖率测试会报告没有覆盖到"错"分支。同样地，有时候即使列出所有分支，还可能出现分支覆盖不全的情况。例如，组合逻辑进程中如下语句：

　　VHDL 语句

　　if (clr = '1') then

　　q <= c;

　　elsif (clr ='0') then

　　q <=d;

　　end if;

　　Verilog 语句：

　　if (clr = = 1'b1)

　　q <= c;

　　else if (clr = =1'b0)

q <= d;

end;

虽然仿真过程中 clr 对'1'和'0'的值都出现过，但是由于第二个 elsif(针对 VHDL)或 else if(针对 Verilog)开始对应一个新的 if 分支语句，而新的分支语句对应的<条件句>在仿真时只有取到"真""假"两个值，才能够说明分支都被覆盖到了，因此，仿真器会报出第二个 elsif(针对 VHDL)或 else if(针对 Verilog)的分支覆盖不全。但是根据代码逻辑可知，新开启的 if 分支语句只能出现"真"这一种情况，因此，在编写代码时要尽量规范，上述逻辑用如下方式编写代码，就可以避免这种问题：

VHDL 语句：

if (clr = ′1′) then

q <= c;

else

q <= d;

end if;

Verilog 语句：

if (clr = = 1′b1)

q <= c;

else

q <=d;

end;

(2)case 分支语句

case 分支语句并不是当作一个整体来看待分支覆盖的，而是每个 case 分支单独看成一个类似 if 结构的分支语句，只要该 case 分支的条件判断部分在整个仿真中出现过真、假这两种情况，这个 case 的分支就是被覆盖的。

要想达到 100%的分支覆盖，需要确保 FPGA 设计代码中所有分支语句的条件判断处，在仿真进行过程中均能够取到真、假两种情况。

测试的充分性：假设判断语句"if(x>0 && y<0)"中"&&"被误写成"‖"，即"if(x>0 ‖ y<0)"，仿真过程中仍可达到 100%的分支覆盖，因此分支覆盖也无法发现逻辑错误。与语句覆盖相比：由于可执行语句不是在真分支上，就是在假分支上，所以只要满足了分支覆盖标准，就一定满足语句覆盖标准，反之则不然。因此，分支覆盖比语句覆盖更强。

7.3.4.3　条件覆盖

条件覆盖可以看作是对分支覆盖的补充，它关注的是分支语句中<条件句>的逻辑条件是否被完全执行。请看类似如下 if 分支语句的一个极端例子：

VHDL 语句：

if(′1′ or a) then

……

Verilog 语句：

if (1′b0 && a)

……

其中，若 a 的结果为 1bit，那么，无论 a 为何形式，它在整个仿真过程中都不会得到执行，因为"1 逻辑或任何数都得 1，0 逻辑与任何数得 0"。因此一个正常的仿真工具，在读到如上分支语句的逻辑或、逻辑与符号时，就已经知道了整个条件判断的结果，而无须再对后续语句进行多余的分析。因此，使用条件覆盖就可以找到这部分表达式始终得不到仿真执行的情况。

测试充分性：由上可知，虽然达到 100% 的分支覆盖标准，但不能达到 100% 的条件覆盖标准；反之，即使达到 100% 的条件覆盖标准，也不能达到 100% 的分支覆盖标准，也就不一定能够达到 100% 的语句覆盖标准。

7.3.4.4　表达式覆盖

表达式覆盖是指分析所有能引发表达式赋值改变的情况，例如：

VHDL 语句：

b <= ′1′ or a;

Verilog 语句：

b <= 1′b0 && a;

测试充分性：变量 a 赋值变化应覆盖 0 和 1 两种情况。

7.3.4.5　位翻转覆盖

位翻转覆盖包括两态翻转(0、1)和三态翻转(0、1、z)，针对的是更为细节一些的代码覆盖情况。其中，比较常用的是两态翻转，它几乎可以针对 HDL 中的所有信号量进行统计。例如，对于一个单比特的信号量来说，只有其在仿真过程中，从 0 到 1 以及从 1 到 0 这两种情况的翻转均发生过，针对它的翻转覆盖才是全面的。而对于其他类型信号量的翻转覆盖来说，可以分解成单比特或者参考单比特得出。那么，对于整个 FPGA 设计来说，要想位翻转覆盖率达到 100%，必须保证所有信号量都被翻转完全。但是，位翻转覆盖率有时候也是无法达到 100% 的，例如，功能上要求 FPGA 的某个引脚上电后必须持续拉高。

不过，位翻转覆盖率达到了 100% 时，很可能分支覆盖率或语句覆盖率都没有达到 100%，反之亦然，因为它们所关注的内容不同。由于位翻转覆盖率关注了更加细节的东西，所以其执行起来的时间消耗更大，因此使用频率并不是很高。

7.3.4.6　状态机覆盖

状态机覆盖其实并不是一个新的覆盖，它其实就是分支覆盖、位翻转覆盖等的结合体，主要是检查时序电路中有状态机时是否把状态机所有可能的状态都执行了，通过测试平台对 RTL 代码进行仿真测试后，使用的仿真测试工具一般都能够统计出状态机覆盖情况。依据状态机覆盖情况，可以初步判断代码在仿真过程中哪些状态未跳转到，测试人员再进一步分析，是激励不够充分，还是代码设计本身存在无法跳转到的状态导致状态机未覆盖完全。

7.3.5　功能测试

功能测试是指对《软件需求规格说明》等文档中规定的所有功能需求逐项进行测试，使用功能测试用例逐条测试，检查软件是否达到功能要求。功能测试一般包括以下内容：

1）对存在边界值的功能项合法的以及非法的边界值进行测试。

解释：

a)合法边界值：开发文档所规定的有效定义域内的数据。

b)非法边界值：开发文档所规定的有效定义域外的各类数据。

如：某周期信号，周期定义域为[10ms，20ms]，在定义域范围内的周期信号为正常值；不在定义域范围内的各类数据均为非正常值。

2)在配置项测试时对配置项控制流程的正确性、合理性等进行验证。

3)功能的每个特性至少被一个正常测试用例和一个被认可的异常测试用例所覆盖。

解释：

a)正常测试用例：输入有效数据，用于证实软件功能需求已经满足，即衡量软件是否完成了它应该完成的工作。

b)异常测试用例：输入无效数据(某个无法接受、反常或意外的条件或数据)，用于论证只有在所需条件下才能够满足该需求，即测试软件是否不执行不应该完成的工作。

4)如有必要，需对程序代码、逻辑综合后网表文件及布局布线后网表文件的逻辑一致性开展检查。

示例：

a) 按照图像数据优先于工程数据的顺序存到外部 SRAM 中。

b) FPGA 控制 A/D 采集，每路各采样 8 次，8 次结果去掉最大值和最小值，并保存采样结果。

c) 实现对 CPU 片选信号和地址总线的译码。

d) 根据指令完成系统工作模式的转换。

e) 图像缓存 FIFO 超过半满时，FPGA 产生高电平脉宽不小于 200ns 的中断输出信号。

根据不同的设计和功能需求，功能测试时采用不同的功能需求分解方法，常见的 FPGA 功能测试方法主要包括以下几种：

(1)等价类划分法

等价类划分法是将需求中功能输入要求进行分解，将输入域划分成若干部分，然后从每个部分中选取少数代表性数据作为测试用例，每一类的代表性数据在测试中的作用等价于这一类中的其他值。等价类划分法必须在分解输入要求的基础上列出等价类分解表，划分出有效等价类及无效等价类。

1）有效等价类：对于功能需求来说是合理的、有意义的输入数据构成的集合。利用有效等价类可检验软件是否实现了《软件需求规格说明》中所规定的功能。

2）无效等价类：与有效等价类相反，对于功能需求来说是非法的，但有意义的数据集合。利用无效等价类可检验软件在功能实现的基础上是否对异常输入进行了保护。

（2）边界值分析法

边界值分析法是针对软件边界情况进行验证。通常需要选择边界内、边界上及边界外的值对程序进行验证。边界值分析法的主要步骤如下：

1）分析软件文档，找出功能需求中所有可能存在的边界条件。

2）对于边界条件，找出边界内、边界上及边界外的输入数据。

3）根据输入数据设计测试用例。

（3）猜错法

猜错法是基于经验和直觉推测程序中所有可能存在的各种错误。通过列举出程序可能有的错误表和易错情况表，有针对性地设计测试用例。

（4）判定表法

判定表是分析和表达多逻辑条件下执行不同操作情况的工具。通常由四部分组成：条件桩、条件项、动作桩、动作项。任何一个条件组合的特定取值及相应要执行的操作构成规则，判定表中贯穿条件项和动作项的一列就是一条规则。该方法主要步骤如下：

1）确定规则的个数。假设有 n 个条件，每个条件有 2 个取值，则有 $2n$ 种规则。

2）列出所有的条件桩和动作桩。

3）填入条件项。

4）填入动作项，并制定初始的判定表。

5）合并相似规则或相同动作，简化判定表。

（5）因果图法

因果图法是从《软件需求规格说明》描述的自然语言中找出功能的因（输入）和果（输出或状态改变），通过因果图转换为判定表，根据判定表设计测试用例。该方法主要步骤如下：

1）分析《软件需求规格说明》，找出功能的因和果。

2）分析《软件需求规格说明》中描述语义的内容，并将其表示成连接各个原因与各个结果的"因果图"。

3）标明约束条件。由于环境等限制，有些因果的组合情况是不可能发生的。为表明特殊情况，需要在因果图中标明约束条件。

4）将因果图转换为判定表。

5）对判定表中每一列表示的情况设计测试用例。

7.3.6　性能测试

应对《软件需求规格说明》等文档中规定的各项性能进行测试，一般包括以下内容：

1）测试软件的时间指标。

2）测试软件的精度指标。

3）在典型工况、最大工况、最小工况（三种工况）下，测试软件的其他性能指标，如为完成功能所需处理的数据量、为完成功能所需的运行时间、最大工作频率等。

解释：

a）测试输出电平信号的电平宽度是否满足要求，如看门狗复位信号宽度性能等。

b）测试为完成功能所需处理的数据量或数据处理的精度，如坐标计算精度为±0.1°。

c）测试为完成功能所需的运行时间，如 FPGA 应在 2ms 之内完成对一幅图像（800×600 像素）的 4 倍压缩。

d）测试输出信号的速度，如串行通信波特率为 9600×（1±3%）bps。

e）对外部特定速率的输入信号能正确处理。

7.3.7　时序测试

时序测试属于配置项测试时开展的测试，测试方法包括功能仿真、时序仿真、静态时序分析。

时序测试应在三种工况下，对软件的延时、建立时间、保持时间等指标进行测试，一般包括以下内容：

1）测试建立、保持时间是否满足要求，一般需进行：

a）外部接口的建立和保持时间的测试；

b）内部寄存器的建立和保持时间的测试。

如 DSP 数据总线读操作时数据的保持时间最少为 20ns；FLASH 写操作的时序应满足《芯片手册》中的要求。

2）测试时序控制信号相位、延时、电平宽度等是否满足要求。

例如测试四路控制信号 A、B、C、D 的相位是否满足时序图的设计要求。

3）测试脉冲信号的频率、占空比等是否满足要求。

最大工况是温度取允许范围内的最大值、电压取允许范围内的最小值，编译器以此条件为依据，给出布局布线后的各个门延迟和线延迟参数，供时序分析工具进行分析。由于此时为延迟最大的极限情况，故最大工况主要关注 FPGA 设计在实现时，各个寄存器的建立时间是否满足极限要求，从而可以确定出各个时钟信号所能够允许的最大工作频率。

最小工况则是温度取允许范围内的最小值、电压取允许范围内的最大值。由于此时为延迟最小的极限情况，故最小工况主要是关注各个寄存器的保持时间是否满足极限要求。

典型工况则是温度取常温值（通常为 25℃）、电压取手册中的推荐值。此时对建立和保持时间的要求都比较适中，是较为常见的工作情况，主要用于分析普通情况下寄存器是否能够正常工作。

7.3.8　接口测试

　　接口测试实际上是数据传递的一种表现，是对《软件需求规格说明》以及设计文档中规定的所有外部接口逐项进行的测试，主要用于检测外部系统与本系统之间的交互点，测试的重点是数据的交换、传递和控制管理过程，以及系统间的相互逻辑依赖关系等。

　　1)接口测试需检查接口的正确性，即检查接口信号间的时序、协议、内容以及数据传输的正确性，数据传输的正确性需考虑业务间的依赖关系。

　　2)接口的每一个特性至少被一个正常测试用例和一个被认可的异常测试用例覆盖。被认可的异常测试用例指接口输入异常，接口输入异常需考虑数据异常、测试环境异常等情况，并验证输入异常对软件功能、性能影响与预期输出的一致性。

　　3)接口输入数据至少包括有效等价类值和无效等价类值，覆盖不同通信速率以及不同错误类型，验证输入对软件功能、性能影响与预期输出的一致性。

7.3.9　强度测试

　　强度测试是强制可编程逻辑器件运行在临界正常到不正常的情况下(设计的极限状态到超出极限)，检验软件在扩展情况下可以工作的临界点和系统的稳定性，从而发现软件的缺陷。强度测试分为高负载下长时间的稳定性强度测试和极限负载情况下导致系统崩溃的破坏性强度测试。

　　强度测试适用在可变负载下运行的程序，以及人机交互式程序、实时程序和过程控制程序。强度测试通常包括以下几个方面：

　　(1)为软件提供最大处理的信息量

　　例如，某个海面航行控制系统要求在一特定区域内最多可航行 100 艘轮船，则可以模拟 100 艘轮船存在的情况来对其进行强度测试。

　　(2)对数据处理能力的饱和试验指标进行测试

　　例如，某串口的波特率为 9600bps，发送数据时有 1 个起始位、8 个数据位、1 个停止位，10 位发送时间为 10.42ms，设置发送时间间隔非常小(根据实际要求设置最小值)，通过查看接收端数据验证软件的功能。

　　(3)在错误状态下进行软件反应的测试

　　在错误(如寄存器数据跳变、错误的接口)状态下进行可编程逻辑器件软件反应的测试。

　　(4)在规定的持续时间内，进行连续非中断的测试

　　例如，某 FPGA 软件按照正常工作流程满负荷在高温、低温、常温环境下连续运行，工作时间最长不超过 4h。则在实物测试环境下，FPGA 软件按照正常工作流程满负荷运行在高温、低温、常温情况下，连续运行 4.8h，观察 FPGA 软件是否能正常运行，验证 FPGA 软件是否满足时间强度要求。

很多强度测试体现的是程序在运行过程中可能会遇到的情况，然而也有另外一些强度测试确实体现了"不可能发生"的情况，但这并不意味着这些测试是无用的。如果在这些不可能发生的情况下检查出了错误，这项测试就是有价值的，因为同样的错误在现实环境中是有可能发生的。

7.3.10　余量测试

余量测试应对软件的余量要求进行测试，一般应包括的内容如下：

（1）经过布局布线后的软件资源的使用情况

一般情况下，在进行芯片选片的时候应考虑留有一定的余量，通过查看布局布线后的报告文件，确认资源余量是否满足要求（通常情况下资源余量为20%）。

（2）经过布局布线后的软件的时钟余量

在不同环境（温度、电压等条件）下，FPGA 路径的延时是不一样的，因此为保证FPGA 在各种工况条件下均无时序违反的路径，FPGA 在设计时应保持有一定的时钟余量。

开展时钟余量测试时，运行静态时序分析工具，首先加载标准延时文件和网表文件，并设置相关时钟域的时钟约束，然后开展静态时序分析。通过静态时序分析报告，确认FPGA 设计时钟余量是否满足要求（通常情况下时钟余量为80%）。

（3）输入/输出及通道的吞吐能力余量

按照余量要求，设置数据的通信速率（设置时考虑余量的要求），在输入/输出端口或者通道上进行数据的传输，通过查看数据是否能够正确地接收或输出，是否能够被正确地处理，确认吞吐能力的余量是否满足要求。

（4）功能处理时间的余量

以接收到数据时刻起，到数据处理完成并正确输出数据时刻止，计算功能处理的时间，从而得到相关的余量。

7.3.11　安全性测试

应对被测软件是否满足安全性要求的情况进行测试，即对异常条件下 FPGA 的处理和保护能力进行测试（不会因为可能的单个或多个输入错误而导致不安全状态）。一般包括以下内容：

（1）对状态机可能出现的异常情况进行测试

当设计中使用了状态机且状态机存在无效状态时，应对状态机开展安全性测试，验证当状态机进入无效状态时，能够跳转到初始状态，不会出现死锁的情况。

测试时对设计开展门级仿真，加载综合后的网表文件，设置状态机进入无效状态，验证是否能够正确跳出无效状态。

（2）测试抗状态翻转措施的有效性

在设计中为防止因状态的翻转导致出现功能的错误，通常采用诸如三模冗余等方法进行抗状态翻转的设计。

在测试过程中，使用门级仿真的方法开展测试，在测试中人为设置位翻转，验证措施的有效性。

（3）测试防止危险状态措施的有效性和每个危险状态下的反应

对异常条件下软件的处理和保护能力进行测试，以保证不会因为可能的单个或多个输入错误而导致不安全状态。

测试误触发操作对软件的影响，例如防止软件将毛刺信号当作有效信号进行误操作，可对信号进行过滤；测试飞机执行任务时处于危险状态下的反应，例如飞机执行任务时找不到目标或者飞行姿态不受控制时进行自毁操作。

（4）测试设计中用于提高安全性的结构、算法、容错、冗余等方案

例如，FPGA 设计中应尽量采用同步设计，在必须使用异步设计时应进行同步化处理；在资源允许的情况下，应对关键功能采用三模冗余的设计方法；设计时合理划分模块，结构层次不宜太深，3~5 层即可，等等。

（5）测试设计中的跨时钟域信号处理的有效性

跨时钟域信号容易出现不满足建立、保持时间要求的情况，导致亚稳态现象，因此避免直接使用跨时钟域信号，应通过双采样、FIFO 等方式对跨时钟域信号进行处理。

（6）进行边界、界外及边界结合部的测试

根据边界要求，针对各个参数允许的取值范围，取其边界值验证参数取边界最大值、最小值时软件是否输出正确；取边界以外的值验证超出取值范围时，软件对超范围值是否进行处理，软件是否输出正确。

例如，输入条件规定的取值范围为 $10 < X < 50$，可取的边界值为 5、10、15、45、50、55。

（7）进行最坏情况配置下的最小输入和最大输入数据速率的测试

最坏情况指超负荷、饱和等情况。

（8）测试工作模式切换和多机替换的正确性和连续性

例如，为了系统/软件的安全性，将数据服务、应用服务进行主从备份，当主机发生宕机情况时，系统/软件自动切换到备机，系统/软件不受主备切换的影响，可正常使用。

7.3.12　边界测试

应对软件处在边界或端点情况下的运行状态进行测试，一般包括以下内容：

（1）对软件输入域或输出域的边界或端点进行测试

例如，输入条件规定的取值范围为 $10<X<50$，可取的边界值为 5、10、15、45、50、55。

（2）对功能界限的边界或端点进行测试

例如，对载频码进行边界测试，要求载频码满足 $1516H<=RF<=1B5AH$ 的要求。若载频码错误，则 FPGA 不接收该帧数据，且不影响下一帧正确数据的接收。

（3）对性能界限的边界或端点进行测试

例如，系统/软件读取 10M 以下模型不超过 5s，可取 8M 模型、10M 模型、12M 模型

分别对性能进行验证。

（4）对状态转换的边界或端点进行测试

7.3.13　功耗测试

应对被测软件运行时所消耗的功率进行分析，一般包括以下内容：

在典型工作频率、工作电压、环境温度、输入信号频率、输出负载电容和驱动电流、内部信号的翻转率等约束条件下，进行功耗分析。

在典型运行时间条件下，进行功耗分析。

7.4　可编程逻辑器件软件测试方法

本章针对国家军用标准 GJB 9433—2018 中说明的测试方法进行验证技术介绍，主要包含设计检查、功能仿真、门级仿真、时序仿真、静态时序分析、逻辑等价性检查和实物测试。下面分别一一进行介绍。

7.4.1　设计检查

设计检查是采用人工（包含工具辅助）的方法，对开发文档及工程文件等进行测试。设计检查一般包含以下工作内容：

1）检查文档的正确性、准确性和一致性。

2）检查代码和设计的一致性、代码执行标准的情况、代码逻辑表达的正确性、代码结构的合理性以及代码的可读性。

3）检查被测试软件的外部接口与其外围接口芯片的接口符合性，被测软件外部接口相关代码在逻辑和时序方面处理方式的合理性。

4）检查内部模块之间接口信号的一致性，内部模块之间接口信号相关代码在逻辑和时序方面处理方式的合理性。

5）检查约束文件的正确性、一致性。

7.4.1.1　文档检查

依据文档检查单对被测软件文档进行审查，审查的文档通常包括《软件研制任务书》《软件需求规格说明》《软件设计说明》以及《软件使用说明》等。一般包含以下内容：

1）文档种类齐全性。

2）文档标识和签署的完整性。

3）文档编制内容的完备性、准确性、一致性。

4）文档内容的详细性。

5）文档编制格式的规范性。

6）任务书中是否明确地提出了可编程逻辑器件系统的任务要求及性能指标。

7）任务书中是否清晰地描述了可编程逻辑器件与所有外部设备的接口关系。

8）任务书中是否明确提出了可编程逻辑器件的设计约束，如时钟周期约束、引脚约束等。

9）《软件研制任务书》中是否说明了可编程逻辑器件对系统环境的要求，如温度、电压等。

10）任务要求及性能指标是否充分覆盖了《软件研制任务书》。

11）《软件需求规格说明》中是否对可编程逻辑器件的接口要求进行了描述。

12）《软件需求规格说明》中是否对可编程逻辑器件的时序要求进行了描述。

13）《软件需求规格说明》中追溯关系是否明确。

依据文档完整性审查单对委托方提供的所有文档的完整性进行检查，文档完整性审查单见表 7-11。

表 7-11　文档完整性审查单

项目	文档名称	审查结果		
		提交	未提交	不适用
文档提交情况	《可编程逻辑器件软件研制任务书》			
	《可编程逻辑器件软件需求规格说明》			
	《可编程逻辑器件软件设计说明》			
	《源程序》			
	《可编程逻辑器件软件修改报告单》			
	《可编程逻辑器件软件不更改问题分析报告》			

审查结论：

审查组组长：　　　　　日期：

注：定型和/或鉴定测评时还需提供《配置管理》《内部测试》等文档。

7.4.1.2　编码规则检查

编码规则检查是使用编码规则检查工具检查可编程逻辑器件代码编写是否符合编码规范，辅助测试人员发现可编程逻辑器件问题。编码规则检查涵盖的内容包括：编码风格、RTL 代码规则、跨时钟域设计规则、复位规则、时钟使用规则、与综合相关规则等。主要的编码规则检查项一般包括但不限于以下内容：

1）避免使用锁存器（latch）。

2）进程中的敏感事件列表应完整正确。

3）组合逻辑信号输出应寄存器化。

4）异步复位释放时应采用同步释放的方式。

5）输出信号应进行复位初始化。

6）阻塞赋值和非阻塞赋值避免混合使用。

7）逻辑运算符与位运算符避免混用。

8）多余物。

7.4.1.3　代码检查

应依据代码审查单（表 7-12）对被测软件进行审查，一般包括以下内容：

表 7-12　代码审查单

项目	内容	检查结果			备注
		通过	不通过	不适用	
复位设计	全局复位信号进行了防抖动处理				
	全局复位信号使用全局网络布线资源				
	输出引脚和内部信号在复位时赋初值				
	……				
时钟设计	全局时钟信号使用了全局时钟输入引脚				
	全局时钟信号使用了全局时钟布线资源				
	时钟传输路径上未插入反相器、缓冲器等组合逻辑				
	……				
接口及通信	数据采集频率和外部数据变化率相适应				
	数据采集分辨率和外部数据精度相适应				
	输入接口的滤波和抗干扰设计满足要求				
	……				
……	……				
	……				

补充说明：

审查组组长：　　　　　　　　　　日期：

1）检查代码和设计的一致性。

2）检查代码的规范性、可读性。

3）检查代码逻辑表达的正确性。

4）检查代码实现和结构的合理性。

5）状态机及其状态转移检查。

6）多时钟域及跨时钟域设计正确性的检查。

7）输入接口的滤波和抗干扰设计是否满足要求。

8）对与时钟异步的信号进行边沿检测时，采用的方法是否合理。

9）组合逻辑输出时是否进行了寄存。

10）是否将组合逻辑从一个时钟域连接到另一个时钟域。

11）必要时，可以画出结构图、状态迁移图和时序关系图等。

7.4.1.4　跨时钟域检查

跨时钟域检查是可编程逻辑器件安全性测试验证中的重要内容，利用跨时钟域检查工具，检查测试设计中跨时钟域信号处理的有效性。检查内容主要包括：

1）检查异步信号进入时钟域是否进行同步采样。

异步信号进入时钟域，应至少进行两级同步采样。

2）检查一个模块中的时钟使用数。

在一个模块中只允许使用一个时钟。

3）检查跨时钟域信号组是否使用同步器模块进行同步。

为从一个时钟域传送到另一个时钟域的每一组信号建立一个同步器模块。

4）检查从一个相对快速的时钟域传送一个控制信号到一个慢速的时钟域时，控制信号的宽度是否大于慢时钟的周期。

从一个相对快速的时钟域传送一个控制信号到一个慢速的时钟域时，控制信号的宽度必须大于慢时钟的周期。下面采用两种方法来实现将快速信号同步到慢时钟：使控制信号有效时间大于采样时钟的周期(注意：控制信号将至少被采样一次，但可能会被采样到两次或两次以上)；使控制信号有效，将其同步到新的时钟域，然后将同步后的信号通过另一个同步器反馈到发送时钟域，作为应答信号。

7.4.2　功能仿真

功能仿真是指在不包含信号传输延时信息的条件下，用仿真的方法验证设计的逻辑功能是否正确的过程。功能仿真一般包含如下工作内容：

1）依据测试用例的要求，建立功能仿真环境，编制仿真测试激励向量，应满足被测软件外部输入的功能、性能、时序、接口等要求。

2）在仿真工具中开展功能仿真工作，人工或自动检测仿真结果，并依据判定准则确定测试用例是否通过。

3）统计语句覆盖率和分支覆盖率等覆盖率信息，对未覆盖的情况进行影响域分析。

功能仿真是基于 RTL 源码开展的仿真测试，因此功能仿真又叫作 RTL 行为级仿真。该阶段开展的仿真可以用来检查代码中的语法错误以及代码行为的正确性。功能仿真与时序仿真的区别在于仿真过程中不包括延时信息，因此当设计中未调用底层元器件时，功能仿真可以做到与器件无关。

使用 Quartus 进行仿真，首先要生成当前设计的仿真文件，如图 7-8 所示。

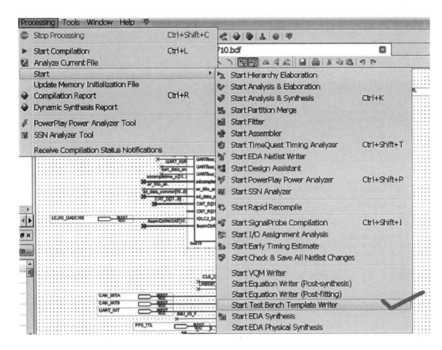

图 7-8　生成仿真文件

　　然后设置所使用的仿真工具，在“Settings”中进行如图 7-9 所示的设置。选择使用“QuestaSim”进行仿真。

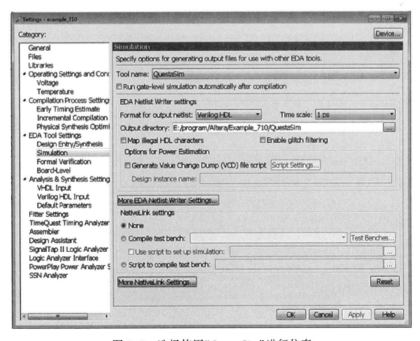

图 7-9　选择使用“QuestaSim”进行仿真

在仿真选项卡中添加"Test Bench"文件，如图 7-10 所示。

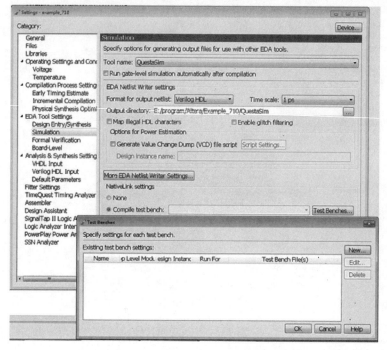

图 7-10　添加"Test Bench"文件

其中"Test bench name"必须与生成的 Test bench 中的模块名一致，且要将文件添加到"Simulation files"中，如图 7-11 所示。

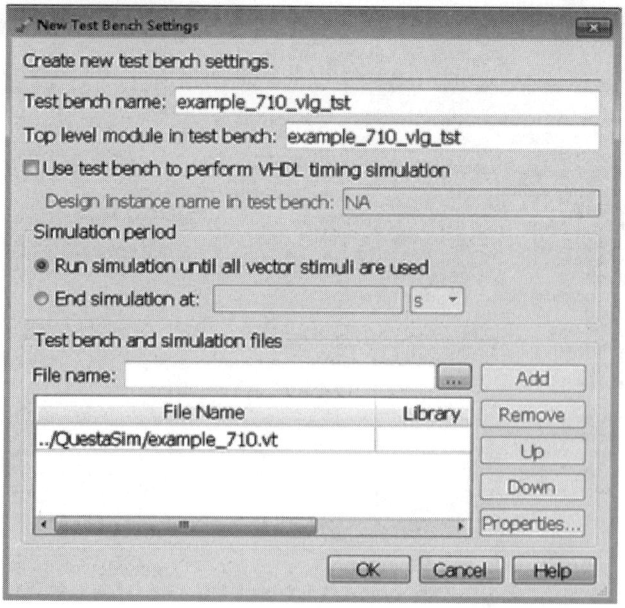

图 7-11　将文件添加到"Simulation files"中

在 Quartus 中选择仿真选项，单击"Tools"→"Run Simulation Tool"，选择"RTL Simulation"进行功能仿真，如图 7-12 所示。

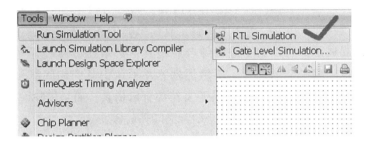

图 7-12　选择"RTL Simulation"

单击该选项可以执行仿真，仿真环境如图 7-13 所示，该仿真过程只验证了设计行为正确与否，在仿真中可以看到，所有信号的状态都是设计中理想的数值，没有毛刺和延迟。

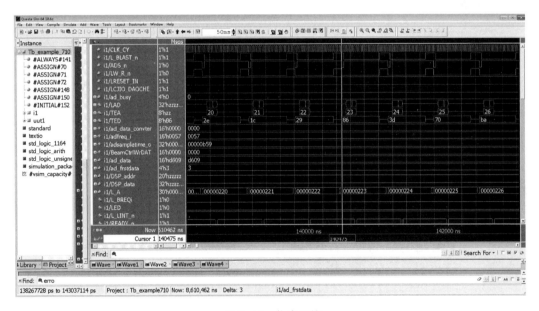

图 7-13　仿真环境

7.4.3　门级仿真

门级仿真是针对逻辑综合后网表文件开展的仿真测试，门级仿真一般包含以下工作内容：

1）依据测试用例的要求，建立门级仿真环境，编制仿真测试激励向量，针对逻辑综合后的网表文件开展门级仿真。

2）在仿真工具中开展门级仿真工作，人工或自动检测仿真结果。

　　一般在设计流程中的第二个仿真是综合后门级仿真。绝大多数的综合工具除了可以输出一个标准网表文件以外，还可以输出 Verilog 或者 VHDL 网表。其中标准网表文件用来在各个工具之间传递设计数据，并不能用来仿真，而输出的 Verilog 或者 VHDL 网表可以用来仿真。之所以叫门级仿真，是因为综合工具给出的仿真网表已经与生产厂家器件的底层元件模型对应起来了，所以为了进行综合后仿真，必须在仿真过程中加入厂家的器件库，对仿真器进行一些必要的配置，不然仿真器并不认识其中的底层元件，无法进行仿真。Xilinx 公司的集成开发环境 ISE 中并不支持综合后仿真，而是用映射前门级仿真代替。对于 Xilinx 公司的开发环境来说，这两个仿真之间差异很小。

　　综合后生成的网表文件（.vo）加 tb 文件仿真；网表是与器件有关的，所以要挂载好相关器件库文件。对于 Quartus 生成的 vo 文件，首先要注释掉其中的挂载 sdo 文件语句，否则仿真是时序仿真，因为 sdo 文件为延时文件，如图 7-14 所示。

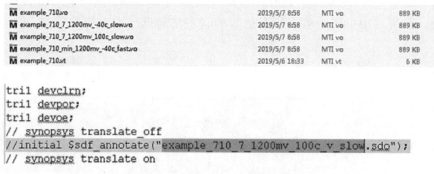

图 7-14　注释掉 sdo 文件语句

　　需要的文件：vo 网表文件以及 tb 文件。需要挂载器件库文件。单击"Gate Level Simulation"，执行门级仿真，如图 7-15 所示。

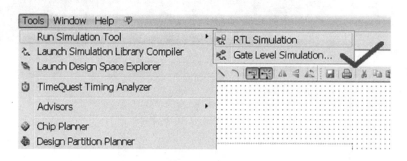

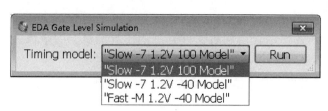

图 7-15　门级仿真操作示意图

可以看到门级仿真引入了中间态，门级仿真结果波形图如图 7-16 所示。

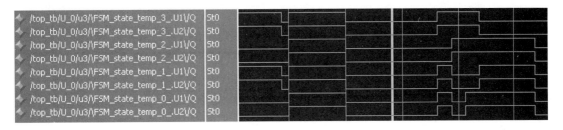

图 7-16　门级仿真结果波形图

7.4.4　时序仿真

时序仿真是针对布局布线后网表文件和标准延时格式文件开展的仿真测试，时序仿真一般包含以下工作内容：

1）依据测试用例的要求，建立时序仿真环境，编制仿真测试激励向量。

2）在仿真工具中开展时序仿真工作，人工或自动检测仿真结果，并依据判定准则确定测试用例是否通过。

在设计流程中的最后一个仿真是时序仿真。在布局布线完成以后可以提供一个时序仿真模型，这种模型中也包括了器件的一些信息，同时还会提供一个 SDF 时序标注（Standard Delay Format Timing Annotation）文件。SDF 时序标注最初使用在 Verilog 语言的设计中，现在 VHDL 语言的设计中也引用了这个概念。

需要的文件：网表文件、延时文件及 tb 文件。时序仿真结果波形图如图 7-17 所示。

在仿真图中标示出器件延时，该延时时间为 5ns。

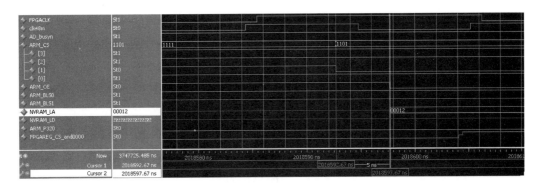

图 7-17　时序仿真结果波形图

7.4.5　静态时序分析

7.4.5.1　概述

时序分析的目的是确保在 FPGA 芯片的三种工况下(最大工况：温度在芯片允许范围内最高，电压在芯片允许范围内最低；典型工况：温度为室温，电压为正常供电电压；最小工况：电压在芯片允许范围内最高，温度在芯片允许范围内最低)，满足整个设计的接口(上级和下级系统接口)时序需求，且留有余量(业界默认为20%)；内部的时序路径满足建立、保持时间要求，异步信号满足移除时间和恢复时间要求，从而减小发生亚稳态的概率，主要包含以下内容：

(1) 抽取时序测试需求

时序测试需求分析是基于对原始需求中输入输出接口物理层分析得到的，在可编程逻辑器件软件设计中，典型的输入输出接口分为主时钟接口、复位接口、源同步接口、异步接口等。

(2) 接口时序路径的延迟时间估算

使用时序分析工具对网表内部的时序路径计算建立、保持时间是否满足要求。而对于接口的时序路径，采用人工计算起点至终点路径的方法计算时序是否满足要求。

(3) 分析时序测试结果

从内部建立、保持时间，外部接口建立、保持时间，纯组合路径的延迟时间，以及 FPGA 输出信号和 CPU 输出信号协同控制目标芯片的时序对测试结果进行分析，提出相应的可编程逻辑器件软件设计问题。

静态时序分析是检查 IC 系统时序是否满足要求的主要手段。以往时序的验证依赖于仿真，采用仿真的方法，覆盖率与所施加的激励有关，有些时序违例会被忽略。此外，仿真方法效率非常低，会大大延长产品的开发周期。静态时序分析工具很好地解决了这两个问题。它不需要激励向量，可以报出芯片中所有的时序违例，并且速度很快。

静态时序分析是采用穷尽分析方法来提取出整个电路存在的所有时序路径，计算信号在这些路径上的传播延时，检查信号的建立和保持时间是否满足时序要求，通过对最大路径延时和最小路径延时的分析，找出违背时序约束的错误。

(1) 优点

它不需要输入向量就能穷尽所有的路径，运行速度很快，占用内存较少，不仅可以对芯片设计进行全面的时序功能检查，而且可以利用时序分析的结果来优化设计。因此静态时序分析已经越来越多地被用到数字集成电路设计的验证中。

(2) 缺点

静态时序分析只能对同步电路进行分析，而不能对异步电路进行时序分析。

7.4.5.2　方法和过程

依据测试用例要求，针对逻辑综合或布局布线后的网表文件和标准延时格式文件开展静态时序分析，宜包含以下工作内容：

1）定义时序约束；

2）在静态时序工具中加载被测试文件，被测试文件包括逻辑综合或布局布线后的网表文件、标准延时格式文件、时序约束文件、相关库文件；

3）分别在三种工况下开展静态时序分析；

4）对未覆盖情况进行分析和说明；

5）人工对时序分析得到的信息进行二次分析，对时序违反情况进行问题追溯和定位。

通过静态时序分析，可以检查设计中的关键路径分布；检查电路中的路径延时是否会导致 setup 违例；检查电路中是否由于时钟偏移过大导致 hold 违例；检查时钟树的偏移和延时等情况。此外静态时序分析工具还可以与信号完整性工具结合在一起分析串扰问题，静态时序分析工具读入门级网表、时序约束等信息，然后进行静态时序分析。分析过程可以分为三步：

（1）将电路分解为时序电路

将电路分解为时序路径，即将电路转换为时序路径的集合。时序路径是一个点到点的数据通路，数据沿着时序路径进行传递。它的起点是输入端口或者寄存器的时钟，终点是输出端口或者一个寄存器的输入引脚，每个路径最多只能穿过一个寄存器。这样时序路径就可以划分为：输入端口到寄存器、寄存器到寄存器、寄存器到输出端口、输入端口到输出端口。如图 7-18 所示，分析其时序路径。根据时序路径的定义，可以找到 4 条时序路径：从输入端口 A 到 FF1 的 D 端；从 FF1 的 clk 端到 FF2 的 D 端；从 FF2 的 clk 端到输出端口 out1；从输入端口 A 到输出端口 out1。

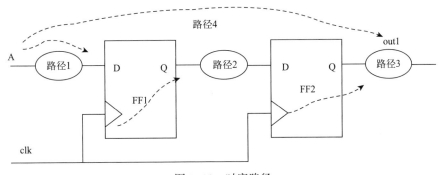

图 7-18　时序路径

（2）计算每个路径的延时

在一个路径上，可能包含这几类延时：连线延时(布局布线前后的延时计算方法不一样)、组合逻辑的单位延时(影响因子有输入信号的转换时间，该值也决定输入晶体管的翻转速度、负载、单元本身的固有延时、制程、电压、温度等)、寄存器从 clk 端到 Q 端的延时。一个路径上的延时是该路径上所有连线的延时与单位延时的综合。延时一般定义为从输入跳变的 50%时刻到输出跳变的 50%时刻之间的时间。

（3）检查路径时序约束是否满足

路径约束主要指的是建立时间约束和保持时间约束。在寄存器的综合库描述中对寄存器的 D 端定义了建立时间和保持时间的约束。所谓建立时间约束，是指在采样时钟到达之前，数据应该稳定的时间；保持时间是指在时钟到达之后，数据应该保持的时间，这样才能保证寄存器正确地锁存数据。对于纯组合逻辑，时序分析主要检查最大延时约束和最小延时路径。

7.4.5.3　常用工具

Synopsys 公司的 PrimeTime 和 Mentor Graphics 公司的 SST Velocity 主要用于全芯片的 IC设计。PrimeTime 是业界最为流行的分析工具之一。Innoveda 公司的 Blast 工具主要用于FPGA 和板级设计，它可支持单层和多层板结构，能链接板级交叉耦合分析。Altium 公司的工具主要用于 PCB 设计中的静态时序分析。各大 FPGA 厂商［Intel（前 Altera）、Xilinx、Lattice、Mircosemi（前 Actel）］的 IDE 均提供静态时序功能，国内京微雅阁等厂家目前还不支持，均使用第三方的静态时序分析工具。总的来说，FPGA 的静态时序要比 IC 设计的静态时序简单得多，一般也不会分析到导通晶体管、传输门和双向锁存的延时这个层次上。

7.4.6　逻辑等效性检查

7.4.6.1　概念

FPGA 具有开发周期短、设计成本低、可实时检查等优点，在复杂系统电子设备中得到广泛应用。然而，随着 FPGA 设计规模不断扩大，测试和验证的重要性日益明显，完善验证流程和提高测试覆盖率也是极其重要的一部分。

FPGA 芯片综合及布局布线后的功能验证对于提高设计可靠性有重要意义。目前常用的后仿真验证方法存在两个问题：一个是复杂度大，时间较长；另一个是异常状态的测试覆盖率不足。所以出现了利用等效性检查进行功能验证的方法，并给出主流厂商芯片的验证流程及异常处理措施。与后仿真的验证方法相比，本方法验证工作量更低，测试覆盖率高，对提高设计可靠性有重要意义。

目前设计中无法根据 FPGA 设计验证流程依次进行各环节一致性的对比，只能通过各个阶段仿真验证实现。只有消耗大量时间，才能确认一个设计在各个设计阶段是否正确，如果在最耗时的后仿真阶段前将此前阶段可能引入的差错尽可能地发现，将会节省大量的后仿真验证时间，提高验证水平。而等效性验证的工具采用数学方法直接对比各个阶段网表的一致性，从而几乎可以省去各网表动态后仿真这项非常耗时的工作。其基本思想是，对于做对比的两个网表，如果所有可能的输入其输出也一致，证明输入输出之间的组合逻辑正确，则表示这两个网表一致。

7.4.6.2　方法和过程

依据测试用例的要求，对设计代码、逻辑综合后的网表文件以及布局布线后的网表文件进行逻辑等效性检查，宜包含以下工作内容：在逻辑等效性检查工具中加载被测文件；人工对逻辑等效性检查工具尚未匹配的比对点进行分析和匹配；执行逻辑等效性检查；人工对分析结果进行二次分析，对不等价点进行问题追溯和定位。

逻辑等效性检查的基本过程如下：

（1）读取网表

将待对比的两个网表分别定义为 golden（经验完成的）网表和 revised（带修正的）网表，由逻辑等效性检查工具读取。根据 golden 网表来核对其他设计网表。设计流程中的任何阶段都可以用作 golden 网表，如综合前的网表、布局布线后的网表。其中 RTL 网表是最常被采用的 golden 网表，其测试的覆盖率可以达到 100%。

（2）设置关键点

遵循等效验证的基本思想，验证工具把网表划分成许多基本的小阶段，称为"逻辑锥"。如果验证过程中，所用的逻辑锥都等价，则整个网表就等价。逻辑锥的输入和输出就是关键点，关键点主要由网表的基本输入输出、触发器、寄存器、黑盒子等元素组成，如图 7-19 所示。

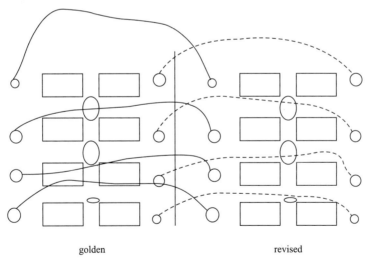

golden　　　　　　　　　　　　revised

图 7-19　逻辑锥

（3）映射点检查

等效性检查工具会根据名称或功能，将两个网表对应的关键点进行并联，从而划分出相应的组合逻辑，如图 7-20 所示。

（4）对比

验证工具按照数学方法给逻辑锥输入激励，对比输出，从而验证逻辑锥的等价性。如

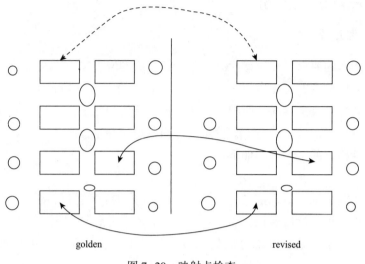

golden　　　　　　　　　　　　　　revised

图 7-20　映射点检查

果所有的逻辑锥都等价，则两个网表等效，否则调试匹配点，确认问题，修改设计，再次进行对比。

对 FPGA 设计进行逻辑等效检查过程中，必须注意以下设计方法，否则将无法顺利完成逻辑等效验证过程：

1）不支持由综合器推断综合的 RAM 资源验证，因为形式验证工具很难在设计网表中给推断综合的部件找到一个合适的对比点。

2）不支持含有 retiming 选项的综合验证，因为综合工具为了获得较好的时序结果会重新调整逻辑，这给验证工具寻找比较点带来困难。

7.4.6.3　常用工具

OneSpin 公司的 360 EC-FPGA、Cadence 等等效性检查工具不仅提供了 ASIC 检查工具所具备的所有功能，还包括对 FPGA 中常用的时序优化功能的支持。它能验证 RTL 和后综合网表的功能等效性，以及门级和后布线 FPGA 网表的等效性。可以处理当前所有的 FPGA 综合优化功能，它支持 Altera 和 Xilinx FPGA，可以与 Synplicity 公司的 Synplify Pro，Xilinx 公司的 ISE 和 Altera 公司的 Quartus Ⅱ 综合工具一起使用，支持 Xilinx、Altera 和 Actel 公司所有器件。

7.4.7　实物测试

实物测试是将配置文件加载到真实的目标机中，通过外部接口向可编程逻辑器件施加激励，检测其输出是否满足预期结果的过程。一般用于需长时间运行的性能测试、有误差累积要求的强度测试、复杂任务剖面测试及其他无法通过功能仿真方法实现的测试场景。实物测试包含以下工作内容：

1）依据被测试《可编程逻辑器件软件研制任务书》或《软件需求规格说明》设计测试用例；

2）在真实目标机中，运行测试用例，记录测试结果；

3）分析测试结果，提出相应的可编程逻辑器件问题。

根据《软件需求规格说明》或《软件研制任务书》拆解测试项和设计测试用例，应逐项测试《软件需求规格说明》规定的功能、性能等特性。对关键信号和数据的验证，可以采用开发环境自带工具进行监控，如 Xilinx 系列可采用 ChipScope，Quartus 系列可采用 Signal-Tap。对于 FPGA 可引出的引脚或信号，可采用万用表或示波器对信号进行测量。

7.5　可编程逻辑器件软件测试管理

FPGA 软件测试管理工作主要包括需求管理、策划管理、配置管理、质量保证和风险管理。

7.5.1　需求管理

测评项目需求管理的对象是测评需求，如软件测评任务书、合同或其他等效文件，被测软件需求规格说明、被测软件设计文档或用户手册等。测评需求应根据不同的测试级别而定。测评项目需求管理应保证：

1）评审测评项目的需求和需求变更，包括评审测评需求的可测性、完备性、一致性。视情况测评项目需求评审可以与合同评审一起进行。

2）建立测评项目的需求基线，控制和管理测评项目的需求和需求变更。

3）测试需求规格说明、测试计划、测试活动和测试工作产品与测评需求相一致。

7.5.2　策划管理

测评项目策划管理应贯穿测评项目的整个寿命周期，策划管理应保证：

1）制订测试计划（如进度、人员安排）时应基于对软件测试工作量和资源的估计。

2）应根据测试实际情况，对测试计划不断细化和修订。

3）应评审测试计划，并得到各有关方的认同。

4）测试计划应受到版本控制和变更控制。

7.5.3　配置管理

在开发过程中，软件技术状态的变化是不可避免的。如果软件的变更没有受到有效的控制，则软件状态会处于一个混乱的状态，严重影响 FPGA 软件的质量。因此在测评项目的整个寿命周期内，应对测评项目进行配置管理，保证工作产品的完整性。测评项目配置管理对象应包括被测件及相关文档、测试工具、测试环境、测试过程及最终产品。测评项目的配置管理应保证：

（1）建立配置管理库

1）项目立项后，测评项目组配置管理员负责建立并管理开发库。

2）项目组配置管理员要根据项目计划制订测评项目的配置管理计划，并按照计划配合评测中心配置管理员建立受控库和产品库。

（2）开发库的配置管理

1）要求测评项目必须建立开发库，所有项目组成员都要把项目的阶段产品、中间产品以及各种质量记录纳入开发库进行管理，以保证整个项目进行过程中工作产品的完整一致性。

2）测评项目组配置管理员负责建立、维护和使用开发库。

3）测评监督人员对测评项目组是否建立和使用开发库进行配置管理和监督。

4）技术支持组对开发库配置管理工具的使用进行技术支持与服务。

（3）配置管理计划的制订

1）一般对执行周期较长（2个月以上）的软件测评项目应单独编制配置管理计划（包括受控库和产品库）。对执行周期较短的项目可将此计划合并到测试项目计划中。

2）要根据各测评项目的实际情况、被测软件的安全性关键等级以及项目规模大小沿整个测试周期确定若干基线，亦即确定具体的时机和相应的配置管理项。

3）根据整个测评项目计划周期，基线设置应尽可能后延，不宜过早，也不宜过多。

4）应指明各个有关的评审和审批事项以及验收标准。

（4）配置项出入库控制

1）作为受控的配置管理项必须存入受控库和产品库。

2）受控的配置管理项出入受控库、产品库都要经过审批。

3）评审后，测评项目组配置管理员要申请将完成相应修改后的配置管理项执行入库操作。

4）对于拟交付委托方的配置管理项，要首先将其执行出受控库操作，再入产品库，最后从产品库出。

5）受控库的出入库由测评部负责人进行审批，产品库的出入库由技术主管进行审批。

（5）更动控制

1）在测试项目周期中，对已进入受控库的任一配置管理项（程序、文档、接口、数据）的任何更动说明更改原因，提供依据。

2）更改后的配置项重新入库，版本号要比原来版本号高。

3）不论所修改的配置管理项实体是被测软件还是文档，必须确保相关被测软件和被测文档均同时完成相应的修改，以确保软件配置管理项"文实相符，文文一致"。

4）当某个配置管理项从受控库中取出进行修改时，必须对此软件配置管理项在受控库中的文件加锁，以指示该配置管理项正在被修改中，禁止其他用户在此修改期间使用更动中的版本，确保每个用户从受控库中所得到的配置管理项总是正确、有效的。

（6）配置审计

1）在测试周期中，配置管理员要按照配置管理计划进行配置审计工作，验证基线的建立和配置管理项的入库情况，以及配置管理项的一致性关系是否得到满足。

2）为了防止意外事故毁坏或丢失库中配置管理项，对于周期短的项目（2 个月以内），要在项目结束后对库中配置管理项进行完整备份，并归档保存。对于周期长的项目（2 个月以上），可在项目中期和项目结束后对配置管理项进行两次备份，并及时归档保存。

（7）配置状态报告

1）当受控库和产品库发生变化后，配置管理员要及时将配置状态报告给相关人员，如项目负责人、测评监督人员、测评负责人、质量主管和技术主管等。

2）报告配置状态要说明各配置管理项的现行状态，如出入库、更动、版本等情况。

7.5.4　质量保证

质量保证人员根据项目的任务需求制订质量保证计划，目标是对项目的工作活动以及产生的工作产品进行符合性检查，确保不出现严重不符合项。测试过程中涉及的大纲评审和总结评审均一次通过，同时为产品质量评估提供依据。

FPGA 软件测试的质量保证任务主要依据测试过程划分的测试策划与测试需求分析、测试设计和实现、测试执行和测试总结阶段开展，质量保证人员对过程中产生的工作产品以及测试活动进行检查，及时发现存在的偏离或问题，通报相关人员并追溯验证。具体活动包括以下内容：

1）质量保证人员根据该项目测评大纲中的"测试工作进度安排"适时开展，按照质量保证过程检查单内容对活动以及产品文档化逐一检查、监督并控制，直至测试活动结束。

2）按照 FPGA 软件测试工作的实际进展情况组织并参加评审，报告阶段性质量活动情况，并对评审意见进行确认。

3）对配置管理活动进行检查。

4）在测试活动结束后，向质量部门提供质量记录。

在测评项目的整个寿命周期内，应有措施保证测评项目正在运行的过程和正在形成的工作产品，符合相应的技术文件要求。

质量保证包括质保活动、不符合问题的解决、度量与采集要求。

1）质保活动：按照质量保证计划，针对测试的各个阶段开展质量检查，包括测试文档是否齐全，评审活动是否开展，各基线是否建立等内容，开具不符合项单，确保测试过程质量可控。

2）不符合问题的解决：当人员、产品或过程出现偏离质量要求时，项目监督测评人员及时通知相关人员进行更改或纠正，如果问题在项目组内无法得到解决，应视情况及时通知中心监督测评人员、质量主管或技术主管进行解决。

3）度量与采集要求：需要采集的数据包括：软件（被测软件数量、需要的支持软件数量、实测软件数量、准备的支持软件数量等）；功能项数、指标数；测试项（按需求点进行度量）；测试用例（每轮设计用例数、执行用例数、未执行用例数、通过用例数、未通过用例数）；代码规模、软件问题（发现问题数、按问题级别统计的各类问题数）；被审查文档规模；测评文档规模；测试工作量（按人日）。

7.5.5　风险管理

测试风险总是不可避免存在的，所以对测试风险的管理非常重要，必须尽力降低测试中所存在的风险，最大程度地保证质量和满足客户的需求。在测试工作中，技术主管应组织项目负责人、质量主管和有关人员就主要的风险进行分析，风险可能包括以下几个方面：

1）质量需求或产品的特性理解不准确，造成测试范围分析的误差，导致某些地方始终测试不到或验证的标准不对。

2）测试用例没有得到百分之百的执行，如有些测试用例被有意或无意地遗漏。

3）需求的临时/突然变化，导致设计的修改和代码的重写，测试时间不够。

4）不是所有质量标准都很清晰，如适用性的测试，仁者见仁、智者见智。

5）测试用例设计不到位，忽视了一些边界条件、深层次的逻辑、用户场景等。

6）测试环境一般不可能和实际运行环境完全一致，造成测试结果的误差。

7）有些缺陷出现频率不是百分之百，不容易被发现；如果代码质量差，软件缺陷很多，被漏检的缺陷可能性就大。

8）回归测试一般不运行全部测试用例，是有选择性地执行，必然带来风险。

针对测试的各种风险，建立起"防患于未然"和"以预防为主"的管理意识，建立起全过程测试管理方式，对软件产品缺陷进行规避，缩短对缺陷的反馈周期和整个项目的测试周期。技术主管应组织项目负责人、质量主管和有关人员开展一些有效的测试风险控制活动：

1）测试环境不符可以通过事先列出要检查的所有条目，在测试环境设置好后，由其他人员按已列出条目逐条检查。

2）有些风险不可避免，就设法降低风险，如"程序中未发现的缺陷"这种风险总是存在，就要通过提高测试用例的覆盖率来降低这种风险。

3）为了避免、转移或降低风险，事先要做好风险管理计划和控制风险的策略，并对风险的处理制定一些应急的、有效的处理方案，如在做资源、时间、成本等估算时，要留有余地，在项目开始前，要把一些环节或边界上的可能会有变化、难以控制的因素列入风险计划中。

4）为每个关键性技术岗位培养后备人员，做好人员流动的准备，采取一些措施，确保人员一旦离开公司，项目不会受到严重影响，仍可以继续下去。

5）制定文档标准，并建立一种机制，保证文档及时产生。

6）对所有工作进行监督，及时发现问题，包括对不同的测试人员在不同的测试模块上进行调换。

7) 对所有过程进行日常监督, 对阶段产品和最终结果进行评审或审核, 及时发现风险出现的征兆, 避免风险。

7.6　本章小结

本章是可编程逻辑器件软件的测试过程与管理部分, 主要介绍了可编程逻辑器件软件的测试过程与管理, 在测试过程中, 着重介绍了测试需求分析阶段、测试策划阶段、测试设计阶段、测试执行阶段及测试总结阶段。在测试管理中, 着重介绍了需求管理、策划管理、配置管理、质量保证及风险管理。

第 8 章　可编程逻辑器件软件可靠性与安全性

8.1　概述

随着可编程逻辑器件软件开发能力的不断增强，设计者可以方便地使用高层次的系统描述语言完成软硬件协同设计和模块化设计，而软/硬件功能分配和底层硬件实现都由 EDA 软件自动完成，从而大幅度提高了系统的设计效率。可编程逻辑器件在航天、航空军用产品领域中获得了广泛应用，这对可编程逻辑器件软件的质量和可靠性提出了更高的要求。

为了提高可编程逻辑器件软件的可靠性和安全性，首先应明确软件可靠性和安全性的定义，并在整个可编程逻辑器件软件寿命周期内开展可编程逻辑器件软件可靠性与安全性的设计、分析和验证工作。在系统要求过程和需求分析过程中应明确可编程逻辑器件软件的可靠性和安全性要求，确定安全性等级及可靠性指标；在设计过程中应进行需求危险分析，确定安全关键功能，制订可靠性和安全性测试计划；在设计实现和集成过程中，应进行设计和实现安全性分析，采取有效的可靠性和安全性设计措施，以满足软件可靠性和安全性要求；在测试和验证过程中应进行可靠性和安全性测试和分析，以保证可编程逻辑器件软件的可靠性和安全性。

8.1.1　可编程逻辑器件软件可靠性概念

可编程逻辑器件软件可靠性是在规定条件下，在规定时间内，软件不引起系统失效的概率，该概率是系统输入和系统使用的函数，也是软件中存在错误的函数。规定的时间是指给定的(用于评估软件可靠性的)软件运行的时间；规定的条件是指软件使用环境，包括两个方面，一方面是软件运行的软硬件环境，另一方面是软件操作剖面，即软件运行的输入空间及其概率分布。

可编程逻辑器件软件可靠性从直观上讲就是软件运行期间不发生失效的概率。从用户角度看，两个同样功能的软件，如果其中一个在使用中发生失效的频率较高，而另一个发生失效的频率较低，用户会认为失效频率较高的那一个可靠性较差。软件失效与硬件失效不同，硬件失效主要是由器件"磨损"所导致的，是时间的函数，而软件失效则是由软件内存在的缺陷所导致的，是软件固有的，是不随时间变化的。软件失效的频率不仅与软件中存在的缺陷数相关，而且与软件的使用相关。即使软件中缺陷数量较少，如果存在缺陷的那部分软件功能是用户经常使用的，则同样会频繁地出现软件失效。从另一个方面看，即使软件中存在的缺陷数量较多，且都存在于用户不经常使用的功能中，也有可能出现失效概率较低的情况。因此定义软件的可靠性不能仅考虑软件中缺陷的密度，还要考虑软件的实际使用情况。软件的实际使用情况在数学上可以用规定的使用时间内软件的输入空间及其概率分布来描述。对于任何一个给定的软件，由于其中存在的缺陷是确定的，所以能引起软件失效的输入集合就是确定的。根据软件输入空间的概率分布就能计算出引起失效的输入集合出现的概率，因此就能定量地计算出软件的可靠性。

8.1.2　可编程逻辑器件软件安全性概念

可编程逻辑器件软件安全性是"软件运行不引起系统事故的能力"，指软件在运行过程中，不引起系统失效，不致因为软件失效而发生人员伤害、设备或环境破坏的能力。

安全性是产品的固有特性，它与可靠性和维修性一样是可以通过设计赋予的，是各种军用系统必须满足的首要设计要求。安全性即系统不发生导致人员伤亡、职业病、设备损坏或财产损失的意外事件的能力。这些意外的事件通常称为事故，而导致事故发生的状态称为危险。要保证安全，最根本的问题是消除或控制这些潜在危险。系统安全（System Safety，也称系统安全性或安全系统工程）是为适应复杂装备安全性需求而发展起来的一门综合性应用科学，它是以作战效能、时间和费用为约束条件，在装备寿命周期各阶段，应用工程和管理的原理、准则和技术，使各方面的安全性能达到最佳。系统安全的思想改变了装备研制中通过"试验—改进—试验"的试错法获得可接受的安全性水平的传统观念，要求在装备整个寿命周期中都应识别、分析和控制危险，强调在系统设计阶段应考虑所需要的安全性设计，以保证系统在以后的试验、制造、使用和保障以及退役处理中都是安全的。

8.1.3　可编程逻辑器件软件可靠性与安全性关系

安全性和可靠性是两个有紧密联系而又不能等同的概念，一般来说，可靠性要求涉及使系统不失效，而安全性要求则牵涉到使系统不发生意外事故（危险），可靠性与每一个可能的软件错误都有关，而安全性则只与那些可能造成系统出现危险后果的软件错误有关，并非所有的软件错误都会引发安全性问题。广义的可靠性包含安全性。

一般说来，高可靠的软件通常都是高安全的软件，如飞机自动驾驶软件，它越可靠，其安全性越高；反过来，高安全的软件往往也是高可靠的软件。此外，软件可靠性主要考虑如何减少或消除引起软件失效的软件错误；而软件安全性则主要考虑如何减少或消除会引起危险的软件错误，并降低和缓解因软件失效而造成的危险。因此，人们常常将软件可靠性和软件失效安全性等同看待，但事实上它们之间却存在着如下本质区别：

1）软件可靠性是在一组特定的条件下、在一定时间间隔内系统完成其规定功能的概率；而软件失效安全性则是无论其是否完成其预定功能，系统不会导致意外事故的概率。

2）软件可靠性关心系统是否失效，关心引起软件失效的所有软件错误，而软件失效安全性则是无论其是否完成其预定功能，系统不会导致意外事故的概率。

3）对于系统来说，一个系统可能是可靠且不安全的。例如，一个不能工作的武器系统，它无法实现其预定的功能，因而它是不可靠的，但是由于它不会造成任何安全性的问题，所以它是安全的。

4）软件可靠性的主要工作是尽量减少软件的故障，降低软件失效的可能性；软件安全性的主要工作是尽量减少能造成意外事故的失效，降低或缓解因软件失效造成的危险，对于无法通过设计消除的危险，则通过软件安全性设计方法和措施缓解这些危险造成的后果。

8.2 可编程逻辑器件软件失效机理与软件可靠性和安全性措施

8.2.1 可编程逻辑器件软件失效机理

由于可编程逻辑器件软件内部逻辑复杂，运行环境动态变化，并且不同的软件差异可能很大，因而软件失效机理可能有不同的表现形式。例如，有的失效过程比较简单，易于追溯分析；有的失效过程可能非常复杂，很难甚至不可能进行详尽的描述和分析。但总的来说，失效机理可以描述为：人为错误→软件缺陷→软件故障→软件失效。

人为错误是在软件寿命周期内的不期望或不可接受的人为差错，其结果会导致软件缺陷，是人们在软件开发过程中不可避免的一种行为过失。人为错误例子有：开发人员误解或遗漏了用户需求；设计未能覆盖结构设计说明中的要求等。

软件缺陷是存在于软件中的、不期望的或不可接受的偏差，其结果是当软件运行于某一特定条件时将会出现软件故障（即软件缺陷被激活），软件缺陷以一种静态的形式存在于软件内部。

软件故障是软件运行过程中出现的一种不期望的或不可接受的内部状态，此时若无适当措施加以处理就会产生软件失效。软件故障是一种动态行为。

软件失效是软件运行时产生的一种不期望或不可接受的外部行为结果。可编程逻辑器件软件失效的例子有（但不仅限于）：造成任务失败；造成环境或人员、设备的伤害等。

航天型号可编程逻辑器件软件开发、测试过程中，对出现的典型问题进行采集、分类、整理和分析后发现，FPGA 失效主要体现在以下三类：可编程逻辑器件软件系统设计类、RTL 代码可靠性和安全性设计类以及 IP 核使用及重用类。其中 RTL 代码可靠性和安全性设计类失效主要包括接口设计类、时钟类、跨时钟域处理类、复位及初始化类、综合类、设计约束类、容错处理类、状态机设计类、编码要求类等。针对每类失效举例如下：

（1）可编程逻辑器件软件系统设计类失效

以可编程逻辑器件状态未退出造成 CPU 读错误为例进行分析。

故障现象：

在某可编程逻辑器件产品的验证过程中测试 CPU 发送 CAN 读写指令，在仿真中发现当 CPU 发送完写 CAN 指令后，紧接着发送读 CAN 指令，发现读回的数据有误。

故障原因：

该可编程逻辑器件产品的 CAN 读写控制是通过状态机设计实现的，默认模式在空闲状态，当检测到 CAN 读指令或者 CAN 写指令时，才进入操作状态流程。当 CPU 连续 2 次写过程后，紧接着连续发送读 CAN 指令时，当前有限状态机（FSM）还处于前次写过程状态中，如图 8-1 所示。必须等过了 3 个周期，才进入空闲状态，而此时外部读操作已经开始，所以该读指令并未执行。而 FSM 必须等到第二次读指令时，才进入正常状态，应保证 FPGA 在读写操作时处于空闲状态，如图 8-2 所示。

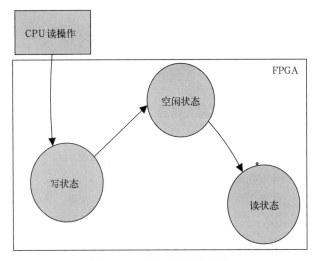

图 8-1　时序不匹配的操作

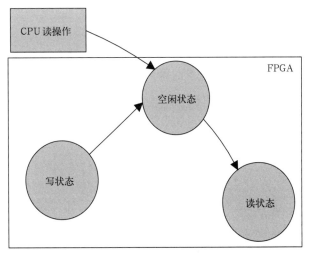

图 8-2　时序匹配的操作

（2）RTL 代码可靠性和安全性设计类失效

以状态机死锁导致信号处理器无响应为例进行分析。

故障现象：

某设备启动命令后 32s 时，信号处理器停止应答信息采集命令，此时能够收到信息采集命令，断电后再次加电，现象未复现。

故障原因：

信号处理器未给控制组合返回应答数据，判断为信号处理器与控制组合的数字通信在返回链路出现异常，相应的程序代码如下：

Case state is：

When S0=>FLAG_ DISABLE < ='0'；

…

When S6=>…；

When others=>state <= state；

End case；

状态 state 在 S0 至 S6 之间进行状态转换，如果出现其余状态，将进入死循环。该模块的启动发送信号 TX_DATA_VALID 的产生存在跨时钟域问题，而返回链路状态机判断 TX_DATA_VALID 信号有效后开始启动发送过程，启动发送信号 TX_DATA_VALID 与状态机工作时钟属不同时钟域，当时钟有效沿与 TX_DATA_VALID 信号跳变沿重合时，状态机状态寄存器的亚稳态会使状态机进入异常状态而进入死循环，导致故障现象发生。

（3）IP 核使用及重用类失效

以未按 IP 核使用时序要求进行操作，导致数据计算错误为例。

故障现象：

可编程逻辑器件产品在验证某功能的过程中发现阈值一直没有进行更新，导致数据计算错误。

故障原因：

由于计算阈值方差的 IP 核输出有两个信号：方差值和有效输出信号，但有效输出是两个时钟周期，而更新的值只在第一个时钟周期有效，所以阈值只更新了一个时钟周期，就又变回了原来的值，如图 8-3 所示。

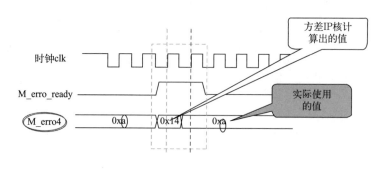

图 8-3　仿真波形图

8.2.2　可编程逻辑器件软件可靠性和安全性措施

可编程逻辑器件软件可靠性同硬件可靠性一样，不是生来就有的，而是通过精心设计而取得的，常见的可靠性措施如下：

1）避错设计：在设计过程中使软件不发生故障或少发生故障的一种设计方法；

2）查错设计：在设计过程中使软件具有自动故障检测能力的一种设计方法；

3）纠错设计：在设计过程中使软件具有自我纠错和降低故障危害度能力的一种设计方法；

4）容错设计：在设计过程中使软件在故障状态下仍然具有正常运行能力的一种设计方法。

避错设计是在软件设计过程中采用的一种设计方法，该方法能够使软件产品不发生错误或少发生错误。避错设计体现了以预防为主的思想，是软件可靠性设计的基础方法，应当贯穿于设计的全部过程中。由于软件故障来源于人为错误，因此，控制那些影响人为错误发生的因素就能减少软件的故障量。Rzevski 的研究表明，系统复杂性、任务复杂性、资源、人为因素和环境因素会影响人为错误的发生。为了提高软件可靠性，应选择一种有助于控制这些因素的方法来开发软件，这种方法就是避错设计技术。常见的避错技术包括简化技术、防错程序设计、结构化设计、形式化设计、软件重用等。

查错设计分为被动式检测和主动式检测两种。被动式检测技术在程序的关键部位设置检测点，在故障征兆出现时及时检测出故障，其中包括查纠错码、判定数据有效范围、检查累加和、识别特殊标记（如帧头帧尾检测）、口令应答（例如，在各个过程中设置标志，满足要求时继续进行）、地址边界检查等，该方法属于可测试设计的范畴。主动式检测技术主动对系统和软件的状态进行检测，并采取相应的处理措施，其中包括定时或优先级的巡查等，该方法属于自测试自诊断设计的范畴。可编程逻辑器件软件一般不采用主动式检测。

纠错设计的期望是软件具有自动改正错误的能力。纠错设计通常采用纠错码、看门狗定时器等方法。

容错设计是系统抵挡有害事件并维持某种安全运行条件的能力。该能力由系统或者子系统中可能发生且不引起失效的故障数目来确定。容错设计的原理是利用系统资源的冗余（如硬件、软件、时间、信息等）来掩盖或屏蔽故障的影响。

8.3　可编程逻辑器件软件研制各阶段的可靠性和安全性要求

可编程逻辑器件软件的全寿命周期包括下列阶段：系统要求阶段、需求分析阶段、设计阶段、实现与集成阶段、确认阶段、测试与验证阶段、交付与验收阶段、运行与维护阶段。全寿命周期阶段如图 8-4 所示。

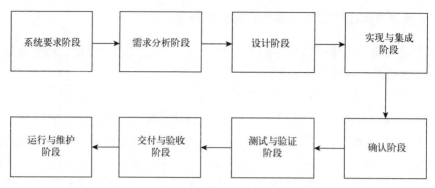

图 8-4　可编程逻辑器件软件全寿命周期阶段

可编程逻辑器件软件可靠性和安全性工作贯穿于整个可编程逻辑器件软件开发全寿命周期。其中,系统要求阶段、需求分析阶段、设计阶段、实现与集成阶段、测试与验证阶段、运行与维护阶段的可靠性与安全性要求是本文进行分析的重点。

8.3.1　系统要求阶段

系统要求阶段分析系统的结构、功能、性能需求、工作环境、实际的外部接口时序(考虑电路板信号延时等因素)等对可编程逻辑器件软件的设计需求,包括可编程逻辑器件软件实现的功能、接口、功耗要求、性能、降额要求、工作条件要求等。在《软件研制任务书》中应明确以下内容:

1)应遵循的安全性相关的标准、规范;

2)编程语言;

3)继承性要求;

4)可编程逻辑器件的运行环境;

5)可编程逻辑器件的功耗要求;

6)可编程逻辑器件的芯片规格,确认选用的可编程逻辑器件是否满足使用要求,例如芯片等级、速度等级、设计门数、工作频率、封装、抗辐照等;

7)对系统分配给可编程逻辑器件软件功能的合理性进行分析,避免由于不合理的可编程逻辑器件软件功能复杂度导致选用的可编程逻辑器件不满足要求;

8)是否使用片上可编程系统,若使用片上可编程系统,需考虑处理器软件的安全性要求;

9)给出所有接口和信号描述,明确上电及复位后接口信号状态和引脚绑定要求;

10)软件可编程要求,针对与软件配合工作的可编程逻辑器件,应明确软件对可编程逻辑器件的操作要求、操作时序以及接口协议,包括可编程寄存器名称、地址、复位状态、读/写操作等;

11)IP 核复用要求;

12)可靠性和安全性设计要求,如给定的错误情况如何处理;

13) 降额要求，包括时钟频率和可编程逻辑器件逻辑资源、引脚资源使用等；

14) 抗单粒子翻转设计要求，采用纠/检错编码设计，如选用的 SRAM 型可编程逻辑器件对单粒子效应敏感，需提出可编程逻辑器件抗单粒子效应防护设计要求，如采用三模冗余设计和动态刷新等设计方法，确保可靠性指标达到要求。

8.3.2　可编程逻辑器件软件需求分析阶段

系统特定的可编程逻辑器件软件安全性需求的开发与分析应依据系统安全性需求、环境需求、标准、项目专用规范、工具或者设施需求和接口需求，查找安全关键功能，确定安全性需求。

针对安全关键功能，应重点考虑如下内容，并提出安全保证措施要求。

(1) 安全运行模式、运行状态与安全条件

1) 可编程逻辑器件软件安全性需求应包括有效的运行模式或者状态，以及禁止和不适用的模式或者状态，应避免可编程逻辑器件软件进入禁止或不适用的模式或状态。允许的参数边界可能会随着运行模式或者任务阶段的不同而不同。

2) 在整个软件需求中查找是否存在可能导致不安全状态的条件和潜在失效隐患，例如不按顺序、错误的事件、不适当的量值、不正确的极性、无意义的命令、环境干扰造成的错误，以及指挥失灵模式之类的条件，应对所有的不安全状态的条件和潜在失效隐患，制定适当的响应要求。

(2) 容错和容失效

1) 应明确系统是否能容错，或容失效，或两者兼而有之；

2) 宜采用容错机制防止微小的差错传播演变成失效。采用容失效系统，对较高层的可能导致系统失效的差错进行处理；

3) 安全关键功能宜单独划分模块，避免受其他模块干扰，如在系统中单独分出安控处理模块，并根据安全级别，选择容错或容失效方式，可以选择热备份、冷备份、三冗余备份等方式。

(3) 接口

1) 应对接口进行分析，分析接口出错方式及出错概率，并以此来确定通信方法、数据编码、错误检查、同步方法以及校验和纠错码等。接口错误检查或者纠正措施应适用于接口的出错概率，如应根据安全级别考虑协议是否满足安全性要求，包括帧头和帧尾不能为 FF 和 00 等特殊字符，帧头和帧尾不能相同，校验和、纠错码、起始位、停止位等正确，协议接收时是否做安全处理，包括是否避免滑帧，是否有效判断帧头、帧尾、校验位，数据长度、数据间隔是否满足时序要求，错误帧是否正确处理等。若为异步传输，需考虑异步信号是否进行有效判断等；若为同步传输，需考虑是否有使能信号，时钟、数据和使能信号的布线延时是否影响同步等。

2) 应明确接口时序要求。可编程逻辑器件软件与外设通信时，应考虑通信时序是否满足数据手册要求，如数据建立、保持时间等。若时序以时钟为基准，为保证通信正常，还

应考虑可编程逻辑器件软件主时钟是否能产生外设驱动时钟。若不能产生，需增加外部时钟。

3）应明确实时性要求，必要时应增加缓存，避免可编程逻辑器件软件与其他外设通信过程中的数据丢失。

（4）数据

1）应定义软件所使用的各种数据，包括外部输入输出数据及内部生成数据，列出这些数据的清单，说明对数据的约束；规定数据采集的要求，说明被采集数据的特性、要求和范围。

2）应对重要的数据在使用前后进行检查，如数据值域检查等。

3）应建立数据字典，说明数据的来源、处理及目的地。

（5）抗辐照

1）应根据系统安全等级要求，评估抗辐照能力，确定可编程逻辑器件的使用及抗辐照实现方式。

2）如选用的可编程逻辑器件对单粒子效应敏感，应基于器件抗单粒子阈值、单粒子环境作用模型及数据、使用情况及可编程逻辑器件的利用率，估算可编程逻辑器件单粒子翻转截面，提供给系统和分系统，明确抗辐照实现方式。典型的抗单粒子翻转方式包括可编程逻辑器件软件的三模冗余、配置刷新、硬件加固等。

（6）工况

应明确可编程逻辑器件实际工作时的温度和电压范围，考虑可编程逻辑器件最大、最小、典型三种工况是否满足实际工作要求。由于可编程逻辑器件时序受温度、电压影响，当分别处于最大、最小、典型三种工况时，可编程逻辑器件的布线延时、器件延时相差较大，直接影响可编程逻辑器件时序，进而影响可编程逻辑器件软件功能实现。

（7）规模

1）应根据可编程逻辑器件软件功能、数据、I/O 接口数量及速率、吞吐量、外部时钟等，估计可编程逻辑器件规模和资源占用情况。

2）应根据规模选择适合的可编程逻辑器件，一方面要避免资源浪费，造成功率、体积等不必要消耗，另一方面要避免资源不足，导致可编程逻辑器件逻辑功能或时序实现不满足要求。

3）应根据资源占用情况在规模适合的可编程逻辑器件中充分考虑 I/O 接口、存储器、全局时钟资源、IP 核等片上资源是否满足要求。

8.3.3　可编程逻辑器件软件设计阶段

在可编程逻辑器件软件设计中，为了保证可编程逻辑器件产品的可靠性，仅在软件上实现可靠性设计或仅在硬件上实现可靠性设计是不完全的，还应该以软件和硬件相结合的方式开展可靠性设计。可靠性设计可以从以下几方面进行考虑：

1）从知识产权保密的角度进行考虑。为了对产品的技术进行保密，可编程逻辑器件设计的可靠性就成了必须要考虑的因素。可靠的可编程逻辑器件软件设计方案是通过一系列加密措施和物理结构上的高度安全达到对产品进行技术保密的目的。对于可编程逻辑器件，使用软件来实现安全保密性要求需要耗费大量的时间和经济成本。从安全保密为中心的角度来考虑，应将可编程逻辑器件软件设计成完全独立的内存和存储器，将安全进程和通用的应用程序代码及处理器完全隔离。应关注可编程逻辑器件与外界进行通信过程中的可靠性，并在接口设计中提供足够的保护，使其免受攻击。

2) 从器件选型方面进行可靠性设计。在可编程逻辑器件选型方面，应充分考虑器件的安全设计方案是否符合项目的要求，可选用那些设计结构简单、容错能力强、保密性好的可编程逻辑器件。例如，对于安全保密性要求较高的项目，可选用 ACTEL 公司的可编程逻辑器件，ACTEL 公司的可编程逻辑器件上电就运行，不需要复位控制电路，也不需程序加载电路和外挂 PROM 或 FLASH。ACTEL 公司的可编程逻辑器件是单芯片，并且保密性好，不需再增加 CPLD 或其他器件进行保密性设计，同时还减少了元器件数量和 PCB 面积，节省了调试和维护的时间，在获得安全保障的同时还简化了设计。

3) 可靠性设计中应考虑的其他问题。在开展可编程逻辑器件软件设计过程中，下面的事项是需考虑的基本事项：

a) 估算资源需求，包含 I/O 需求——可用 I/O 数量、差分信号对、I/O 的电平格式等。

b) 电压源的需求——系统提供哪些电压？核电压需要多少？I/O 电压源需要哪些？

c) 封装——用 TQ、VQ、PLCC、BGA，还是其他封装形式？

d) 内部 RAM 的需求——需要双口 RAM 吗？需要 FIFO 吗？大小是多少？

e) 时钟及速度需求——最大的时钟速率是多少？需要多少个 PLL？速度等级是几级？全局时钟有多少？

f) 逻辑资源和 IP 核的需求——需要哪些 IP 核？大致占用多少资源？升级是否方便？

g) 开发工具是否专业和可靠。

8.3.4　实现与集成阶段

在实现与集成阶段中依据《可编程逻辑器件软件详细设计说明》开展设计输入、逻辑综合、布局布线，最终生成可下载的配置文件，并固化至板内配置存储器中。

可编程逻辑器件软件的实现与集成阶段共包含四个子阶段：设计输入、逻辑综合、布局布线和配置文件加载。可编程逻辑器件软件实现与集成阶段，除使用硬件描述语言(HDL)完成 RTL 代码编写以外，还需借助多种专业工具完成，如 RTL 代码的综合工具、布局布线工具、配置文件生成工具等，代码的编写以及工具的使用也有可能引入不同程度的可靠性和安全性问题。

实现与集成阶段可靠性和安全性要求包括：跨时钟域信号同步处理、异步复位同步释放、寄存器初始化、无效状态处理有效性、设置状态机初始状态、无不可达分支或冗余代码、敏感列表完整正确、条件判断表达式中使用逻辑运算符、注释率、无不可综合对象、典型工况时序满足、最大工况时序满足、最小工况时序满足、逻辑等价性、编译芯片型号正确性、无建立/保持时间冲突、总线各个位线避免集中布线、资源使用率、三模后资源使用率、时序余量。

1）跨时钟域信号同步处理：跨时钟域信号容易出现不满足建立、保持时间要求的情况，导致亚稳态现象，因此避免直接使用异步信号，应通过双采样、FIFO 等方式进行同步处理。

2）异步复位同步释放：由于复位信号与时钟关系不确定，如果异步复位信号在触发器时钟有效沿附近释放，可能会导致触发器输出的亚稳态，从而影响设计的可靠性和安全性。在异步复位释放时应采用同步释放的方式，避免异步复位释放时的亚稳态。

3）寄存器初始化：可编程逻辑器件设计中，所有寄存器应使用复位操作进行初始化，避免系统上电后出现不确定状态。

4）无效状态处理有效性：对于状态机中无效的状态必须进行适当的处理，否则一旦由于某种原因进入了无效状态，则会导致状态机死锁。在状态机设计时应充分考虑各种可能出现的状态以及一旦进入非法状态后可以强迫状态机在下一个时钟周期内进入合法状态。

5）设置状态机初始状态：程序中应设置状态机的初始状态，并使用全局主复位信号强迫状态机进入已知的合法状态。

6）无不可达分支或冗余代码：程序中条件语句设置应合理，不能出现不可达条件，否则可能影响程序功能。

7）敏感列表完整正确：进程敏感列表不全时，综合工具通常在综合时会补充完整，使电路实现满足预期，但这种操作也会带来编码与综合后行为的不一致。所以应保证进程中的敏感列表完整正确，避免敏感信号多余或缺失。

8）条件判断表达式中使用逻辑运算符：条件判断的表达式中应使用逻辑运算符，表达式运算结果的位宽应是 1 位，这样其结果可作为布尔型的值用来进行判断。

9）注释率：程序中应在文件开头、端口定义的输入输出信号、内部信号、变量等处添加注释说明，以提高程序可读性，一般要求程序注释率不少于 20%。

10）无不可综合对象：不可综合对象可以用于仿真，但是无法被综合工具综合为实际电路，所以使用不可综合的代码会导致仿真和综合的不一致，导致仿真验证无法真实反映电路的实际输出。

11）典型工况时序满足：在典型工况的温度、电压环境下，可编程逻辑器件的时序应满足要求，无建立/保持时间冲突，并保留一定余量。

12）最大工况时序满足：在最大工况的温度、电压环境下，可编程逻辑器件的时序应满足要求，无建立/保持时间冲突，并保留一定余量。

13）最小工况时序满足：在最小工况的温度、电压环境下，可编程逻辑器件的时序应满足要求，无建立/保持时间冲突，并保留一定余量。

14）逻辑等价性：由于综合和布局布线过程的不确定性，应该对关键功能实现在布局布线后网表中进行确认，以确定功能实现与设计意图一致。

15）编译芯片型号正确性：若布局布线编译时选用的芯片型号与使用芯片型号不一致，将导致时序不满足，功能无法正确实现。

16）无建立/保持时间冲突：取值方式为比率取值，通过静态时序分析工具获取。

17）总线各个位线避免集中布线：总线的各个位线在进行布局时，应避免集中布线，减少由于多个信号同时变化时产生干扰信号情况的发生。

18）资源使用率：一般要求资源使用率不大于某上限值。

19）三模后资源使用率：一般要求三模后资源使用率不大于某上限值。

20）时序余量：可编程逻辑器件软件工作的时序应满足系统的时序余量要求，若无特殊说明，一般要求至少保留 20% 的时序余量。

8.3.5　测试与验证阶段

对可编程逻辑器件各阶段活动的结果进行检查，以确定该活动对规定要求的符合情况。

测试与验证过程是提高可编程逻辑器件软件可靠性和安全性的重要阶段，在此阶段会对可编程逻辑器件软件进行静态测试和动态测试，测试工作的质量会影响可编程逻辑器件投入使用后能否安全工作，因此"可靠性和安全性测试充分性"和"可靠性和安全性测试覆盖性"非常重要，测试是否充分、全面，关系到可编程逻辑器件软件可靠性和安全性是否得到保证。

测试与验证可靠性和安全性要求如下：测试用例执行率、测试用例通过率、故障密度、故障排除、故障概率、可靠性和安全性需求覆盖率、语句覆盖率、分支覆盖率。

安全性测试内容如下：

1）对安全性关键的软件进行适当的安全性测试，以确保所发现的危险已消除或者已将风险降低到可接受的水平；

2）为测试安全性关键的软件能够安全和正确地运行，应设计测试用例并确保按照测试过程测试所有的软件，并准确地记录测试结果；

3）不仅设计正常测试用例，还要设计异常测试用例，确保这些状态下软件能正确和安全地运行；

4）进行软件强度测试和验收测试，以确保软件在应力状态下正确和安全地运行；

5）确保在系统集成和系统验收测试中发现的危险和缺陷已得到纠正和重新测试，以保证无遗留问题。

应进行仔细的测试，以验证是否正确地纳入了所有的软件安全性需求。测试必须证实这些危险已经得到了消除或者已控制到了某个可以接受的风险级别。在测试期间标识出新危险状态，应在软件交付或使用之前进行彻底分析。对安全性关键的软件部件进行的软件安全性测试应包括在集成和验收测试之中。验收测试应验证安全性关键软件、系统硬件、操作员能否协同正确运行。验收测试应验证在强度测试条件下和存在系统故障时软件能否正确运行。

8.3.6 可编程逻辑器件软件运行与维护阶段

可编程逻辑器件软件交付与验收后,由于可编程逻辑器件软件存在缺陷或任务交办方提出了新的需求,由任务承制方对可编程逻辑器件软件实施纠错性维护、完善性维护或适应性维护,以消除缺陷或满足需求。

在软件运行和维护阶段,需要对软件进行更改时,应进行软件更改危险分析,并对更改后的软件进行回归测试。

在进行软件更改危险分析时,应分析如下内容:

1)分析系统、分系统、接口、逻辑、规程和软件的设计更改、程序更改以及程序更改对安全性的影响,以确保更改不会产生新的危险,不会影响已解决的危险,不会使现存的危险变得更加严重,不会对任何有关的(或接口的)设计或程序有不利的影响;

2)对更改进行测试,以确保新的软件中不包含危险;

3)确保将更改适当和正确地纳入了程序之中;

4)评审和修改有关文档,以反映这些更改。

8.4 可编程逻辑器件软件可靠性和安全性方法

8.4.1 可编程逻辑器件软件故障模式及影响分析(FMEA)

FMEA 是一种传统的可靠性、安全性分析方法,在硬件的可靠性工作中已获得了广泛的应用,对提高硬件的可靠性、安全性发挥了重要作用;软件 FMEA 概念的提出始于 1979年,近年来软件 FMEA 的应用有逐步增多的趋势,主要集中在嵌入式软件领域,并成功应用于安全关键领域,如医疗仪器、军用产品、汽车业等。可编程逻辑器件软件 FMEA,是通过识别可编程逻辑器件软件故障模式,分析造成的后果,研究分析各种故障模式产生的原因,寻找消除和减少其有害后果的方法,以尽早发现潜在的问题,并采取相应的措施,从而提高可编程逻辑器件软件的可靠性和安全性。

可编程逻辑器件软件 FMEA 主要在可编程逻辑器件软件开发阶段的早期,即需求分析阶段和设计阶段的早期进行,用于发现可编程逻辑器件软件需求或软件体系结构等存在的缺陷,在这一阶段进行需求或体系结构的修改成本较低。

可编程逻辑器件软件 FMEA 一般包括系统定义、可编程逻辑器件软件故障模式分析、可编程逻辑器件软件故障原因分析、可编程逻辑器件软件故障模式影响及严酷度分析、制订改进措施等几个步骤,如图 8-5 所示。

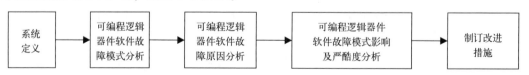

图 8-5 可编程逻辑器件软件 FMEA 步骤

（1）系统定义

1）系统定义的主要目的是确定可编程逻辑器件软件 FMEA 的分析级别和分析对象，以确定分析的重点。

2）在系统定义中首先应说明系统的主要功能和次要功能、用途、系统的约束条件和失效判据等。系统定义还应包括系统工作的各种模式的说明、系统的环境条件，以及软硬件配置。

3）其次，根据可编程逻辑器件软件系统的功能、结构特征等层次结构确定系统的分析级别（即约定层次）以及分析对象（如功能模块、可编程逻辑器件软件部件或单元等）。在层次结构的高层较易进行全面的分析，而在低层因可供参考的信息更丰富，因而分析更深入，但工作量也会相应地增大。

4）如果受时间或经费等因素的影响无法对整个可编程逻辑器件软件系统进行全面的分析，可在分析前确定分析的重点。通过识别对系统功能和安全性影响较大的危险事件，确定对上述危险事件的出现有直接或间接关系的功能模块、可编程逻辑器件软件部件等，作为可编程逻辑器件软件 FMEA 的重点。

（2）可编程逻辑器件软件故障模式分析

可编程逻辑器件软件故障模式是可编程逻辑器件软件故障的表现形式。可编程逻辑器件软件故障模式分析的目的是针对每个被分析的可编程逻辑器件软件单元，找出其所有可能的故障模式。针对每个分析对象，确定其潜在的故障模式（如响应时间超时或者输出错误值等）。

（3）可编程逻辑器件软件故障原因分析

针对每个故障模式，分析其所有可能原因。可编程逻辑器件软件故障的原因是可编程逻辑器件软件中潜藏的缺陷，一个可编程逻辑器件软件故障的产生可能是由一个缺陷引起的，也可能是由多个缺陷共同作用引起的。在进行故障原因分析时应尽可能全面地分析所有可能的可编程逻辑器件软件缺陷，为制订改进措施提供依据。可编程逻辑器件软件故障原因按其缺陷分类及典型示例见表 8-1。

表 8-1　可编程逻辑器件软件故障原因按其缺陷分类及典型示例

序号	可编程逻辑器件软件缺陷类型	详细的可编程逻辑器件软件缺陷
1	需求缺陷	①性能需求缺陷；②功能需求缺陷；③数据需求缺陷；④接口需求缺陷
2	设计缺陷	①接口设计缺陷；②通信设计缺陷；③模块设计缺陷；④时钟使用缺陷；⑤吞吐量和规模设计缺陷；⑥IP 核使用缺陷；⑦冗余容错设计缺陷
3	实现缺陷	①跨时钟域处理缺陷；②复位及初始化缺陷；③状态机设计缺陷；④编码不符合规范；⑤门级网表缺陷；⑥时序缺陷；⑦资源使用缺陷

（4）可编程逻辑器件软件故障模式影响及严酷度分析

分析每个故障模式对局部、高一层次，直至整个系统的影响，以及故障影响的严重性。分析故障影响及其严重性的目的是识别可编程逻辑器件软件故障所造成的后果的严重程度，以便按照优先级为不同严重等级的故障制订改进措施。

可参照表8-2所示的方法确定故障影响的严酷度类别。需要指出的是，严酷度类别仅按故障模式造成的最坏的潜在后果，且仅对"初始约定层次"的影响程度进行确定。严酷度类别划分有多种方法，但对同一可编程逻辑器件软件进行FMEA时，其定义应保持一致。

表8-2　武器装备常用的严酷度类别及定义

严酷度类别	严重程度定义
Ⅰ类(灾难的)	引起人员死亡或产品(如飞机、坦克、导弹及船舶等)损坏、重大环境损害
Ⅱ类(致命的)	引起人员的严重伤害或重大经济损失或导致任务失败、产品严重损坏及严重环境损害
Ⅲ类(中等的)	引起人员的中等程度伤害或中等程度的经济损失或导致任务延误或降级、产品中等程度的损坏及中等程度环境损害
Ⅳ类(轻度的)	不足以导致人员伤害或轻度的经济损失或产品轻度的损坏及环境损害，但它会导致非计划性维护或修理

（5）制订改进措施

根据上述分析得到的故障产生的原因及影响的严重性等，确定出需要采取的改进措施。改进措施主要有两条途径，一是修改可编程逻辑器件软件需求、设计或编码中的缺陷，增加软件防护措施；二是增加硬件防护措施。

进行可编程逻辑器件软件FMEA时，应填写FMEA表。FMEA表应能完整地体现分析的目的和取得的成果。表8-3是一张FMEA表的示例，表中记录了FMEA的分析结果。

表8-3　FMEA表示例

序号	单元	功能	故障模式	故障原因	故障影响		严酷度	备注
					局部影响	最终影响		
单元序号	功能模块名称	单元执行的主要功能	与功能、性能有关的所有故障模式	导致故障模式发生的可能原因	根据故障影响分析结果，依次填写FPGA故障模式的局部影响和最终影响		按故障最终影响严重程度确定	记录对其他栏的注释和补充说明

8.4.2　可编程逻辑器件软件故障树分析(FTA)

可编程逻辑器件软件 FTA 是一种自顶而下的可编程逻辑器件软件可靠性分析方法，即从可编程逻辑器件软件系统不希望发生的事件(顶事件)，特别是对人员和设备的安全产生重大影响的事件开始，向下逐步追查导致顶事件发生的原因，直至基本事件(底事件)。可编程逻辑器件软件 FTA 的分析结果可以用来指导可编程逻辑器件软件可靠性和安全性设计，确定可编程逻辑器件软件测试的重点和内容，使可编程逻辑器件软件的可靠性和安全性得到更充分的保证。

可编程逻辑器件软件 FMEA 是一种单因素故障分析方法，即只能分析单个的可编程逻辑器件软件部件或功能模块等的故障对系统造成的影响，无法完善地表达故障原因之间的各种逻辑关系，而可编程逻辑器件软件 FTA 可以弥补这一不足，利用图形化的方式可以直观地表达各种故障原因的逻辑关系。

可编程逻辑器件软件故障树分析结果可以在可编程逻辑器件软件寿命周期的不同阶段使用：

(1)在可编程逻辑器件软件开发过程早期

可以用来指导可编程逻辑器件软件需求和设计，通过建立可编程逻辑器件软件故障树，并在此基础上进行定性、定量分析，可以找出导致顶事件发生的关键因素，即对顶事件的发生有重要影响的底事件，并采取措施加以避免，从而降低顶事件的发生概率，提高可编程逻辑器件软件的可靠性和安全性。

(2)在可编程逻辑器件软件测试阶段

可用来确定可编程逻辑器件软件测试的重点，并指导测试用例的设计。

(3)可编程逻辑器件软件系统交付后

可利用可编程逻辑器件软件 FTA 对使用过程中遇到的故障事件进行故障定位。

建立可编程逻辑器件软件故障树的目的是找出导致顶事件发生的直接原因，直至最底层的根本原因。只有建立了故障树，才能在此基础上进行定性、定量分析，故障树的建立是可编程逻辑器件软件 FTA 中最基本的，同时也是最关键的一项工作，故障树建立的完善程度直接影响定性分析和定量分析的准确性。

(1)可编程逻辑器件软件故障树中使用的符号

可编程逻辑器件软件故障树由一套符号构建而成。将这些符号加以组合构成故障树，通过这种图形化方式直观表示故障之间的逻辑关系。可编程逻辑器件软件故障树中使用的符号包括事件符号和逻辑门符号两类。事件符号用以表示故障事件，逻辑门符号用以表示故障事件之间的逻辑关系。图 8-6 中列出了几种通用的可编程逻辑器件软件故障树符号。其中与门和或门符号是最常用的逻辑门符号，顶事件、中间事件和基本事件(底事件)符号是最常用的事件符号。未展开事件符号用以表示不能做进一步深入分析的事件。

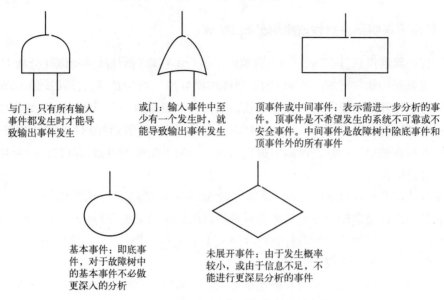

图 8-6　通用的可编程逻辑器件软件故障树符号

(2)可编程逻辑器件软件故障树建立的基本方法

建立可编程逻辑器件软件故障树通常采用演绎法，如图 8-7 所示。

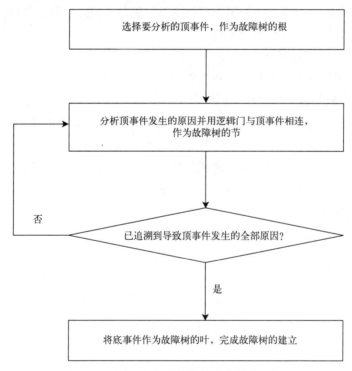

图 8-7　可编程逻辑器件软件故障树建立方法

①顶事件的确定

在故障树最顶层的顶事件是系统不期望的故障事件，可依据以下信息确定可编程逻辑器件软件故障树的顶事件：

1）可编程逻辑器件软件危险分析提供的信息。危险分析是指对系统设计、使用、维修及与环境有关的所有危险进行系统化分析，以判别和评价危险或潜在的危险状态、可能相关的危险事件及其后果的危害性。在可编程逻辑器件软件开发的各个阶段，通过危险分析可识别出对系统可能造成的潜在危险，可以此作为故障树的顶事件进行可编程逻辑器件软件 FTA。

2）可编程逻辑器件软件 FMEA 的分析结果。在可编程逻辑器件软件 FMEA 中，通过对故障模式的影响分析可以得出对可编程逻辑器件软件系统产生的不利影响。在进行可编程逻辑器件软件 FTA 时，可选取影响严重性较大的失效事件作为可编程逻辑器件软件故障树的顶事件进行分析。

3）《可编程逻辑器件软件需求规格说明》等文档中提出的要求等。

②底事件的确定

在故障树最底层的底事件是导致顶事件发生的根本原因。可编程逻辑器件软件故障树分析的目的就是要采取措施避免底事件的发生，从而降低顶事件的发生概率。有些底事件可以独立地引发顶事件，有些底事件按照一定的逻辑关系共同引发顶事件。

可编程逻辑器件软件故障树的建立可以伴随着可编程逻辑器件软件开发过程而逐步深入。对于软硬件综合系统，在开发过程早期的高层次故障树中，既包括软件，也包括硬件。在可编程逻辑器件软件需求分析阶段，可以利用故障树分析可编程逻辑器件软件需求中可能导致顶事件发生的原因，即需求的不完善之处。随着可编程逻辑器件软件开发过程的深入，可以通过对可编程逻辑器件软件设计的进一步分析，对可编程逻辑器件软件故障树加以扩展，直至最底层的可编程逻辑器件软件单元，甚至可以分析到可编程逻辑器件软件代码语句级。

以可编程逻辑器件串口通信故障为例，建立故障树，如图 8-8 所示。

（3）可编程逻辑器件软件故障树的定性分析

可编程逻辑器件软件故障树定性分析的目的是找出关键性的导致顶事件发生的原因，指导可编程逻辑器件软件安全性设计以及可编程逻辑器件软件测试，从而提高可编程逻辑器件软件的安全性。可编程逻辑器件软件故障树定性分析的常用方法是识别所有最小割集，并对最小割集进行定性比较，对最小割集及底事件的重要性进行排序。

所谓割集，是指能引起顶事件发生的底事件的集合。所谓最小割集，是指不包含任何冗余因素的割集。如果去掉最小割集中的任何事件或条件，它就不再成为割集。最小割集的求解方法通常是：遇到"与门"增加割集的阶数（割集所含底事件的数目），遇到"或门"增加割集的个数。下面以图 8-9 所示的故障树为例，说明进行最小割集求解的方法。

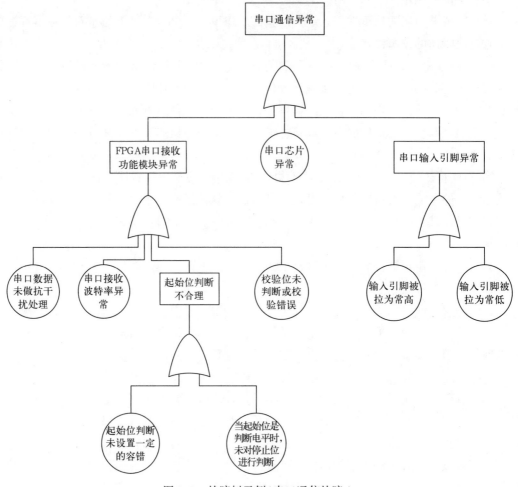

图 8-8　故障树示例（串口通信故障）

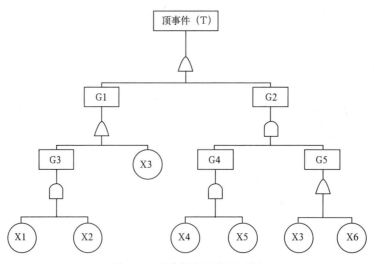

图 8-9　故障树定性分析示例

根据最小割集求解规则，分析过程见表 8-4 所示。

表 8-4　最小割集求解过程

步骤	1	2	3	4	5	6
过程	G1	G3	X1, X2	X1, X2	X1, X2	X1, X2
	G2	X3	X3	X3	X3	X3
		G2	G2	G4, G5	X4, X5, G5	X4, X5, X3
						X4, X5, X6

由表 8-4 最后得出的割集有{X1，X2}、{X3}、{X4，X5，X3}及{X4，X5，X6}。根据最小割集的定义，可得最小割集有 3 个：{X1，X2}、{X3}和{X4，X5，X6}。对最小割集进行定性比较，应根据最小割集所包含的底事件数目(阶数)排序，在各底事件发生概率比较小，其差别不大的条件下，应遵循以下原则：

1)阶数越小的最小割集越重要。

2)低阶最小割集所包含的底事件比高阶最小割集所包含的底事件重要。

3)在不同的最小割集中重复出现次数越多的底事件越重要。

4)可编程逻辑器件软件故障树要进行定量分析。

可编程逻辑器件软件故障树定量分析的目的是计算或估算故障树顶事件发生的概率。故障树顶事件发生概率可由最小割集的集合来确定，即一次取出一个割集的概率和，减去一次取出两个割集的交集的概率和，加上一次取出三个割集的交集的概率和，依次类推。

应用故障树分析方法时需要注意，可编程逻辑器件软件故障树分析的重点在于定性分析，而不是定量分析。因为定量分析需要知道每个底事件的发生概率，这在实际应用中往往难以做到。而可编程逻辑器件软件故障树分析的最重要意义在于，根据分析的结果找出关键性的安全事故发生的原因，指导可编程逻辑器件软件安全性设计以及可编程逻辑器件软件测试，从而提高可编程逻辑器件软件的安全性。

8.4.3　可编程逻辑器件软件安全性双向分析(BDA)

可编程逻辑器件软件 FMEA 与可编程逻辑器件软件 FTA 两种技术在单独应用进行可编程逻辑器件软件可靠性和安全性分析时各有其不足：可编程逻辑器件软件 FMEA 是一种自底而上的单因素故障分析方法，无法完善地表达故障原因之间的各种逻辑关系。此外，其分析结果以表格方式列出，不如故障树的图形化表达方式直观。可编程逻辑器件软件 FTA 是一种自顶而下依照树状结构倒推故障原因的方法，选取顶事件时，可能会遗漏潜在的顶层故障事件，有时候这种影响是关键的。另外，可编程逻辑器件软件 FTA 在分析故障原因时也会有所遗漏，这会影响到底事件的重要度排序，从而影响实施改进措施时轻重缓急的判断。树形结构在描述分析结果方面不如 FMEA 信息详尽。

同样可以看出，两种技术各自的优点正好弥补了对方的不足：可编程逻辑器件软件 FTA 有直观地表达故障原因间的逻辑关系的优势；可编程逻辑器件软件 FMEA 可以分析出潜在故障影响，防止故障树的关键顶事件的遗漏。可编程逻辑器件软件 FMEA 的表格方式能提供更为详细的信息；用可编程逻辑器件软件 FTA 树形结构容易直观把握各种失效原因的逻辑关系。

　　基于以上分析，将这两种分析方法综合应用，形成可编程逻辑器件软件故障模式影响分析和可编程逻辑器件软件故障树分析相结合的双向分析技术方法，可以起到优势互补的作用。

　　根据可编程逻辑器件软件 FMEA 与可编程逻辑器件软件 FTA 综合分析的方向，可将其分为正向综合分析和逆向综合分析两类。正向综合分析是以可编程逻辑器件软件 FMEA 方法为主，辅以可编程逻辑器件软件 FTA 方法。而逆向综合分析相反，以可编程逻辑器件软件 FTA 方法为主，辅以可编程逻辑器件软件 FMEA 方法。

　　（1）可编程逻辑器件软件 FMEA 与 FTA 正向综合分析

　　可编程逻辑器件软件 FMEA 与 FTA 正向综合分析原理如图 8-10 所示。从分析对象的故障模式出发，先由可编程逻辑器件软件 FMEA 得到顶层故障影响及其严酷度类别，故障影响可作为可编程逻辑器件软件 FTA 顶事件的来源，并可根据严酷度类别确定 FTA 的分析优先级。也可以分析对象的故障模式作为中间事件，进行可编程逻辑器件软件 FTA 向下分析故障原因。这样，在可编程逻辑器件软件 FMEA 基础上，补充使用故障树分析故障原因，利用树形结构图可以更加直观地表达各故障原因之间的逻辑关系，使故障原因的分析更加彻底。

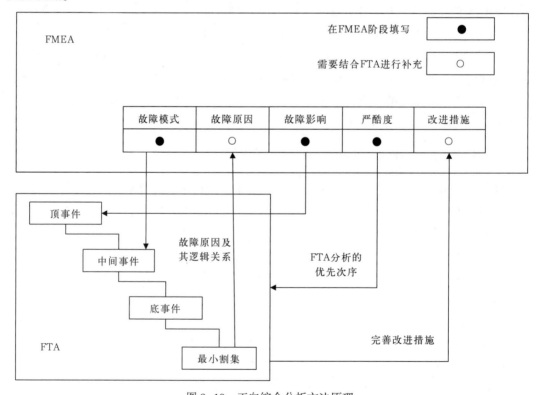

图 8-10　正向综合分析方法原理

对比单一的可编程逻辑器件软件 FMEA 技术，这种以可编程逻辑器件软件 FTA 为补充的综合分析方法可以更全面、直观地分析故障原因，从而在制订改进措施时，能够考虑到多点故障的逻辑关联，提出更为合理的改进建议。例如，对于单点故障需要一一改进，而对于以与门连接的多点故障，只需要选取其中一点改进即可。另外，如果分析过程受到时间和资源的限制，则需要适当裁剪、突出重点，因为对所有故障影响进行可编程逻辑器件软件 FTA 显然不现实。通常，根据故障影响的严酷度高低排序决定实施可编程逻辑器件软件 FTA 的优先次序，同时，改进措施的制订也可以此为依据。由此，综合分析方法可以根据工程需要灵活地放大或缩小实施的工作量。

可编程逻辑器件软件 FMEA 与 FTA 正向综合分析的实施步骤如下：

1）参照以上分析步骤对所选定的分析对象进行可编程逻辑器件软件 FMEA。

2）选取严酷度等级高的故障影响作为顶事件进行可编程逻辑器件软件 FTA，对关键的故障影响进行更加深入、全面的原因分析。

3）或者选取故障模式作为中间事件，进行可编程逻辑器件软件 FTA，分析对应故障模式的故障原因。

4）根据可编程逻辑器件软件 FTA 得出的故障原因及其逻辑关系补充完善可编程逻辑器件软件 FMEA 表格，从而制订更为合理的改进措施。

（2）可编程逻辑器件软件 FMEA 与 FTA 逆向综合分析

可编程逻辑器件软件 FMEA 与 FTA 逆向综合分析的原理如图 8-11 所示，该方法以可编程逻辑器件软件 FTA 为主，由可编程逻辑器件软件 FTA 识别出导致顶事件发生的根本原因，即底事件，并进行定性定量分析。在此基础上，选取重要的底事件作为分析对象，对其进行可编程逻辑器件软件 FMEA，逐步向上分析可能导致的故障影响。

对比单一的可编程逻辑器件软件 FTA 技术，补充的可编程逻辑器件软件 FMEA 能够验证故障线索，即由底事件导致顶事件发生的故障影响传递路径。另一方面，通过可编程逻辑器件软件 FMEA 可能识别出新的潜在故障影响，可增加故障树的顶事件，建立新故障树进行分析。

①实施步骤

可编程逻辑器件软件 FMEA 与 FTA 逆向综合分析的实施步骤如下：

1）根据可编程逻辑器件软件 FTA 实施步骤选取故障树的顶事件，建立故障树并进行定性定量分析。

2）根据定性分析结果，选取重要的底事件进行可编程逻辑器件软件 FMEA。

3）根据可编程逻辑器件软件 FMEA 的分析结果修正故障树，补充完善改进措施。

4）如果由可编程逻辑器件软件 FMEA 得到新的顶层故障影响，其严酷度等级较高，则需要以此作为顶事件建立新的故障树进行分析，识别出导致该顶事件的所有可能原因，并制订相应的改进措施。

②通信类可编程逻辑器件软件安全性分析实例

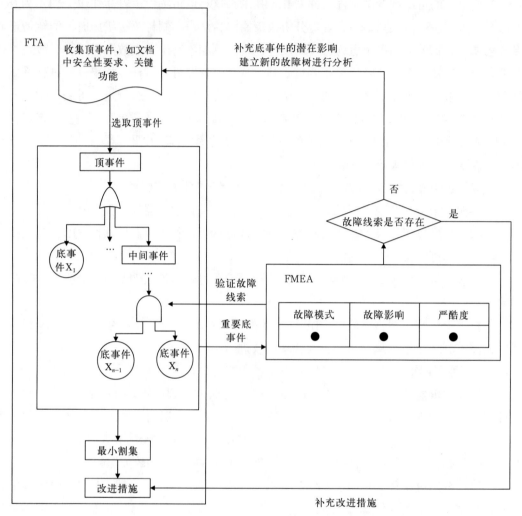

图 8-11　逆向综合分析方法原理

　　为确保安全性分析的完整性，需要对影响可编程逻辑器件软件安全性的关键事件进行重点分析，因此此处适合选用可编程逻辑器件软件 FMEA 与 FTA 逆向综合分析的方法：先进行 FTA，由 FTA 识别出导致串口通信故障的根本原因，即底事件，在此基础上，选取这些底事件作为分析对象，对其进行 FMEA，向上分析其可能导致的故障影响。

　　选取"串口通信异常"作为可编程逻辑器件软件故障树的顶事件进行分析。根据串口通信异常的故障机理，可以分析出导致串口通信异常的直接原因是：可编程逻辑器件串口接收功能模块异常、串口芯片异常或串口输入引脚异常。接着分别把它们作为中间事件，继续向下分析，直至识别出导致故障的根本原因为止，得到的故障树如图 8-8 所示。

　　在对串口通信异常的故障树分析中，得到 8 个最小割集，分别是：{(串口数据未做抗干扰处理)}、{(串口接收波特率异常)}、{(起始位判断未设置一定的容错)}、{(当起始位是判断电平时，未对停止位进行判断)}、{(校验位未判断或校验错误)}、{(串口芯片异常)}、{(输入引脚被拉为常高)}、{(输入引脚被拉为常低)}，并且均为一阶最小割集，由于它们的故障都将导致顶事件"串口通信异常"，所以有必要对它们进行 FMEA 做进一步分析，以识别可能造成的其他影响。完成的可编程逻辑器件软件 FMEA 表见表 8-5。

表 8-5　串口通信异常 FMEA 表

序号	单元	功能	故障模式	故障原因	故障影响		严酷度
					局部影响	最终影响	
U1	uart	实现串口数据接收	未接收到有效串口数据	串口输入引脚被拉为常高	无串口数据	通信无响应	…
				串口输入引脚被拉为常低	串口数据为常值	通信任务失败	…
				串口芯片异常	无串口数据	通信任务失败	…
				未对接收串口数据进行抗干扰处理	串口数据无效	通信响应错误	…
U1	uart	实现串口数据接收	部分有效数据丢失	起始位判断太严格，未设置一定的容错	丢失有效串口数据	通信响应延迟或无响应	…
			接收到错误的串口数据	接收波特率不在协议要求范围内	接收到错误的串口数据	通信响应错误或无响应	…
				未对校验位进行判断或校验错误	接收到错误的串口数据	通信响应错误或无响应	…
				当起始位是判断电平时，未对停止位进行判断	接收到错误的串口数据	通信响应错误或无响应	…

通过对底事件进一步进行可编程逻辑器件软件 FMEA，不仅验证了 FTA 中的故障线索 (串口通信异常)，而且识别出对系统可能导致的其他影响，即导致通信响应错误或无响应等。需要说明的是，在上面的 FMEA 表中，未确定故障影响的严酷度等级，这是因为考虑到串口通信故障对系统影响的严重程度很大程度上取决于串口通信模块本身的安全性关键等级，不同安全性关键等级的串口通信模块发生的故障对系统造成的影响严酷度是不同的，需要针对具体系统具体分析。

将可编程逻辑器件软件 FTA 结果中的重要底事件作为可编程逻辑器件软件 FMEA 的分析对象，分析出其所有可能的故障模式，并分析其产生的故障影响，不仅使 FTA 中的故障线索得到验证，同时也识别出对系统可能造成的其他影响，使这些重要的底事件得到进一步深入的分析，避免该故障影响的发生，从而提高系统的安全性。

8.4.4 硬件−软件接口分析(HSIA)技术

系统软硬件接口交互通信的安全性对整个系统的安全性有重要影响，越来越受到各方面的重视，在可编程逻辑器件软件可靠性和安全性分析过程中应开展对 HSIA 技术的研究。在进行可编程逻辑器件软件可靠性和安全性分析时应充分估计硬件−软件接口的各种可能故障，并采取相应的措施。

采用 HSIA 技术，依据系统的接口控制文件、设计文件及软件程序的实现方式分析系统软硬件接口交互通信的安全性，充分估计硬件−软件接口的各种可能故障。分析的重点包括：

1）通信协议是否一致，数据校验方式是否一致；

2）输入接口的滤波和抗干扰设计是否满足要求；

3）针对通信干扰是否有预防措施；

4）外部输入输出设备的失效检测是否合理；

5）通信接收中断程序是否被更高优先级中断打断而导致数据接收错误；

6）数据采集分辨率和外部数据精度是否相适应；

7）数据采集频率和外部数据变化率是否相适应。

8.4.5 可编程逻辑器件软件可靠性和安全性设计检查

通过上述可编程逻辑器件软件故障模式及影响分析、故障树分析、安全性双向分析、硬件−软件接口分析方法开展可靠性安全性分析，并结合航天型号可编程逻辑器件软件典型案例及设计规范，开展可编程逻辑器件软件可靠性和安全性设计检查，形成检查单，可编程逻辑器件软件可靠性和安全性设计检查单可以辅助可编程逻辑器件可靠性和安全性设计评审。

可以从顶层设计、接口及通信类、设计约束类、容错处理类及状态机设计类等方面开展可编程逻辑器件软件可靠性和安全性设计检查，检查单示例如表 8-6 所示。

表 8-6 可编程逻辑器件软件可靠性和安全性设计检查单示例

编号	项目	问题	是	否	不适用	备注	
1.	顶层设计	任务书中明确提出了安全性、可靠性要求及安全关键等级					
		任务书中的安全性需求给出了 FPGA 应重点防范的系统危险事件、失效容限以及安全性保障水平等要求					
		任务书中的可靠性需求给出了检错、纠错和容错的要求					
		...					

编号	项目	问题	是	否	不适用	备注
2.	接口及通信	对外部输入的关键信号是否采用滤毛刺设计				
		是否对关键数据的有效性进行判断				
		是否考虑接口通信异常情况及出现异常后的处理				
		...				
3.	设计约束类	开展三模冗余设计时是否正确设置综合属性，防止三模措施失效				
		是否关注 I/O 约束配置				
		是否避免使用 buffer 类型的端口				
		...				
4.	容错处理类	是否分析条件分支的所有可能情况				
		是否考虑判断逻辑的异常情况				
		边界值判断是否关注边界的开闭区间				
		...				
5.	状态机设计类	对状态机中的无效状态是否进行适当处理				
		状态机在综合时是否对综合属性进行适当的设置				
		状态机跳转是否不仅依赖外部信号				
		...				
...						

8.4.6　可编程逻辑器件软件可靠性度量指标

可编程逻辑器件软件可靠性的度量指标是用来表示软件可靠性的量化值。软件可靠性很难用一个度量参数表示。对于不同的软件、不同的应用，可能使用不同的参数，如可靠度、失效概率、失效强度、失效率、平均失效时间、平均失效间隔时间。本章以可靠度为度量指标，研究可编程逻辑器件的可靠性度量方法。

（1）可靠度 $R(t)$

软件可靠度是指软件在规定的条件下、规定的时间段内完成预定功能的概率，或者说是软件在规定时间内无失效发生的概率。该参数是关于软件失效行为的概率描述，是软件可靠度的基本定义。用数学符号表示为

$$R(t) = P(T \leqslant t) \tag{8-1}$$

（2）失效概率 $F(t)$

失效概率是失效时间小于或等于 t 的概率，根据其定义可知它和可靠度 $R(t)$ 之间存在如下联系

$$F(t) = 1 - R(t) \tag{8-2}$$

（3）失效强度 $f(t)$

失效强度是失效概率的密度函数，如果 $F(t)$ 是可微分的，失效强度 $f(t)$ 是 $F(t)$ 关于时间的一阶导数，即

$$f(t) = \mathrm{d}F(t)\mathrm{d}t = -\mathrm{d}R(t)/\mathrm{d}t \qquad (8-3)$$

（4）平均失效时间 MTTF

平均失效时间（Mean Time to Failure，MTTF）是指当前时间到下一次失效时间的均值，按照可靠度的定义有

$$\mathrm{MTTF} = \int_0^\infty R(t)\,\mathrm{d}t \qquad (8-4)$$

（5）失效率 $\lambda(t)$

失效率是指在 t 时刻尚未发生失效的条件下，在 t 时刻后单位时间内发生失效的概率。失效率是失效概率 $F(t)$ 的条件概率密度，又称条件失效强度。

$$\lambda(t) = f(t)/R(t) = -\frac{\mathrm{d}R(t)/\mathrm{d}t}{R(t)} \qquad (8-5)$$

失效率与可靠度的关系可以表示为

$$R(t) = \exp\left\{-\int_0^t \lambda(s)\,\mathrm{d}s\right\} \qquad (8-6)$$

（6）平均失效间隔时间 MTBF

平均失效间隔时间（Mean Time Between Failure，MTBF）是指 2 次相邻失效时间间隔的均值，若软件从 T_1 时刻到 T_2 时刻，发生了 n 次失效，则有

$$\mathrm{MTBF} = (T_2 - T_1)/(n+1) \qquad (8-7)$$

8.4.7　可编程逻辑器件软件可靠性评价

软件可靠性指标的计算主要依靠软件可靠性评估模型实现，随着学者的广泛研究，目前已有 100 多种软件可靠性评估模型。为了更好地评估软件可靠性，新的模型正不断地涌现。

Nelson 模型是最重要的软件可靠性模型之一，在软件确认阶段获得了较多的应用，是数据域软件可靠性模型的代表。本章以 Nelson 模型为例进行可编程逻辑器件软件可靠性评估。步骤如下：

（1）确定可靠性测试最小用例集

软件可靠性测试数据反映了用户对软件使用的统计特征，而软件的实际使用过程是一个随机过程，通常可以通过对样本统计与总体统计的相似程度进行判断，来确定可靠性测试是否充分。因此为达到测试的充分性，测试数据的统计特征要尽可能接近整个输入域的统计特征，即测试集要反映操作剖面的概率分布，并与之相一致。

软件可靠性测试数据的生成，首先要估计出所需测试数据的数量 N。实际使用的数据（用于测试采样的全体）是所有可能使用情况的集合，集合中的每个元素代表软件的一种可

能运行情况。因为总体是无限的，完全的测试是不可能的，必须采用统计学方法进行推理。通过如下方法来确定测试数据的最小容量。

软件 S 的使用，可以抽象表示为：$\{OP_i \mid (O_i, p_i), i = 1, 2, \cdots, m\}$，其中 OP_i 为第 i 个操作剖面元素，O_i 为第 i 个运行，p_i 为第 i 个运行发生的概率，m 为操作剖面数，则软件可靠性测试数据集 T 可以看作是依据特定的分布，进行 N 次抽样产生的一组样本观察值，设操作序列剖面 OP_1，OP_2，$\cdots$，OP_m 中的抽样个数分别为 n_1，n_2，$\cdots$，n_m，其中，$\sum_{i=1}^{m} n_i = N$，软件可靠性测试充分性测量满足如下条件

$$p\left(\frac{\left|\frac{n_i}{N} - p_i\right|}{p_i} < \varepsilon\right) > \alpha \qquad (i = 1, 2, \cdots, m) \qquad (8-8)$$

当 N 足够大时，根据 De Moivre-Laplace 定理可知，n_i 服从均值为 $E(n_i) = Np_i$，方差为 $E(n_i) = Np_i q_i$ 的正态分布，$n_i \sim N(Np_i, Np_i q_i)$，其中 $q_i = 1 - p_i$，即 $\frac{n_i - Np_i}{\sqrt{Np_i q_i}} \sim N(0, 1)$，

因此可以将公式(8-8)变为 $p\left(\frac{-\varepsilon Np_i}{\sqrt{Np_i q_i}} < \frac{n_i - Np_i}{\sqrt{Np_i q_i}} < \frac{\varepsilon Np_i}{\sqrt{Np_i q_i}}\right) > \alpha$，即 $2\Phi(z) - 1 > \alpha$，其

中 $z = \frac{\varepsilon Np_i}{\sqrt{Np_i q_i}}$，$N$ 的容量可以从下式获得 $\Phi(z) > \frac{\alpha+1}{2}$，于是得到

$$N > \left[\frac{\Phi^{-1}\left(\frac{\alpha+1}{2}\right)}{\varepsilon}\right]^2 \times \left(\frac{1}{p_i} - 1\right) \qquad (i = 1, 2, \cdots, m) \qquad (8-9)$$

则软件测试量 N 为

$$N = \left[\frac{\Phi^{-1}\left(\frac{\alpha+1}{2}\right)}{\varepsilon}\right]^2 \times \left[\frac{1}{\min(p_i)} - 1\right] \qquad (i = 1, 2, \cdots, m) \qquad (8-10)$$

式中，α 为置信水平；ε 为误差幅度。

从式(8-9)、式(8-10)可以看出：

1) 软件的测试量由最小的 p_i 确定；

2) 误差幅度越小，需要进行的测试量越大；

3) 置信水平越高，需要进行的测试量越大。

(2) 采用 Nelson 模型进行可靠性评估

Nelson 模型建立在以下假设之上：

1) 程序被认为是集合 E 上的一个可计算函数 F 的一个规范，用 $E = (E_i: i = 1, 2, \cdots, N)$ 表示用于执行程序的所有输入数据的集合。一个输入数据对应一个程序执行。

2) 对每个输入 E_i，程序执行产生输出 $F(E_i)$。

3) 由于程序包含缺陷，程序实际确定函数 F'，该函数不同于希望的函数 F。

4）对于某些 E_i，程序的实际输出 $F'(E_i)$ 在希望输出 $F(E_i)$ 的容许范围之内

$$| F'(E_i) - F(E_i) | \leqslant \Delta i \qquad (8-11)$$

对另一些 E_j，程序实际输出 $F'(E_j)$ 超出容许范围，即

$$| F'(E_j) - F(E_j) | \geqslant \Delta j \qquad (8-12)$$

此时认为程序发生了一次失效。

在实际的工作过程中，用于运算的输入也可能根据某一特定的要求从 E 中加以选择。这一特定的要求可以用概率 p_i 来描述，p_i 是 E_i 从 E 中被选中的概率。p_i 的集合称为"操作剖面"（Operational Profile）。设 E_e 表示所有导致程序失效的输入数据的集合，其中包含了 n_e 个输入数据。

可编程逻辑器件软件在可靠性测试过程中对输入变量进行选择时，认为变量在取值范围内均匀分布或分段均匀分布（由于很难确定变量的具体分布，这里假设为均匀分布），因此在估计可靠度 R 值时，操作剖面 $\{p_i\}$ 的估计就是关键。在实际的估计过程中，采用以下方法：

1）将输入变量空间划分成 N 个子空间，并以对实际的输入出现的估计为基础，给"某个输入从子空间中将被选中"这一事件指定概率，即 p_i 的设定。

2）依据 p_i，选取一个有 n 个输入的样本 S，可以用随机数发生器来帮助进行选取。

3）将程序在 S 上运行 n 次，则必定会出现对于某些输入，输出是正确的，而对于另外一些输入，则会导致执行故障的现象。

4）在每次故障发生时，都不停止运行，不排错，只收集故障数据。

5）待 n 次运行完毕后，由收集到的数据，计算

$$R = 1 - \frac{n_e}{n} \qquad (8-13)$$

若测试期间未发生失效，可假定测试过程符合二项式分布，根据输入数据样本数 n，在一定的置信水平上估计其可靠度。给定置信度为 $1-a$，当测试无失效时，可靠度的置信下限 R_L 为

$$R_L = a^{1/n} \qquad (8-14)$$

8.5　本章小结

本章介绍了软件可靠性和安全性的基本概念，描述了可编程逻辑器件软件的失效机理，阐述了软件可靠性和安全性的措施，按照可编程逻辑器件软件研制各阶段给出了相应的可编程逻辑器件软件可靠性和安全性要求，并详细介绍了可编程逻辑器件软件可靠性和安全性方法，包括可编程逻辑器件软件故障模式及影响分析（FMEA），可编程逻辑器件软件故障树分析（FTA），可编程逻辑器件软件安全性双向分析（BDA），硬件、软件接口分析技术（HSIA），以及可靠性和安全性设计检查方法，并给出了可靠性度量及可靠性评价的方法，指导读者开展可编程逻辑器件软件的可靠性、安全性的分析与评估。

第9章 可编程逻辑器件软件工程环境

9.1 概述

可编程逻辑器件软件工程环境的配置应在确定其主要目标和基本需求的基础上，把技术和管理、环境配置和工程需求、工具和方法、开发平台和目标平台、投入和产出等相关因素有机结合起来，全面考虑，以需求为牵引，以现有环境为基础，以实用高效为准则，通过一个配置与应用相互促进和逐步磨合的过程，消化和吸收多种开发工具，配置和完善软件工程环境；尤其要强化管理，提高工具利用率，确保高技术、高投入带来高效率、高产出。

可编程逻辑器件软件工程环境的建设需满足全寿命周期开发流程及测试流程的要求。配置可编程逻辑器件软件工程环境的主要原则有：

(1)需求牵引原则

可编程逻辑器件软件工程环境的配置要面向自己单位的主要开发领域和工程项目的主要应用需求。只有这样，才能建成配置和应用一体化的软件工程环境，才能形成投入、产出、再投入、再产出的良性循环过程，才能发挥可编程逻辑器件软件工程环境的作用，取得良好的经济效益。

(2)先进性原则

可编程逻辑器件软件工程环境既要适用于近期将要开发或测试的工程项目，也需要着眼于未来，适用于未来较长时期内将要开发的一些工程项目。因此，要支持一些先进实用的可编程逻辑器件软件开发和测试的方法与技术，特别是主流的方法和技术，如 VIVADO 设计技术、SOPC 设计技术、可重用技术、验证方法学、形式化验证技术等。同时，建设的工程环境必须满足最新的语言标准以及国家标准、国家军用标准等顶层标准的要求，从而保证工程环境的先进性。

(3)完整性原则

可编程逻辑器件软件开发包括软件需求分析、结构设计、详细设计、程序设计、单元测试、集成测试和配置管理等一系列活动，软件工程环境应不同程度地支持这些活动，减少开发人员非创造性的重复工作。同时，要注意软件工程环境的运作问题，慎重考虑如何平滑过渡各阶段的工作成果。

(4)分阶段原则

就可编程逻辑器件软件工程环境来说，它的配置需要大量的资金投入，它的消化、吸收、改进和应用需要经过一个过程，它的市场也在不断变化，因此，为了消除软件工程环境配置的高风险，必须采取分阶段的配置策略，先期评估，逐步配置，逐步深入，把握方向，掌握配置的主动权。

（5）轻重缓急原则

一方面，可编程逻辑器件软件工程环境的实际投入一般低于实际需求的投入；另一方面，各种开发工具和测试工具的迫切需要程度不一，同类开发工具和测试工具的价格不一。因此，在配置可编程逻辑器件软件工程环境时，要采用轻重缓急的原则。首先，配置适量必备的相关工具，保证可编程逻辑器件软件工程环境的完整性。然后，根据项目进展需求，多配置作用大且价格合适的工具。同时，要在合适的条件下，尽可能配置价格较低的相关工具，节约经费，重点投资急需的工具。

9.2　工程环境的组成

相关单位应建立、控制和维护相应的可编程逻辑器件软件工程环境（包括软件开发环境、软件测试环境和软件管理环境），确保软件工程环境的各组成部分都能执行其预定的功能。软件工程环境应确保软件的开发、测试和管理有可靠的、适用的工具环境支持。在整个软件生存周期中，必须使用受控的可编程逻辑器件软件正版开发工具，建立必要的测试环境和条件，根据需要配置相关的软件管理工具，及编码规则检查、仿真、静态时序分析等验证工具。软件工程环境在软件开发计划中予以明确。

9.2.1　软件开发环境和工具

9.2.1.1　ISE 工具的特点与功能简介

ISE 的全称为 Integrated Software Environment，即"集成软件环境"，是 Xilinx 公司的硬件设计工具。ISE 将先进的技术与灵活性、易使用性的图形界面结合在一起，是相对容易使用的、首屈一指的 PLD 设计环境。

下面主要概述 ISE 的基本开发流程以及在开发过程中的各个阶段需要用到的工具软件。利用 Xilinx 公司的 ISE 开发设计软件的工程设计流程分为五个步骤，即输入（Design Entry）、综合（Synthesis）、实现（Implementation）、验证（Verification）、下载（Download）。

（1）图形或文本输入

图形或文本输入包括原理图、状态机、波形图、硬件描述语言（HDL），是工程设计的第一步，ISE 集成的设计工具主要包括 HDL 编辑器（HDL Editor）、状态机编辑器（StateCAD）、原理图编辑器（ECS）、IP 核生成器（Core Generator）和测试激励生成器（HDL Bencher）等。

常用的设计输入方法是硬件描述语言（HDL）和原理图设计输入方法。原理图输入是一种常用的基本输入方法，其是利用元件库的图形符号和连接线在 ISE 软件的图形编辑器中做出设计原理图，ISE 中设置了具有各种电路元件的元件库，包括各种门电路、触发器、锁存器、计数器、各种中规模电路、各种功能较强的宏功能块等。用户只要单击这些器件，就能调入图形编辑器中。这种方法的优点是直观、便于理解、元件库资源丰富。但是在大型设计中，这种方法的可维护性差，不利于模块建设与重用。更主要的缺点是：当所选用芯片升级换代后，所有的原理图都要进行相应的改动。故在 ISE 软件中一般不利用此种方法。

为了克服原理图输入方法的缺点，目前在大型工程设计中，在 ISE 软件中常用的设计方法是 HDL 设计输入法，其中影响最为广泛的 HDL 语言是 VHDL 和 Verilog HDL。它们的共同优点是利于由顶向下设计，利于模块的划分与复用，可移植性好，通用性强，设计不因芯片的工艺和结构的变化而变化，更利于向 ASIC 移植，故在 ISE 软件中推荐使用 HDL 设计输入法。

波形输入及状态机输入方法是两种最常用的辅助设计输入方法。使用波形输入法时，只要绘制出激励波形的输出波形，ISE 软件就能自动地根据响应关系进行设计；而使用状态机输入时，只需设计者画出状态转移图，ISE 软件就能生成相应的 HDL 代码或者原理图，使用十分方便。其中 ISE 工具包中的 StateCAD 就能完成状态机输入的功能。但是需要指出的是，这两种设计方法只能在某些特殊情况下缓解设计者的工作量，并不适合所有的设计。

（2）综合

综合是将行为和功能层次表达的电子系统转化为低层次模块的组合。一般来说，综合是针对 HDL 说的，即将 HDL 描述的模型、算法、行为和功能转换为 FPGA/CPLD 基本结构相对应的网表文件，即构成对应的映射关系。

综合工具主要有 Synplicity 公司的 Synplify/Synplify Pro，Synopsys 公司的 FPGA Compiler Ⅱ/Express，Exemplar Logic 公司的 LeonardoSpectrum 和 Xilinx 公司 ISE 中的 XST 等，它们可将 HDL 语言、原理图等设计输入翻译成由与、或、非门，RAM，寄存器等基本逻辑单元组成的逻辑连接（网表），并根据目标与要求优化所形成的逻辑连接，输出 edf 和 edn 等文件，供 CPLD/FPGA 厂家的布局布线器进行实现。

（3）实现

实现是根据所选的芯片型号将综合输出的逻辑网表适配到具体器件上。Xilinx 公司 ISE 的实现过程分为翻译（Translate）、映射（Map）、布局布线（Place & Route）等三个步骤。

ISE 集成的实现工具主要有约束编辑器（Constraints Editor）、引脚与区域约束编辑器（PACE）、时序分析器（Timing Analyzer）、FPGA 底层编辑器（FPGA Editor）、芯片观察窗（Chip Viewer）和布局规划器（Floorplanner）等。

（4）验证

验证包含功能仿真和综合后仿真等。功能仿真就是对设计电路的逻辑功能进行模拟测试，看其是否满足设计要求，通常是通过波形图直观地显示输入信号与输出信号之间的关系。

综合后仿真在针对目标器件进行适配之后，以接近真实器件的特性进行仿真，能精确给出输入与输出之间的信号延时数据。

ISE 可结合第三方软件进行仿真，常用的工具有 Mentor 公司的仿真工具 ModelSim 和测试激励生成器 HDL Bencher，Synopsys 公司的 VCS 等。通过仿真能及时发现设计中的错误，加快设计进度，提高设计的可靠性。每个仿真步骤如果出现问题，就需要根据错误的定位返回到相应的步骤更改或者重新设计。

（5）下载

下载是编程（Program）设计开发的最后步骤，就是将已经仿真实现的程序下载到开发板上，进行在线调试，或者说将生成的配置文件写入芯片中进行测试。在 ISE 中对应的工具是 iMPACT。

9.2.1.2　Quartus Ⅱ 工具的特点与功能简介

Quartus Ⅱ 可编程逻辑开发软件是 Altera 公司为其 FPGA/CPLD 芯片设计的集成化专用开发工具，是 Altera 最新一代功能更强的集成 EDA 开发软件。使用 Quartus Ⅱ可完成从设计输入、综合适配、仿真到下载的整个设计过程。Quartus Ⅱ根据设计者需求提供了一个完整的多平台开发环境，它包含多个 FPGA 和 CPLD 设计阶段的解决方案。Quartus Ⅱ软件提供的完整、操作简易的图形用户界面可以完成整个设计流程中的各个阶段。Quartus Ⅱ集成环境包括以下内容：系统级设计、嵌入式软件开发、可编程逻辑器件（PLD）设计、综合、布局和布线、验证和仿真。Quartus Ⅱ也可以直接调用 Synplify Pro、ModelSim 等第三方 EDA 工具来完成设计任务的综合与仿真。Quartus Ⅱ与 MATLAB 和 DSP Builder 结合可以进行基于 FPGA 的 DSP 系统开发，方便且快捷，还可以与 SOPC Builder 结合，实现 SOPC 系统的开发。

（1）Quartus Ⅱ 设计流程

Quartus Ⅱ 设计的主要流程有：创建工程、设计输入、编译、仿真验证、下载，其进行数字电路设计的一般流程如图 9-1 所示。

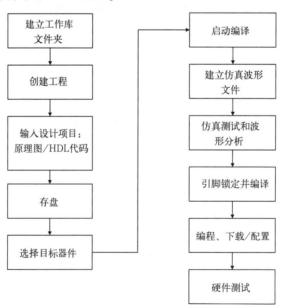

图 9-1　Quartus Ⅱ 进行数字电路设计的一般流程

（2）创建工程

QuartusⅡ安装完成之后，双击桌面上的 QuartusⅡ图标，进入如图 9-2 所示的开发
界面。

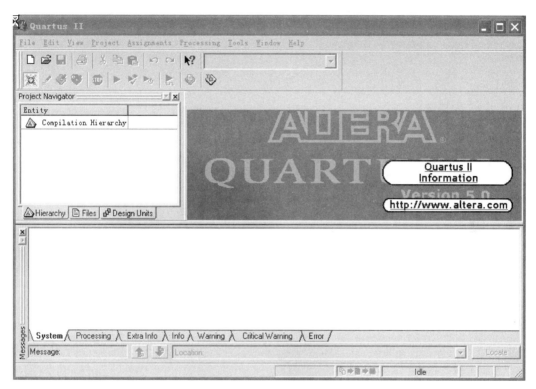

图 9-2　QuartusⅡ开发界面

此开发界面包含了几部分内容：最上面的菜单项和工具栏，工程浏览窗口和进度窗口
（左边的窗口），信息窗口（下面的窗口）。其实和其他集成开发环境一样，使用 QuartusⅡ
进行开发首先要创建一个工程。

在菜单中选择"File"→"New Project Wizard"，将会出现一个信息对话框，这个对话框
介绍的是创建工程步骤。可以直接选择"Next"，这时会出现如图 9-3 所示的对话框。这里
需要输入的是将要创建的工程的基本信息，三个输入栏中输入的分别是工程将被保存的路
径、工程的名称和顶层实体的名称。建议工程名称与顶层实体名称保持一致。输入完毕后
就可以单击"Next"了，然后会有提示说是否创建这一工程路径，直接单击"Yes"即可。然
后出现如图 9-4 所示的添加工程文件对话框。

在这里需要做的是将已经写好的 HDL 文件加入到工程中。当然，也可以直接单击
"Next"，以后再完成添加 HDL 文件的工作。接着要选择的是其他 EDA 工具，若不需要，
则直接单击"Next"。

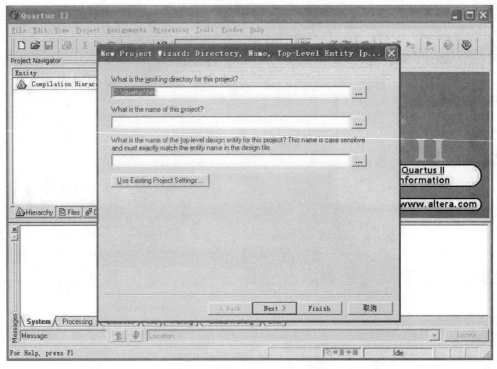

图 9-3　工程基本信息对话框

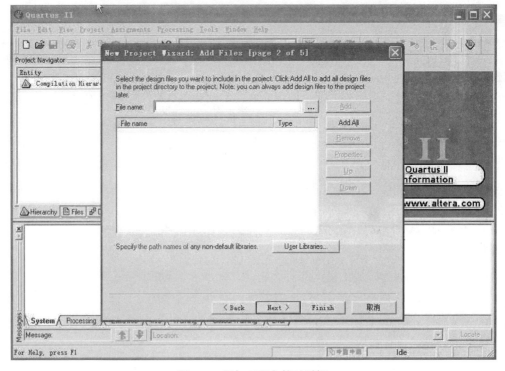

图 9-4　添加工程文件对话框

接着需要完成的是选择器件的工作。下面以 ACEX 系列的器件为例进行说明。接下来的问题是是否选择详细的芯片类型。这里选择详细的芯片类型，单击"YES"。然后单击"Next"，出现如图 9-5 所示的对话框。右面的三个下拉框用来限制芯片的封装形式、引脚数和速度。

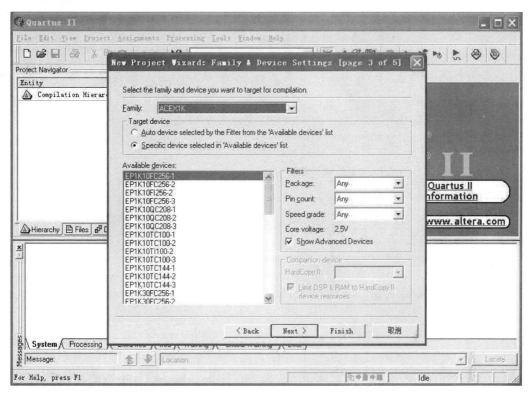

图 9-5　目标器件选择对话框

选择 FPGA 目标芯片 EP1K30QC208-3，它具有 144 个引脚，速度级别为 6。选择完成后，单击"Next"，出现了所生成工程的信息，如图 9-6 所示。单击"Finish"就完成了通过向导生成一个工程的工作。

以上就是创建一个工程所需要做的主要工作，完成以上步骤后就可以进行设计输入了。下面简要介绍两种输入方式。

(3) 设计输入

①原理图输入

利用 EDA 工具进行原理图设计的优点是，设计者不必掌握编译技术、硬件语言等新知识就能迅速入门，完成较大规模的电路系统设计。当然，由于原理图方式的输入本身不如代码输入方便，所以在逻辑比较复杂的情况下通常不被采用，但原理图方式本身非常直观，有利于理解，更适合初学者使用。

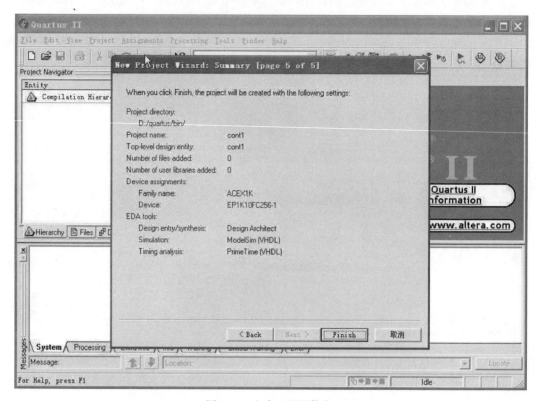

图 9-6　生成工程的信息

②硬件描述语言输入

硬件描述语言是 EDA 技术的重要组成部分，HDL 是电子设计主流的硬件描述语言。HDL 具有很强的电路描述和建模能力，能从多层次对数字系统进行建模和描述，从而大大简化了硬件设计任务，提高了设计效率和可靠性。

HDL 具有与具体硬件电路和设计平台无关的特点，具有良好的电路行为描述和系统描述的能力，并在语言易读性和层次结构化设计方面，表现出了强大的生命力和应用潜力。

（4）编译

当原理图输入或者文本输入完成后，就需要对工程文件进行编译，检查在输入过程中所存在的错误。这是所设计的工程文件能否实现所期望的逻辑功能的重要步骤，直接决定工程的下一步骤能否继续。所以在这一过程中一定要认真细心，发现错误后按照提示信息认真读图或者源代码，修改源文件，重新编译，直到编译通过。

（5）仿真验证

仿真也称为模拟，是对所设计电路的功能验证。用户可以在设计的过程中对整个系统和各个模块进行仿真，即在计算机上用所使用的软件验证功能是否正确，各部分的时序分配是否准确。如果有问题，可以随时进行修改，从而避免了逻辑错误。高级的仿真软件还可以对整个系统设计的性能进行评估。规模越大的设计，越需要进行仿真，从而避免不必要的损失。

（6）编程下载

编译和仿真验证通过后，就可以进行下载步骤了。在下载前首先要通过综合器产生的网表文件配置于指定的目标器件中，使之产生最终的下载文件。把适配后生成的下载或配置文件通过编译器或编程电缆向 FPGA 或 CPLD 下载，以便进行硬件调试和验证，并通过硬件调试来最终验证设计项目在目标系统上的实际工作情况，以排除错误，进行设计修正。

9.2.1.3　Libero 工具的特点与功能简介

Libero IDE FPGA 开发流程简要说明如下：

（1）新建工程

1）打开 Libero IDE 软件，弹出"New Project Wizard"对话框，如图 9-7 所示。

2）工程名和路径不能包含中文，选择"Verilog"，然后单击"Next"。

图 9-7　打开 Libero IDE 软件

3）选择器件型号，封装形式，然后单击"Next"。

4）若有必要，添加相应文件，然后单击"Finish"，如图 9-8 所示。

5）工程建立后的界面如图 9-9 所示。

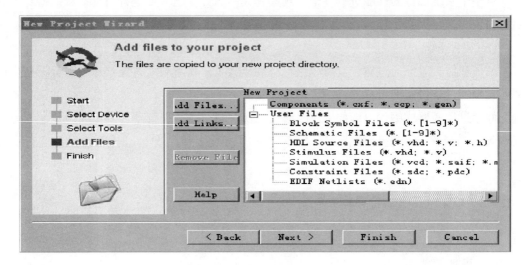

图 9-8　添加相应文件

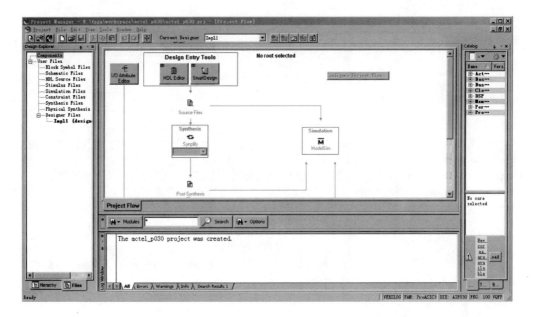

图 9-9　工程建立后的界面

（2）设计输入

1）选择菜单命令"File"→"New"，建立 SmartDesign 工程和 Verilog HDL 文件，如图 9-10 所示。

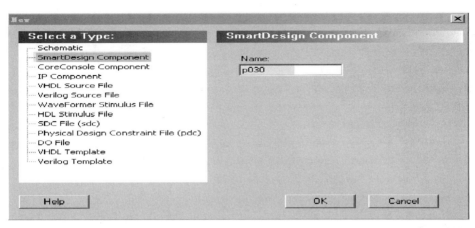

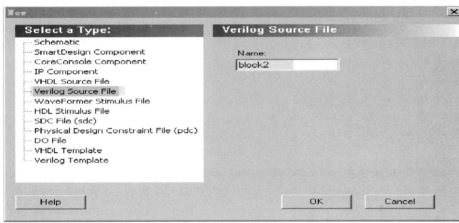

图 9-10　建立 SmartDesign 工程和 Verilog HDL 文件

2）可以通过"Import"功能导入现有的 Verilog HDL 文件，如图 9-11 所示。

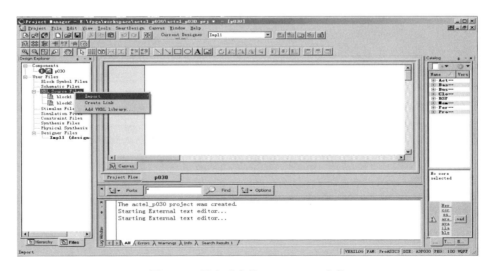

图 9-11　导入现有的 Verilog HDL 文件

图 9-11　导入现有的 Verilog HDL 文件(续)

3)右键单击"work"下相应的 Verilog 文件，选择"Instantiate in p030"在原理图中生成相应图形模块，如图 9-12 所示。

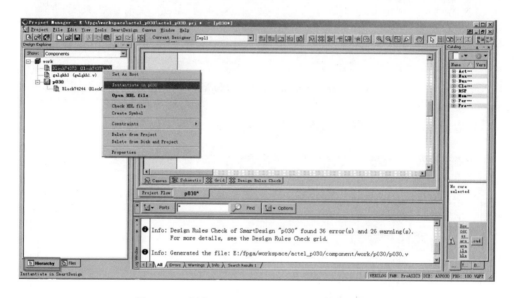

图 9-12　选择"Instantiate in p030"生成图形模块

4)右击模块输入、输出接口，选择"Promote to Top Level"，生成顶层端口，如图 9-13 所示。

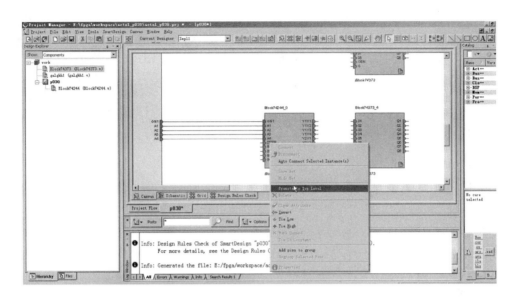

图 9-13　选择"Promote to Top Level"

5）按〈Ctrl〉键，选择要连接的端口，右击选择"Connect"就可以连接端口，如图 9-14 所示。

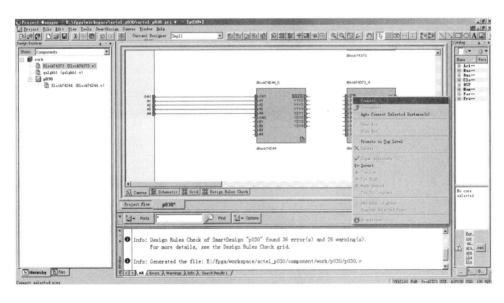

图 9-14　选择"Connect"

6）原理图画完之后，保存一下，然后右击"work"下的输入设计名，选择"Generate Component"，如图 9-15 所示。

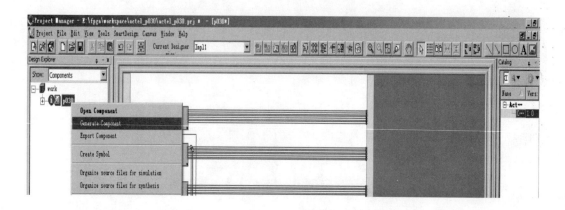

图 9-15　选择"Generate Component"

（3）综合

1）单击"Synthesis"图标，如图 9-16 所示。

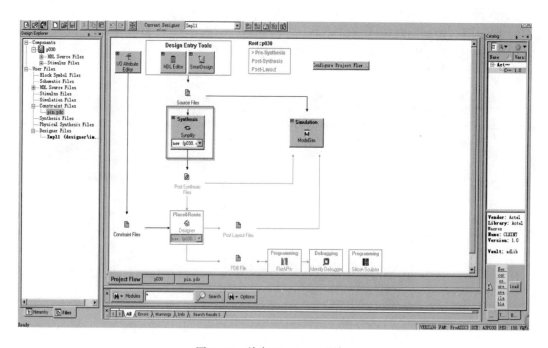

图 9-16　单击"Synthesis"图标

2）在 Synthesis 界面上单击"Run"，生成综合文件，如图 9-17 所示。

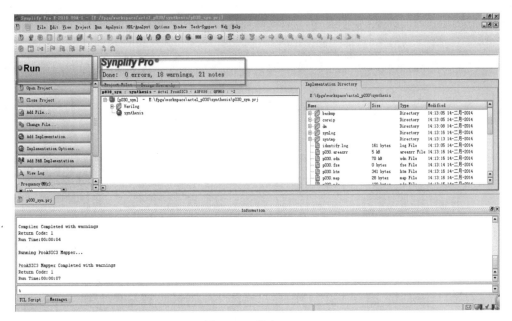

图 9-17 单击"Run"

（4）分配芯片引脚

1）单击"I/O Attribute Editor"图标，新建 pdc 格式文件，如图 9-18 所示。

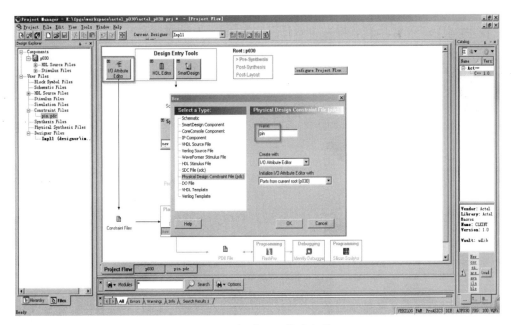

图 9-18 新建 pdc 格式文件

2）分配引脚，保存文件，如图 9-19 所示。

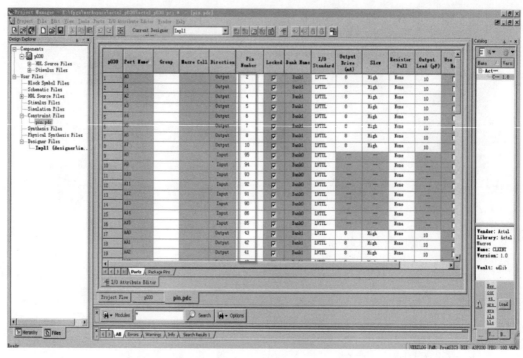

图 9-19　分配引脚

（5）布局布线

1）单击"Designer"图标，启动布局布线，如图 9-20 所示。

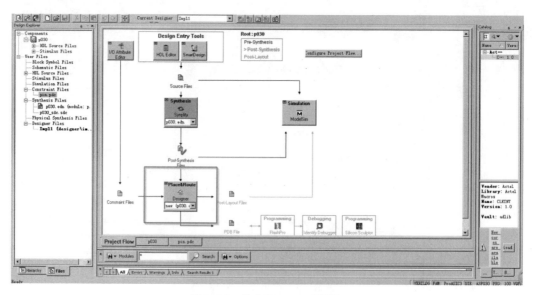

图 9-20　单击"Designer"图标

2）布局布线界面如图 9-21 所示。

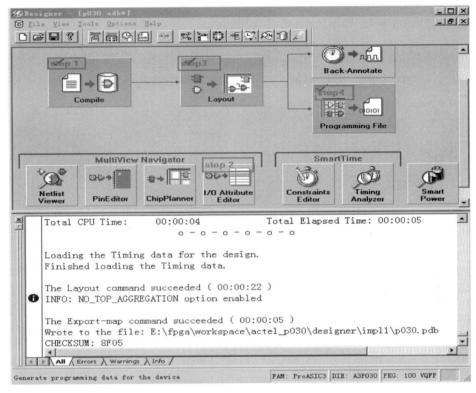

图 9-21　布局布线界面

3)前面建立的 pdc 文件已经分配过引脚，在"step 2"中，可以检查或修改，如图 9-22 所示。

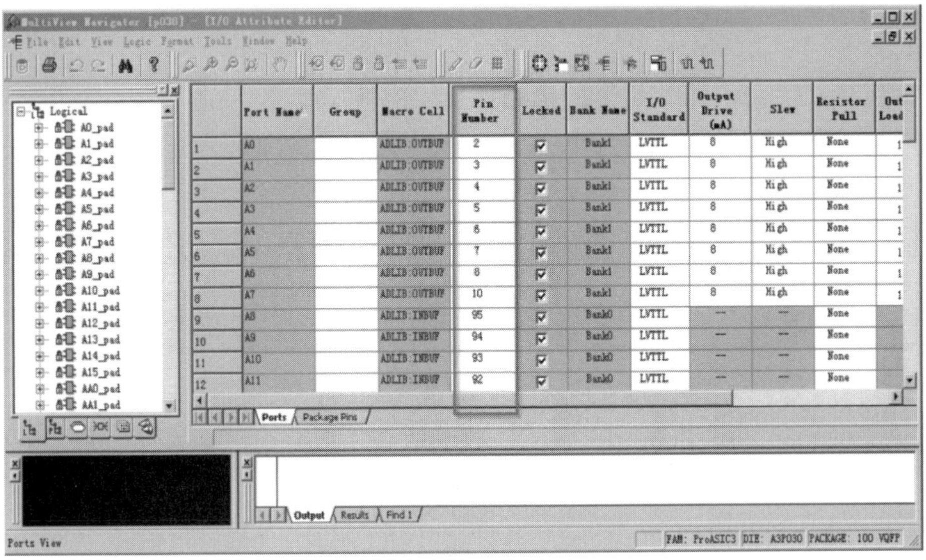

图 9-22　检查或修改引脚

（6）下载 pdb 文件

1）启动"FlashPro"，如图 9-23 所示。

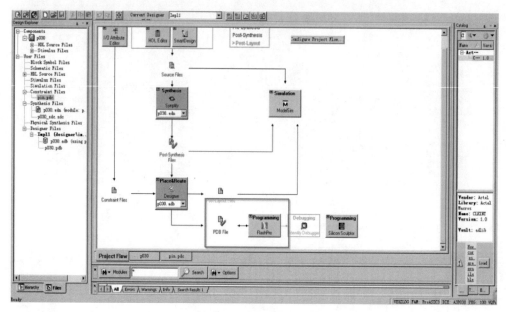

图 9-23　启动"FlashPro"

2）连接下载线，单击"PROGRAM"，如图 9-24 所示。

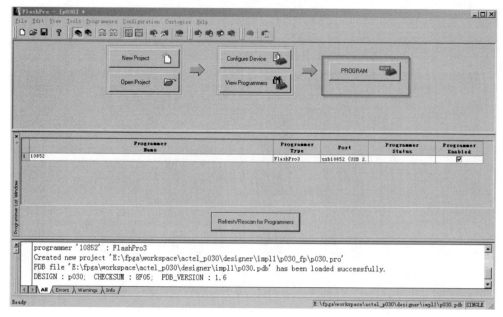

图 9-24　单击"PROGRAM"

3）如果芯片被加密，先用对应的文件擦除芯片，然后选择新的文件，如图 9-25 所示。

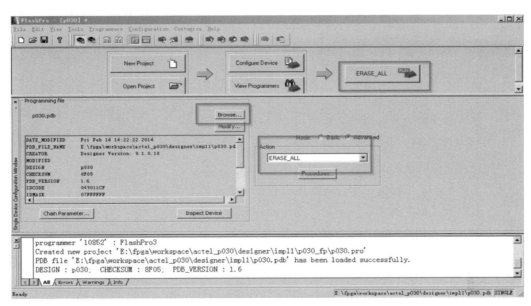

图 9-25　擦除芯片

9.2.2　可编程逻辑器件软件测试环境和工具

（1）可编程逻辑器件软件测试过程控制及分析工具

①用途及必要性

将众多软件的测试过程进行有序控制，实现需求的变更控制和双向追溯，是保证软件测试充分性的必要条件。

可编程逻辑器件软件测试过程中的测试需求分析、测试设计和实现、测试执行、测试总结中存在软件需求、测试需求、测试用例、测试问题等的双向追溯关系，详细如图 9-26 所示。

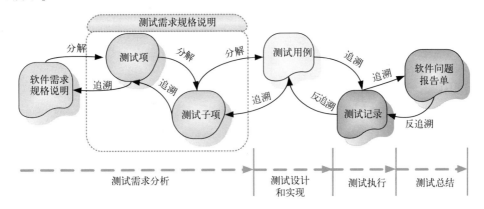

图 9-26　测试需求双向追溯关系

因此需要软件测试过程控制及分析工具，对软件的测试过程进行控制，对多个阶段的需求变更导致的测试需求变更进行充分测试和影响域分析，对不同阶段的软件测试进行配置管理，对各种测试数据进行分析，从而保证可编程逻辑器件软件的测试质量。

②设备主要配置

1）支持按照 GJB 2725A—2001 中的相关规定对测试过程进行控制。

2）支持涉密信息系统三权分立的模式。

3）支持测试需求规格说明、测试用例、测试记录之间的双向追溯。

4）支持测试过程中的软件缺陷管理，并可实现与测试用例和测试记录的双向追溯。

5）支持软件测试的配置管理，实现变更控制。

6）支持测试文档模板定制、在线编辑和在线审签，测试文档自动生成。

7）实现测试数据的采集、查询、统计和分析。

（2）可编程逻辑器件编码规则检查工具

设计代码质量对整个可编程逻辑器件系统的性能稳定可靠至关重要。在长期的摸索中，有经验的设计师会根据以往的设计经验来避免设计代码中出现隐患。这些往往依赖于设计师的个人能力。而在可编程逻辑器件设计越来越复杂的情况下，一个设计可能会需要多个人共同协作完成。因此，为了保证整个设计质量，需要有一套完整的代码质量评估体系来对设计代码进行评估。

可编程逻辑器件规则检查工具可实现设计文件的完整性分析和代码的规则检查，支持 Verilog/VHDL 混合语言的设计规则检查。检查范围包括是否使用 IEEE 标准信号类型，端口信号及参数传递的正确性，时钟信号和复位信号的使用是否规范，编码中是否有不可综合的部分，表达式编写规则和可重用性，设计中常见的逻辑错误等方面的内容。

设备主要配置：

1）时序约束与设计匹配性检查；

2）VHDL、Verilog 语言设计可综合性检查；

3）可重用性设计检查；

4）用户自定制规则；

5）和设计相关的规则检查；

6）Synopsys 可综合 IP 的规则检查；

7）形式比对规则检查；

8）VHDL 仿真器规则检查；

9）Verilog 仿真器规则检查；

10）Verilog HDL 工业标准检查；

11）VHDL 工业标准检查。

（3）可编程逻辑器件仿真测试工具

现代武器装备的质量、性能、可靠性、抗恶劣环境等方面的能力越来越依赖于装备中的电子成分。随着大规模集成电路的迅速发展，可编程逻辑器件由于具有集成度高、体积小、功耗低、性价比高等特性，能够实现越来越复杂的设计功能，因此得到了广泛应用。

目前，可编程逻辑器件广泛应用于综合控制系统等，实现数据通信、制导控制等功能，发挥着越来越重要的作用，因此需要引进必要的可编程逻辑器件专用仿真测试工具，建全可编程逻辑器件研制过程中的测试手段，从而保证可编程逻辑器件的测试质量。

设备主要配置：

1）混合语言，多层次的验证模式，包括 HDL、C、Matlab 等的混合仿真测试；

2）支持 VMM、OVM、UVM 验证方法学；

3）支持跨平台验证，如 Windows、Linux 平台等；

4）代码覆盖率检测；

5）支持 64 位精度仿真；

6）功能覆盖率检测。

(4) 可编程逻辑器件仿真接口模型

由于可编程逻辑器件功能复杂，很多可编程逻辑器件代码量均在 8000 行以上，因此可编程逻辑器件仿真测试发挥着越来越重要的作用。

可编程逻辑器件的运行是在其交联环境共同配合下执行的。可编程逻辑器件的仿真测试需要模拟被测试可编程逻辑器件的交联环境，即通过编程的方法模拟被测可编程逻辑器件的输入，实时监测可编程逻辑器件输出结果的正确性。

可编程逻辑器件仿真测试时，很大工作量在于测试人员需要模拟交联环境建立仿真测试环境。目前测试人员建立仿真测试环境时，是针对每个项目单独建立一整套仿真测试环境，工作量较大。为了提高测试效率，有必要针对可编程逻辑器件仿真测试环境的共同需求，建立仿真测试环境和具体的接口模型库，使用该环境开展每个可编程逻辑器件测试环境的搭建工作，使仿真测试实现一定程度的自动化测试，提高测试效率。

设备主要配置：

1）CPU 接口模型；

2）1553B 接口模型；

3）串行接口模型；

4）并行接口模型；

5）模拟量接口模型；

6）数字量接口模型；

7）SDRAM 接口模型；

8）SRAM 接口模型；

9）FLASH 接口模型。

(5) 可编程逻辑器件侦错分析工具

随着可编程逻辑器件设计规模的不断扩大和实现功能的日益复杂，如何快速准确地定位和分析可编程器件设计中存在的各种设计错误和缺陷，成为可编程逻辑器件测试人员必须解决的难题。

因此针对可编程逻辑器件测试需求，需要引进可编程逻辑器件自动侦错工具，在可编程逻辑器件仿真测试中辅助开展错误定位和分析，提高测试效率，增加测试准确性。

设备主要配置：

1）程序代码浏览器功能，可显示 FPGA 层次结构、信号驱动关系；

2）支持 Verilog HDL、VHDL 和 System Verilog 语言；

3）波形显示器功能，可实现波形比对；

4）自动追溯信号功能，可实现波形与程序的追溯定位。

（6）可编程逻辑器件时序分析工具

在航天型号中，使用可编程逻辑器件实现通信、时序控制等重要功能，因此可编程逻辑器件的质量直接影响型号的质量。在型号的制导系统 FPGA、雷达系统 FPGA 等设计中，由于设计要求，使用了多时钟域的设计方式。多时钟域设计难以对时序进行精确控制，容易出现时序冲突。多时钟域的设计方式由于建立时间和保持时间的问题，容易出现亚稳态现象。当信号进入某个时钟域，并且多个信号进行组合逻辑后，如果出现信号再汇聚的问题，容易导致 FPGA 状态不稳定。这些现象一旦产生，很难对问题进行定位。通过该工具可以对可编程逻辑器件复杂设计中多时钟域设计的时序冲突开展检查，利用工具提供的芯片断言 IP 库，对设计中的亚稳态问题和时序冲突问题进行问题定位。

设备主要配置：

1）支持 VHDL、Verilog、EDIF 混合设计的逻辑综合与优化；

2）高性能时序分析引擎，实现复杂时序结构的准确分析；

3）实现对 FPGA 设计的精准时序分析。

（7）可编程逻辑器件跨时钟域测试工具

随着可编程逻辑器件设计的日益复杂，设计中往往使用多个时钟，跨时钟域设计在设计实现中应用十分普遍，如何更加有效地分析跨时钟域设计，并对其实现方式和有效性进行准确分析，已经成为可编程逻辑器件测试中的一项重要内容。

因此针对可编程逻辑器件测试需求，需要引进可编程逻辑器件跨时钟域测试工具，在可编程逻辑器件测试中辅助开展跨时钟域分析工作，提高测试效率，增加测试准确性。

设备主要配置：

1）支持 Verilog、VHDL 以及混合语言的设计；

2）跨时钟域问题的完整自动化检查，识别包括派生时钟与门控时钟在内的全部时钟域信号；

3）支持结构化的和用户自定义的亚稳态同步器类型；

4）通过分析 RTL 设计，自动识别缺失和错误例化亚稳态同步器的问题；

5）自动识别跨时钟域信号的再聚合，及早发现设计中可能出现毛刺信号的位置。

6）具备图形化调试与分析界面，清晰显示错误并可实施有效追溯与错误分析。

（8）可编程逻辑器件逻辑等效性检查工具

逻辑等效性检查工具用于对可编程逻辑器件 RTL 代码、综合后网表、布局布线后网表开展功能的一致性检查。由于 FPGA 的后仿真耗时长，为了提高效率，很多情况下可以考虑用逻辑等效性检查代替后仿真，即确认 RTL 代码综合前后的一致性。另外，考虑到综合工具本身可能有的漏洞，避免可能由于这种漏洞引起的问题，可以通过逻辑等效性检查进行确认。

使用大量 FPGA 进行关键功能设计，从而对 FPGA 的测试和验证工作提出了更高要求，包括更高的验证质量和验证效率，同时避免设计过程中综合过程引入的漏洞和错误，因此需要开发符合型号 FPGA 一致性检查要求的工具，从而大规模提升可编程逻辑器件验证工作的效率和质量。

设备主要配置：

1）提供客观的比对结果；

2）可以提供 Verilog2001 和 SystemVerilog 标准支持，包括 Verilog95、Verilog2001、VHDL'87、VHDL'93、EDIF、VHDL/Verilog 混合语言；

3）支持数据通路复杂度的比对，包括运算符的合并、Pipeline、Retiming 及资源共享；

4）支持等价性验证环境的建立及诊断；

5）能够对工具自动退出做出分析。

(9)可编程逻辑器件安全测试工具

可编程逻辑器件的设计实现需通过 RTL 代码编写、设计综合、映射、布局布线、生成配置文件、加载程序到硬件等多个步骤完成，每个步骤都有芯片厂商或第三方公司提供对应的工具，而多个工具的使用增加了可靠性和安全性问题的发生概率，因此需针对每个步骤产生的文件进行分析，验证其安全性是否符合要求。

设备主要配置：

1)具备跨时钟域处理可靠性和安全性、复位及初始化可靠性和安全性、状态机设计可靠性和安全性、门级网表可靠性和安全性、时序可靠性和安全性等度量元测试结果采集功能。

2)具备性能需求可靠性和安全性、功能需求可靠性和安全性、IP 核使用可靠性和安全性、通信设计可靠性和安全性等度量元评价结果输入功能。

3)具备使用三层 BP 神经网络结构，开展 FPGA 软件可靠性和安全性评价的功能。

(10)可编程逻辑器件软件半实物测试环境

通过搭建完整的自动化测试设备软件半实物测试环境(见图 9-27)，配合通用的软件动态测试工具(如用例生成、故障模式分析、故障注入、覆盖率分析、性能分析等)，可以保证自动化测试设备软件的动态测试环境能够较真实地接近系统的实际运行环境，确保自动化测试设备软件测试的全面性、正确性、可靠性。同时在此基础上开展功能测试、性能测试、边界测试、强度测试、余量测试等，也更加有利于充分验证软件的需求，进一步提升自动化测试设备软件的测试质量。

设备主要配置：

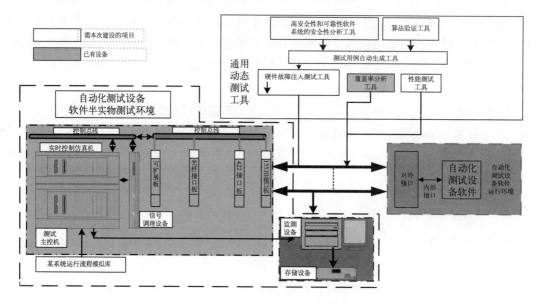

图 9-27　自动化测试设备软件半实物测试环境示意图

1）测试环境硬件：测试主控机；实时控制仿真机；I/O 设备（1553、429、AD/DA、DI/DO、RS232、RS422、继电器、接口端子、IEEE1349 接口、光纤接口）；故障注入设备；测试过程管理软件；信号调理及特殊信号；可扩展设备模块。

2）实时数据传输、监控：包括对测试过程进行实时监控，实时数据显示；测试过程中数据的实时传输，包括模型间、模型与被测软件之间数据的实时传输；被测软件真实交联设备的模拟仿真；完成测试过程中所有任务的实时调度；测试过程中实时保存定制的测试过程数据等。

3）运行流程模拟：完成测试过程中需要流程模拟，动态信号的实时采集，异常信息的快速记录。

（11）可编程逻辑器件实物测试工具

可编程逻辑器件实现的是底层电路的功能，其执行特点为并发方式，其测试过程和要求与软件具有很大的差别。可编程逻辑器件的开发过程包含设计输入、逻辑综合、布局布线和加载到硬件芯片中等四个阶段。目前很多单位针对可编程逻辑器件的板级测试，主要还是关注于在真实目标机环境下的系统测试。此种测试不能脱离其硬件环境，缺少有效的故障注入方式，同时由于目标机的硬件接口已经固定，实施测试用例时，很多测试用例难以注入测试数据，这直接影响测试的充分性，需要在研制过程中引进专用的实物测试工具。

设备主要配置：

1）支持 Verilog、VHDL 以及混合语言的设计；

2）支持主流的设计芯片；

3）支持测试激励加载功能；

4）支持波形文件等多种格式响应数据存储功能；

5）支持 Verilog、VHDL、System Verilog、System C 及混合语言的测试；

6）支持 QuestaSim、VCS、ModelSim 等多家仿真工具。

（12）可编程逻辑器件软件仿真验证平台

随着 FPGA 在航天、航空军用产品领域中得到越来越广泛的应用，以及设计规模和复杂度的不断增加，可编程逻辑器件软件的状态空间呈现爆炸式增长，通过人工方式直接施加激励的传统仿真测试方法已经不能满足大规模逻辑设计的测试需求。要想达到满意的覆盖率，验证时间将呈指数上升。

可编程逻辑器件软件仿真验证平台（见图 9-28）可以提供仿真系统建模、参数化配置仿真接口库等功能，并实现与三方仿真工具的无缝集成，可以有效提高仿真测试效率，缩短仿真时间，为军用可编程逻辑器件软件研制全寿命周期过程提供验证平台，提高军用可编程逻辑器件软件验证技术水平。

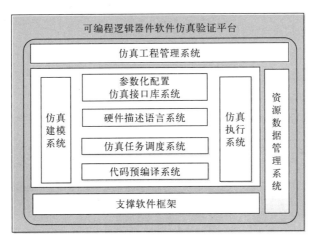

图 9-28　可编程逻辑器件软件仿真验证平台系统框图

设备主要配置：

1）支持 Verilog、VHDL、SystemVerilog 以及混合语言的设计；

2）支持主流的设计芯片和开发环境；

3）可提供多达 60 个以上仿真接口模型库；

4）可支持可编程逻辑器件软件和外围接口环境的图形化系统建模；

5）可支持 QuestaSim、ModelSim 等常用仿真工具；

6）集成三方仿真工具的仿真波形精度达 ns 级。

9.2.3　可编程逻辑器件软件开发流程管理环境

相比于传统软件，FPGA 的研制管理水平相对滞后，目前 FPGA 软件研制过程中，在系统要求提出、需求分析、设计、实现与集成、确认、验证、交付与验收、运行与维护等重要阶段中，普遍存在任务要求不明确、需求覆盖不完整、设计与需求可追溯性不强等现象，由于需求不清晰而造成设计反复。

为保证设计开发的质量，需要建立 FPGA 软件管理的工程环境，提供可编程逻辑器件软件研制全寿命周期的过程管理，并且符合国家军用标准 GJB 9432—2018《军用可编程逻辑器件软件开发通用要求》，提供支撑可编程逻辑器件软件系统需求分析、软件需求分析、设计、编码、测试和验证的设计开发平台，并完成编码规则检查、研制文档自动生成、测试数据自动生成等重要辅助功能。

搭建的管理环境至少应包括以下的功能要求：需求管理、策划管理、研制过程管理、项目评审管理、项目监控、质量保证、配置管理等。

在需求管理功能模块中，环境应能够实现针对每一个设计任务以建立项目的方式进行管理，实现可编程逻辑器件软件开发需求管理。提供与用户交互界面，开发人员可以进行项目属性的编辑；同时，通过与文档自动生成功能相链接，可自动生成需求分析过程中需要出具的开发计划、配置管理计划、质量保证计划以及需求规格说明等文档，且用户可以发起审查流程，对需求分析阶段产生的文档进行审查。

针对策划管理功能，对项目需求、研制资源、研制进度、配置管理计划、质量保证计划、项目风险分析等信息进行管理。同时，对于计划时间安排及其变更调整可以在项目属性中进行配置，并可发起评审流程。

在研制过程管理功能模块中，对可编程逻辑器件软件研制的全寿命周期的各阶段进行节点管控，并可存储上述过程中相关人员信息，以及对应各阶段生成的文档、代码、工程等文件，并通过与项目评审管理模块相链接，实现对各阶段的验证(评审)活动。同时，提供基线配置界面，实现对基线(功能基线、分配基线、产品基线)及其变更情况的管理。另外，提供信息查询统计功能，用户可按照型号名称、研制任务名称、研制阶段、设计人员等进行查询统计。

在项目评审管理功能模块中，实现对可编程逻辑器件软件研制过程中需开展的需求分析评审、设计评审、验收评审等评审活动的管理，模块提供评审问题管理功能并可对问题整改情况进行监控，包括评审信息管理和评审流程管理。

另外，通过项目监控功能模块，实现对项目策划要求的相关活动进行监控，管理人员按照策划规定的时间间隔检查软件开发过程，监督项目的实际绩效和进展，定期评审项目的进展、绩效和问题。同时可以将监控结果配置在项目中，并跟踪问题处理情况。

质量保证功能模块通过与研制过程管理功能模块相链接，对研制工作活动以及产生的工作产品进行符合性检查，实现项目质量保证检查和质量保证信息查询统计。

配置管理功能模块实现"三库"(开发库、受控库、产品库)管理，包括入库控制、更改控制、出库控制、配置审计等功能，实现对软件版本等技术状态变化的控制。当执行出入库操作时，必须执行审批，从而确保软件版本的可控性。

9.3　工程环境的集成和应用

为了保证工程环境的有效和正常运行，需要将各阶段的相关工具有机地集合成一个整体，形成能够支持 FPGA 软件开发与维护全寿命周期的集成化工程环境。一般情况下有用户集成和商业集成两种方案。顾名思义，用户集成即根据项目的实际情况选择对应的工具，工具之间的数据通过文件的方式实现共享，但对人员的依赖性非常强。另外一种为商业集成，由商业公司组织开发支持整个软件寿命周期管理的一系列工具集，具体的工具界面风格和数据格式由商业公司自己来确定，工程环境对商业工具的依赖性较强。

FPGA 工具在选择和环境配备的时候需要适应开发人员或测试人员目前的技术能力和管理水平，开发人员或测试人员以及对应的组织是主体。工程环境是开发或测试工作过程的辅助，用来辅助相应人员更高效地开展工作。如果环境中对应的工作超出了人员队伍现有水平，不仅收不到应有的效果，而且容易导致相关人员过于依赖工具来保证软件质量而丧失了提高能力的机会和动力。同时，引进工具时应以满足工程需求及工具的实用性为主，兼顾工具和环境的技术先进性。在建设工程环境之前，需要进行充分的调研，查找问题和不足，有的放矢，确保成效。

另外，可编程逻辑器件软件工程化的实施需要与型号研制需求相适应，承担相关型号任务的单位都多少具有航天型号的特点，所以在型号中进行试用推广是很有必要的，同时在试用过程中吸取经验教训进行总结、提炼拔高，以期形成相应的规范或标准，从而满足适应型号研制的需求。

而且，工程环境应该是可以扩展完善的，不应该简单地只是工具的堆积和集合。应根据自身的实力和需求逐步进行环境建设，避免盲目地追求大而全，造成资源和成本的浪费，应保证所建设的工程环境符合实际的需求。

9.4　本章小结

本章介绍了可编程逻辑器件软件工程环境的概念以及环境配置的基本原则，并介绍了工程环境的组成，详细描述了创建开发环境、测试环境以及流程管理环境时可能需要的相关工具的特点以及功能。最后对工程环境的集成和应用进行了说明。

第 10 章　可编程逻辑器件应用与展望

10.1　概述

航天装备作为高技术集成系统，正朝着高集成度、高可靠性、高精度等方向发展，可编程逻辑器件由于具有集成度高、体积小、功耗低、速度快等诸多优点，在航天装备中的应用越来越广。可编程逻辑器件作为一种硬件与软件特点兼具的项目形态，其管理工作也在工程实践中愈加成熟、完善，可编程逻辑器件软件工程化工作也逐渐进入了体系化、标准化阶段。

2009 年，中国航天科工集团有限公司第三研究院第三〇四研究所(以下简称航天科工三〇四所)作为主要支撑单位，协助探月与航天工程中心发布了国内第一份针对重大专项工程的可编程逻辑器件工程技术规范文件《探月工程可编程逻辑器件项目开发实施细则》，2019 年，该文件升版为《月球与深空探测工程可编程逻辑器件软件开发要求》《月球与深空探测工程可编程逻辑器件软件测试要求》。

2012 年，针对空间科学卫星工程编制了软件工程体系文件，包括"一个顶层管理规定"，即《空间科学卫星工程软件管理规定》，"两个技术指南"，即《空间科学卫星工程软件开发指南》和《空间科学卫星工程 ASIC 和 FPGA 开发指南》。

2014 年，以 QJ 20355—2014《航天型号可编程逻辑器件软件开发通用要求》、QJ 20356—2014《航天型号可编程逻辑器件软件编码要求》等为代表的航天可编程逻辑器件软件行业标准体系发布。

2018 年，GJB 9432—2018《军用可编程逻辑器件软件开发通用要求》、GJB 9433—2018《军用可编程逻辑器件软件测试要求》发布，军用可编程逻辑器件软件标准体系初步建立，《军用可编程逻辑器件软件安全性设计准则》等国家军用标准也在报批过程中。

2017 年、2019 年，GB/T 33781—2017《可编程逻辑器件软件开发通用要求》、GB/T 33783—2017《可编程逻辑器件软件测试指南》、GB/T 33784—2017《可编程逻辑器件软件文档编制规范》、GB/T 37979—2019《可编程逻辑器件软件 VHDL 编程安全要求》、GB/T 37691—2019《可编程逻辑器件软件安全性技术指南》相继发布，可编程逻辑器件软件国家标准体系建立。

10.2　航天可编程逻辑器件软件工程发展动态

10.2.1　可编程逻辑器件软件工程体系

推进可编程逻辑器件软件标准体系落地实施。随着《军用可编程逻辑器件软件开发通用要求》《军用可编程逻辑器件软件测试要求》《航天型号可编程逻辑器件软件开发通用要求》《航天型号可编程逻辑器件软件编码要求》等国家军用标准、航天行业标准的陆续发布，军用及航天领域可编程逻辑器件软件的管理有了顶层技术要求，后续如何将标准要求落实到研制工作、将可编程逻辑器件软件工程化管理纳入研制单位软件工程管理体系是影响可编程逻辑器件软件质量的关键因素，需要进一步加强研制单位管理体系与标准的衔接，落实到各单位软件工程管理体系文件中。

10.2.2　可编程逻辑器件软件测试与验证

提升可编程逻辑器件软件第三方评测工作规范性。通过软件第三方评测提升软件工程化水平，已成为航天软件工程领域的重要共识，这也同样适用于可编程逻辑器件软件领域。目前几个重大科技工程均制订了可编程逻辑器件软件第三方评测管理要求，但缺乏国家层面顶层管理要求和技术标准，需要加快制订相关要求，进一步规范第三方评测工作，通过第三方评测工作，更好地提高可编程逻辑器件软件工程化水平。

10.2.3　可编程逻辑器件软件安全性和可靠性

加强可编程逻辑器件软件安全性和可靠性分析、设计与验证。航天领域对安全性和可靠性要求很高，结合研制工作实际，当前航天可编程逻辑器件软件安全性和可靠性工作还存在较大不足，表现在对安全性和可靠性的系统分析、梳理和分解，对安全性和可靠性的设计与验证等工作缺少相应的标准和规范，没有严格的通过指标要求。目前，可编程逻辑器件软件安全性设计标准正在编制，相信会对可编程逻辑器件软件安全性的工作有较好的指导作用。

10.2.4　可编程逻辑器件国产化

更好地满足可编程逻辑器件芯片及配套工具国产化需求。当前航天系统使用的高等级可编程逻辑芯片主要依赖进口，而且在可编程逻辑器件软件研制过程中使用的 EDA 工具，也主要从国外引进，当前芯片和工具的国产化水平较低。后续在可编程逻辑器件芯片和工具国产化水平提高的形势下，需加快相关软件工程工具和技术的研究工作。

10.2.5　可编程逻辑器件软件知识库建设

建立并不断丰富可编程逻辑器件软件专家知识库、典型资产库。提升可编程逻辑器件软件工程化水平是一个系统工程，需要对可编程逻辑器件软件研制全寿命周期的各个阶段加强管控，也需要各个研制阶段的数据支持管理决策。目前，航天科工三○四所已建立可编程逻辑器件软件知识库，对可编程逻辑器件软件研发和测试人员具有良好的指导作用，相信可编程逻辑器件软件知识库及资产库的建设会促进可编程逻辑器件软件行业数据的收集分析，为航天型号研制工作提供更好的支撑。

10.3　本章小结

我国航天领域开展可编程逻辑器件软件工程化工作已有十多年，取得了一定的成绩，有力地保障了型号工作。现在，需要根据航天型号任务的发展需求，借鉴国外先进经验，采用先进的技术手段和工具环境，进一步提高我国航天可编程逻辑器件软件工程化水平。

参考文献

［1］朱明程，董尔令. 可编程逻辑器件原理及应用［M］. 西安：西安电子科技大学出版社，2014.

［2］李超，谢坤武. 软件需求分析方法研究进展［J］. 湖北民族学院学报（自然科学版），2013（2）：204-211.

［3］中国航天标准化研究所. 航天型号可编程逻辑器件软件开发通用要求：QJ 20355—2014［S］. 北京：中国航天标准化与产品保证研究院，2014.

［4］中国航天标准化研究所. 航天型号可编程逻辑器件软件设计要求：QJ 20352—2014［S］. 北京：中国航天标准化与产品保证研究院，2014.

［5］中国航天标准化研究所. 航天型号可编程逻辑器件软件编码要求：QJ 20356—2014［S］. 北京：中国航天标准化与产品保证研究院，2014.

［6］中国航天标准化研究所. 航天型号可编程逻辑器件软件测试要求：QJ 20353—2014［S］. 北京：中国航天标准化与产品保证研究院，2014.

［7］中央军委装备发展部. 军用可编程逻辑器件软件开发通用要求：GJB 9432—2018［S］. 北京：国家军用标准出版发行部，2018.

［8］中央军委装备发展部. 军用可编程逻辑器件软件测试要求：GJB 9433—2018［S］. 北京：国家军用标准出版发行部，2018.

［9］中国信息技术标准化技术委员会. 可编程逻辑器件软件开发通用要求：GB/T 33781—2017［S］. 北京：中国标准出版社，2017.

［10］中国信息技术标准化技术委员会. 可编程逻辑器件软件测试指南：GB/T 33783—2017［S］. 北京：中国标准出版社，2017.

［11］中国信息技术标准化技术委员会. 可编程逻辑器件软件文档编制规范：GB/T 33784—2017［S］. 北京：中国标准出版社，2017.

［12］李忠琦，胡剑浩，王剑. FPGA 中复位电路的设计研究［C］//2008 中国通信集成电路技术与应用研讨会论文集，2008.

［13］李向涛，仵国峰. FPGA 同步设计技术［J］. 无线通信技术，2003，12（3）：58-61.

［14］任勇峰，庄新敏. VHDL 与硬件实现速成［M］. 北京：国防工业出版社，2005.

［15］黄锡滋. 软件可靠性与安全性［M］. 北京：科学出版社，1993.

［16］郑人杰，殷人昆，陶永雷. 实用软件工程［M］. 北京：清华大学出版社，1997.

［17］朱鸿，金凌紫. 软件质量保障与测试［M］. 北京：科学出版社，1997.

［18］HUEY-DR CHU. An Evaluation Scheme of Software Testing Techniques［J］. Technical Report 583, Department of Computer Science, University of Newcastle, 1997：4-5.

［19］陈雪松，陆民燕，阮镰. 基于面向对象技术的实时软件可靠性测试数据生成方法研究［J］. 测控技术，2000，19（9）：18-21.

［20］WALTER J GUTJAHR. Partition testing vs. random testing：The Influence of Uncertainty［J］. IEEE Transactions on Software Engineering, 1999, 25（5）.

[21] WALTON G H, POORE J H. Measuring Complexity and Coverage of Software Specifications [J]. Information and Software Technology, 2000, 42: 859-872.

[22] 虞诩, 吴芳美. 基于 Nelson 模型的软件安全性评估准则[J]. 计算机科学, 2001 (11): 120-123.

[23] S YAMADA, M OHBA, S OSAKI. S-shaped Reliability Growth Modeling for Software Error Detection [J]. IEEE Transaction on Reliability, 1983, 24(5): 915-920.

[24] 王江元, 张虹, 王在文. 利用软件测试数据和 Nelson 模型评估软件可靠性[J]. 战术导弹技术, 2007(6): 90-92.

[25] 全国信息技术标准化技术委员会. 可编程逻辑器件软件 VHDL 编程安全要求: GB/T 37979—2019 [S]. 北京: 中国标准出版社, 2019.

[26] 全国信息技术标准化技术委员会. 可编程逻辑器件软件安全性设计指南: GB/T 37691—2019[S]. 北京: 中国标准出版社, 2019.

[27] Space product assurance: ASIC and FPGA development: ECSS-Q-ST-60-02C [S]. Netherlands: ESA Requirements and Standards Division, 2008.

[28] RTCA, Inc. Design Assurance Guidance for Airborne Electronic Hardware: RTCA/DO-254[S]. Washington: RTCA, Inc., 2000.

[29] International Electrotechnical Commission. Functional Safety of Electrical/Electronic/Programmable Electronic Safety-related Systems: IEC 61508[S], 2000.

[30] 狄超, 刘萌. FPGA 之道[M]. 西安: 西安交通大学出版社, 2017.

[31] 王诚. 设计与验证——Verilog HDL[M]. 北京: 人民邮电出版社, 2006.

[32] 吴厚航. FPGA 设计实战演练[M]. 北京: 清华大学出版社, 2016.